中部地区发展战略环境评价系列丛书

中原经济区发展战略环境评价研究

主　编　李彦武

副主编　李小敏　赵玉婷

中国环境出版集团·北京

图书在版编目（CIP）数据

中原经济区发展战略环境评价研究 / 李彦武主编 .—北京：中国
环境出版集团，2018.7

（中部地区发展战略环境评价系列丛书）

ISBN 978-7-5111-3571-1

Ⅰ.①中… Ⅱ.①李… Ⅲ.①经济区－战略环境评价－研究－
河南 Ⅳ.① X821.261

中国版本图书馆 CIP 数据核字（2018）第 054803 号
审图号：GS（2018）1027 号

出 版 人　武德凯
责任编辑　李兰兰
责任校对　任　丽
封面设计　宋　瑞
排版制作　杨曙荣

出版发行　**中国环境出版集团**
　　　　　（100062 北京市东城区广渠门内大街16号）
　　　网　　址：http://www.cesp.com.cn
　　　电子邮箱：bjgl@cesp.com.cn
　　　联系电话：010-67112765（编辑管理部）
　　　　　　　　010-67112735（第一分社）
　　　发行热线：010-67125803 010-67113405（传真）
印　　刷　北京中科印刷有限公司
经　　销　各地新华书店
版　　次　2018年7月第1版
印　　次　2018年7月第1次印刷
开　　本　889×1194 1/16
印　　张　14.5
字　　数　370千字
定　　价　103.00元

　　党的十八大将生态文明建设纳入中国特色社会主义事业总体布局，要求生态文明建设融入经济建设、政治建设、文化建设、社会建设各个方面和全过程，努力建设美丽中国；党的十九大报告将坚持人与自然和谐共生作为新时代坚持和发展中国特色社会主义的基本方略重要内容，提出生态文明建设是中华民族永续发展的千年大计、人与自然是生命共同体等重要论断。建设生态文明必须在宏观决策层面进行战略部署，优化生产力布局和国土空间开发，从源头预防环境污染和生态退化。

　　战略环境评价是促进生态文明建设的重要手段，"中部地区发展战略环评"是继五大区域和西部大开发战略环评之后，环境保护部自 2013 年起用两年时间组织开展的又一重大区域战略环评工作。开展中部地区发展战略环境评价，探索确保粮食生产安全、流域生态安全和人居环境安全的发展模式与对策，是实施中部地区生态环境战略性保护的重要技术支撑，是推进以人为核心的城镇化、新型工业化和农业现代化，落实环境保护优化经济发展、推动中部地区经济绿色崛起的重要举措，对于促进中部地区优化国土空间开发格局、转变发展方式、保障生态环境安全实现可持续发展具有重大的现实意义。

　　中原经济区发展战略环境评价是中部地区发展战略环境评价的分项目之一。项目牵头单位中国环境科学研究院联合国家和地方高水平科研单位组成了技术工作组，主要参加单位包括中国科学院地理科学与资源研究所、北京师范大学、上海市环境科学研究院、河南省环境保护科学研究院、安徽省环境科学研究院、山西省环境科学研究院、山东省环境保护科学研究设计院、河北省环境科学研究院等。项目自 2013 年 1 月起开展前期调研至 2015 年 1 月通过专家验收历时两年，课题组基于驱动力 - 压力 - 状态 - 响应分析，采用模式预测与综合评估相结合、定性与定量相结合的分析方法，在深入评估区域资源环境演化规律、资源环境及产业发展耦合关系的基础上，辨识生态环境影响特征和关键影响因子，分析区域资源环境承载力和区域发展的中长期环境风险，提出区域环境保护总体方案和绿色发展的对策建议。本项目体现了大尺度区域战略环评工作的系统化分析、多学科集成、大尺度模拟、定量化评价等方面的创新性重要成果，为今后开展大区域战略环评工作提供了可借鉴的技术方法和数据支撑。

　　本书是中原经济区发展战略环境评价成果的集中反映。全书的整体框架由李彦武、李小敏、赵玉婷总体设计。各章的具体分工如下：第一章由李小敏、赵娟、李亚飞撰写；第二章由邹广迅、姚懿函、史聆聆、张哲、杜宇、陈雨撰写；第三章由董林艳、马建锋、刘洋、赵娟、高贺文、郝明亮撰写；第四章由姚懿函、李亚飞、马丽、易鹏、王敏、杜世勋、李福建撰写；第五章由许亚宣、孙文超、王卿、陈凝、刘明、吴楠撰写；第六章由马建锋、胡炳清、许亚宣、王敏、张红、邹广迅撰写；第七章由赵玉婷、段宁、鱼京善、董林艳撰写；第八章由李彦武、李小敏、赵玉婷撰写。

　　中原经济区项目实施过程和本书编辑整理过程得到了生态环境部环境影响评价司、生态环境部环境工程评估中心和河南省、河北省、山东省、山西省和安徽省人民政府及环境保护厅等有关部门的大力支持，得到了项目专家顾问团队的悉心指导和项目主要参加单位的倾力协作，谨此向他们表示最诚挚的感谢！

目 录

第一章

概　述

第一节　项目背景

党的十八大强调，坚持走中国特色新型工业化、信息化、城镇化、农业现代化道路，促进"四化"同步发展；把生态文明建设纳入中国特色社会主义事业"五位一体"总体布局，提出了优化国土空间开发格局、全面促进资源节约、加大自然生态系统和环境保护力度及加强生态文明制度建设等战略任务。

中部地区是全国"三农"问题最为突出的区域，是推进新一轮工业化和城镇化发展的重点区域，在新时期国家区域发展格局中占有举足轻重的战略地位。2012年9月，国务院发布《关于大力实施促进中部地区崛起战略的若干意见》（国发〔2012〕43号），要求到2020年，中部地区经济总量占全国的比重进一步提高，"三基地、一枢纽"地位更加巩固，城镇化率力争达到全国平均水平。

2012年12月，国务院正式批复《中原经济区规划（2012—2020年）》，要求中原经济区以加快转变经济发展方式为主线，探索不以牺牲农业和粮食、生态和环境为代价的工业化、城镇化和农业现代化协调发展（"两不三新"）的路子，标志着中原经济区建设进入整体推进、全面实施的新阶段，成为国家未来着力引导的关键发展区域。

中原经济区地处我国腹地，以中原城市群为支撑，涵盖河南全省，延及周边地区，其地理位置重要，粮食优势突出，市场潜力巨大，文化底蕴深厚，是中华民族和华夏文明的重要发源地，是国内区域面积最大、覆盖人口最多的经济区，在经济总量上仅次于长三角、珠三角和京津冀三大经济区，是促进中部崛起的重点发展地区，是推进新一轮工业化和城镇化的重点区域，又是全国主体功能区规划明确的重点开发区域。

中原经济区人口稠密，城镇化和工业化发展滞后，三次产业结构和布局不尽合理，资源型产业比重较大，结构性污染问题突出，污染防治水平较低，四项主要污染物排放量均居全国前列，水资源超载问题突出，水环境污染状况十分复杂，区域大气复合污染日渐突出，生态环境退化趋势未根本扭转。总体上处于经济社会发展的转型期、环境问题的高发期、资源环境矛盾的集中爆发期。粮食生产安全、流域水安全和人居环境安全面临巨大的压力和严峻挑战。

实施中原经济区发展战略环境评价，处理好城市群发展规模与资源环境承载能力、重点区域流域开发与生态安全格局之间的矛盾，确保粮食生产安全、流域水安全和人居环境安全，对区域经济社会可持续发展和生态环境保护具有直接的指导性作用，是深入贯彻落实科学发展观、建设生态文明的重要举措，对于促进中原城乡统筹发展、承接国内外产业转移、促进现代农业发展、优化生产力布局、转变发展方式、实现可持续发展具有重大的现实意义。

第二节　工作目标与指导思想

一、工作目标

以确保粮食生产安全、流域水安全、人居环境安全为目标，优化国土空间开发，合理水土资源和环境资源配置，划定区域开发的生态红线，确定环境准入、空间准入和效率准入的技术与政策体系，统筹协调生产空间、生活空间和生态空间，实施中部地区生态环境战略性保护，推动区域经济社会与资源环境全面协调可持续发展。

二、指导思想

按照建设生态文明总体部署，遵循代价小、效益好、排放低、可持续的基本原则，以不牺牲农业和粮食、不牺牲环境和生态为前提，以保障粮食、流域生态和人居环境安全为目标，利用战略环境评价的理论方法和技术手段，评估区域经济社会发展的资源环境压力，预测区域发展的中长期环境影响和生态风险，提出促进国土空间优化开发、生产力要素优化配置、人与自然和谐发展的环境保护总体战略，构建区域经济社会与环境保护协调发展的长效机制，实现绿色发展、循环发展、低碳发展，促进新型城镇化、工业化和农业现代化协调发展。

第三节　研究区域范围

本研究覆盖区域以全国主体功能区规划明确的重点开发区域为基础、中原城市群为支撑，涵盖河南全省、河北南部（邯郸、邢台）、山西东南部（长治、晋城、运城）、安徽西北部（宿州、淮北、阜阳、亳州、蚌埠市和淮南市凤台县、潘集区）、山东西南部（聊城、菏泽、泰安市东平县），区域面积 28.9 万 km²。

第四节 主要工作内容

一、评价时段

本研究的基准年：2012 年；近期评价时段：2020 年；远期展望时段：2030 年。

二、主要工作内容

主要工作内容包括：
（1）重点区域和产业发展战略分析；
（2）区域生态环境现状及其演变趋势评估；
（3）区域经济社会发展与资源环境压力评估；
（4）资源与环境承载力综合评估；
（5）中长期发展的区域性、累积性环境影响与生态风险评估；
（6）环境保护优化区域经济社会发展的总体战略方案；
（7）中原经济区"三化"与资源环境协调发展对策和措施。

第五节 技术路线

依据国家有关法律、法规和政策，结合区域自然资源环境特征、区域经济社会发展的特点，以及在考虑国家环保战略需求的前提下，分析识别中原经济区发展规划及区域重点产业发展战略可能对区域环境的主要影响。

在充分开展现场考察和资料收集基础上，确定区域环境资源特征与演变趋势、区域社会经济现状及演变趋势，确定当前区域经济发展中存在的主要资源环境问题、未来发展面临的主要资源环境制约条件，分析可能的解决途径和对策；在充分调研重点产业发展现状的基础上，分析经济社会发展特征和产业发展特征，评述当前重点产业发展资源环境利用效率，根据重点产业发展战略方向和布局，完成经济社会基础情景设计和重点产业发展情景设计。

在分析区域资源环境承载力的基础上，对重点产业发展的资源环境承载力进行分析预测，分专题就重点产业发展对区域重点关注环境问题的影响进行研究。根据预测结果和综合评估，分析判断中原经济区规划重点产业的发展是否可能影响国家和地区生态安全格局和生态环境保护目标的实现，提出重点产业发展的环境准入条件，为中原经济区规划的实施提出优化发展建议。环境评价采用的基础资料均为现有或已公开的环境监测资料、社会经济统计资料、专项研究报告及相关规划引用的基础数据和资料。具体的技术路线如图 1-1 所示。

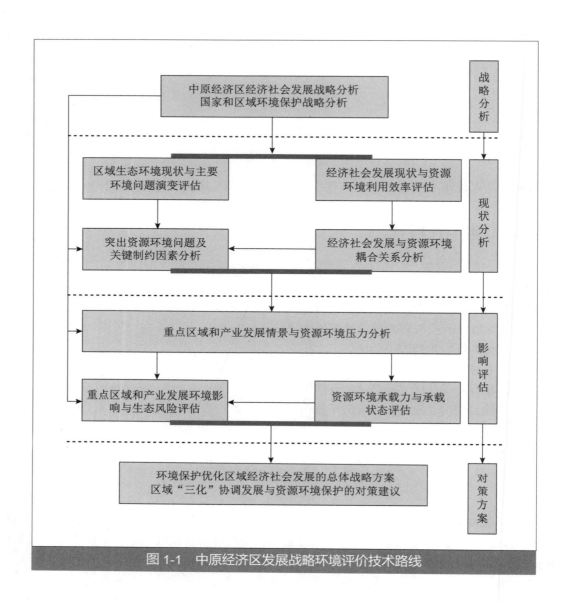

图 1-1 中原经济区发展战略环境评价技术路线

第二章
区域发展与环境保护战略分析

第一节 主体功能区划战略

一、国家主体功能区定位

1. 国家层面的重点开发区域

中原经济区位于全国"两横三纵"城市化战略格局的陆桥通道横轴和京广通道纵轴交会处，涵盖河南全省并延及周边地区，由豫、鲁、皖、冀、晋5省30市和3县（区）组成的经济区域，是沿海地区发展的重要支撑，是中部崛起的重要基地，是继长三角、珠三角、京津冀三大经济区之后的第四大经济区，是《全国主体功能区规划》中确定的重点开发区，具体见图2-1。

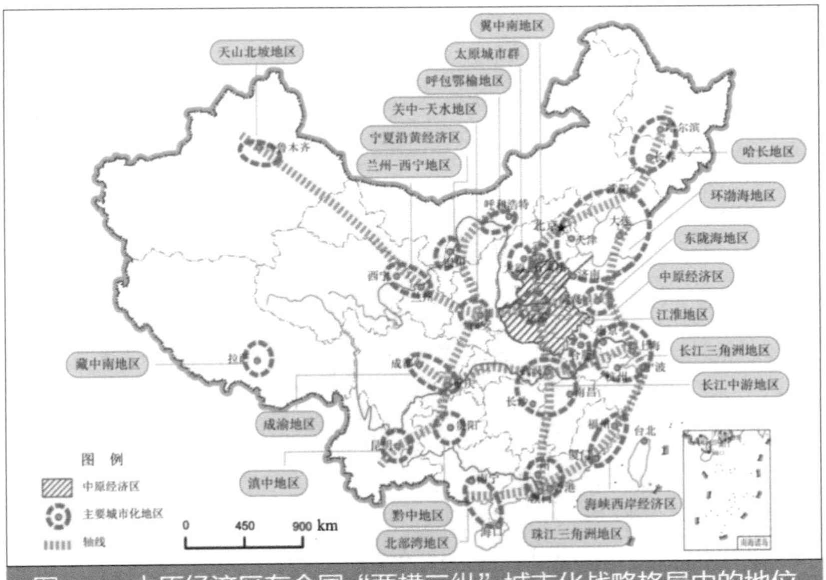

图 2-1 中原经济区在全国"两横三纵"城市化战略格局中的地位

2. 国家农业战略格局的重要组成部分

中原经济区是我国传统意义上的粮食主产区。在《全国主体功能区规划》确定"七区十二带"的农业战略格局中，中原经济区是黄淮海平原主产区、汾渭平原农产品主产区、长江流域农产品主产区的重要组成部分，这三个主产区主要提供优质小麦、水稻、棉花以及油菜、专用玉米、大豆和畜产品、水产品等，是国家重要的粮、棉、油生产基地和经济作物的重要产区，具体见图2-2。

二、中原经济区分省主体功能区划

1. 重点开发区域及限制开发区域

五省主体功能区划中涉及中原经济区范围内的，主要包括重点开发区域、限制开发区（生态及农业）及禁止开发区域，各区域分布见图 2-3。其中，中原经济区重点开发区域见表 2-1，中原经济区农业类限制开发区域见表 2-2，中原经济区生态类限制开发区域见表 2-3。

2. 禁止开发区域

禁止开发区域是指有代表性的自然生态系统、珍稀濒危野生动植物的天然分布地、有特殊价值的自然遗迹和文化遗址，主要包括自然保护区、风景名胜区、森林公园、地质公园等。截至 2012 年年底，在中原经济区范围内共有世界文化自然遗产、国家级及省级自然保护区、风景名胜区、森林公园、地质公园、重要湿地和湿地公园等 296 个，总面积约 2.34 万 km²，占中原经济区国土面积的 8.1%。

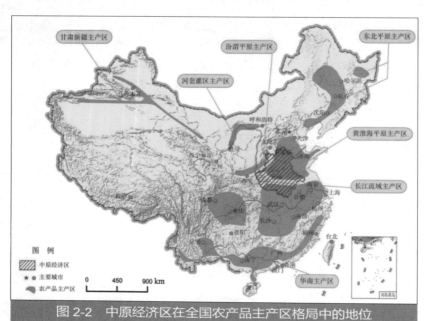

图 2-2　中原经济区在全国农产品主产区格局中的地位

图 2-3　中原经济区主体功能区划重点开发区域及限制开发区域

表 2-1 中原经济区重点开发区域情况				
区域名称	类型	范围	面积/km²	功能定位
河南	—	国家级重点开发区域	中原城市群大部分地区，南阳、三门峡、安阳、濮阳、鹤壁、驻马店、信阳、周口、商丘市辖区	24 300	推进河南工业化和城镇化健康快速发展的主体区域，支撑河南产业和人口协调集聚的重要载体，承担中国重要的先进制造业基地、能源基地和区域性现代服务业中心、科技创新中心等主体功能
河北	冀中南地区	国家级重点开发区域	邢台市桥东区、桥西区，邢台县、临城、内丘、任县、南和、沙河部分区域；邯郸市邯山区、丛台区、复兴区、峰峰矿区、邯郸县、永年、成安，肥乡、磁县、武安部分区域		邢台市重点发展新能源、化工、装备制造、农副产品深加工、休闲旅游等产业，打造国家级新能源和煤化工产业基地。邯郸市重点发展精品钢材、装备制造、现代物流三大主导产业，积极培育以新材料为主的高新技术产业、文化旅游产业，巩固提升纺织服装、煤炭、电力、煤化工传统优势产业
山西	临汾—运城工业化城镇化地区	省级重点开发区域	运城市的盐湖区、永济市、闻喜县、河津市，临汾市尧都区、侯马市、襄汾县		山西向东西开放的大通道和桥头堡，晋陕豫黄河金三角承接产业转移示范区、重要的商贸物流基地和综合性交通枢纽，能源电力、重卡和运输设备、煤化工、铝镁深加工、装备制造业、新型化工、新材料、特色农产品加工为支柱的新型加工制造业基地和现代农业基地，晋南人口和经济密集区
	长治—晋城工业化城镇化地区	省级重点开发区域	长治市的城区、郊区、潞城市、长治县，晋城市的城区、高平市、泽州县、阳城县	4 600	国家重要的能源和化工基地，全国重要的煤层气开发、利用基地，全省重要的轻工、冶金铸造、机电、高新技术产业开发基地，革命纪念地与山岳型生态旅游区，山西省联系中原地区、东南沿海地区的重要通道和开放门户，晋东南地区人口和经济密集区
山东	济南都市圈省级重点开发区域	省级重点开发区域	聊城市（东昌府区）、荏平县		构建以济南为核心，淄博、泰安、莱芜、德州、聊城及滨州部分地区主动接受辐射，产业城镇一体化发展的环状空间开发格局和城镇布局
	鲁南经济带省级重点开发区域	省级重点开发区域	菏泽市（牡丹区、巨野县、东明县）		以菏泽为主体，打造鲁苏豫皖交界地区科学发展高地，加快建成能源及化工基地、优质建材基地、机械制造基地、商贸物流基地
安徽	阜亳片区	省级重点开发区域	阜阳、亳州市4个市辖区		全国医药产业和物流业基地，全省重要的能源基地、制造业基地、农产品生产和加工基地、文化产业基地和旅游目的地，区域性综合交通枢纽。把阜阳和亳州建设成为皖西北区域性中心城市
	淮（南）蚌片区	省级重点开发区域	淮南市和蚌埠市9个市辖区		全国重要的能源基地、先进制造业基地、煤化工及化工新材料基地和创新基地，全国重要的商品粮基地和农副产品加工基地，全省重要的生物医药基地，区域性综合交通枢纽
	淮（北）宿片区	省级重点开发区域	淮北市的3个市辖区和宿州市市辖区		全国重要的能源基地，全省重要的煤电化、矿山机械制造、纺织服装和农产品加工基地

	区域名称	类型	范围	面积/km²	功能定位
河南	—	国家级限制开发的农业地区	登封市、杞县、通许县、兰考县、延津县、原阳县、长垣县、封丘县、郏县、叶县、襄城县、禹州市、方城县、社旗县、邓州市、唐河县、新野县、镇平县、汤阴县、滑县、内黄县、清丰县、南乐县、范县、台前县、舞阳县、浚县、息县、淮滨县、横川县、固始县、扶沟县、西华县、商水县、沈丘县、郸城县、淮阳县、太康县、鹿邑县、项城市、民权县、睢县、宁陵县、柘城县、虞城县、夏邑县、西平县、上蔡县、平舆县、正阳县、汝南县、遂平县、新蔡县	70 169	河南省及全国重要优质粮、优质畜产品生产和加工基地，经济发展目标为粮食和畜产品供给，在资源和生态环境可承受的范围内，加速发展农副产品加工、生物医药、纺织、旅游等产业，适度开发矿产资源
山西	汾河平原农产品主产区	国家级限制开发的农业地区	位于山西省西南部，汾河下游和涑水河两岸，包括晋南盆地和周边丘陵区	14 200	国家优质强筋、中筋小麦为主的优质专用小麦主产区，国家籽粒与青贮兼用型玉米为主的专用玉米主产区，山西省农业现代化示范区域和优质、高效、高产的农业综合发展区域
山东	鲁北农产品主产区	国家级限制开发的农业地区	聊城市阳谷县、莘县、东阿县、冠县、高唐县、临清市		传统的粮棉主产区，确保国家粮食安全的前提下，加快壮大肉牛、奶牛、山羊、黑驴为主的畜牧业，积极发展名特优品种为主的渔业和枣、梨等特色林果业
	鲁西南农产品主产区	国家级限制开发的农业地区	泰安市东平县；菏泽市曹县、单县、成武县、郓城县、鄄城县、定陶县		建设优质粮棉生产基地，坚持以粮保畜、以畜促粮，带动小麦、玉米生产基地建设，壮大棉花加工企业群体，带动棉花优势种植区域的棉花生产
河北	国家黄淮海平原农产品主产区	国家级限制开发的农业地区	邢台市柏乡、隆尧、任县、南和、宁晋、巨鹿、新河、广宗、平乡、威县、清河、临西、南宫；邯郸市临漳、大名、磁县、肥乡、邱县、鸡泽、广平、馆陶、魏县、曲周		国家级及省级粮食生产大县；国家粮、棉、油等农产品重要的集中产区
安徽	淮北平原主产区	国家级限制开发的农业地区	阜阳、亳州、淮北、宿州、淮南和蚌埠市的17个县（市）	30 500	国家专用优质小麦、优质玉米生产区，全国重要的畜禽产品和中药材生产基地，农产品生产加工流通优势区，工业化、城镇化和农业现代化协调发展示范区

表 2-2　中原经济区农业类限制开发区域情况

区域名称	类型	范围	面积 /km²	功能定位
山西 浊漳河流域河谷盆地区	省级限制开发的农业地区	武乡、襄垣、屯留、长子	5 017	山西省农业综合发展的重点区域，优质玉米、杂粮和特色农林产品的主要生产区域，长治—晋城城市化区域的城郊农业、休闲农业发展的重点区域

表 2-3　中原经济区生态类限制开发区域（省级）

	区域名称	类型	范围	面积 /km²	功能定位与综合评价
山西	太行山南部生态保育区	水源涵养水土保持	平顺、黎城、壶关、陵川、左权、榆社、和顺	11 224	海河支流漳河、卫河的主要水源涵养区域。水源涵养重要性评价的高值区域。植被破坏严重，多为人工次生林，降雨多且集中，常引起严重水土流失。水和大气污染严重，春旱和冰雹危害程度大。平顺、陵川一带多石灰岩分布，地表径流多被渗漏，地面经常缺水，时常伴有干旱发生
	太岳山水源涵养区	水源涵养	沁源、沁水、固贤、安泽、阳城、沁县	11 595	沁河、漳河及汾河支流的水源涵养区。水源涵养重要性评价的高值区域。植被盖度较好，中南部地区植被退化严重
	中条山水源涵养与生态保育区	水源涵养水土保持	垣曲、平陆	2 793	涑水河流域的水源涵养区，三门峡水库、小浪底水库的汇水区域。水源涵养重要性和土壤保持重要性评价的高值区域。生态较为脆弱，水土流失严重
河南	—	水源涵养水土保持	汝阳县、宜阳县、伊川县、洛宁县、嵩县、栾川县、汝州市、鲁山县、舞钢市、辉县市、卫辉市、林州市、渑池县、陕县、灵宝市、卢氏县、淅川县、桐柏县、西峡县、内乡县、南召县、光山县、罗山县、新县、商城县、确山县、泌阳县	56 528	担负河南省水土保持、水源涵养、生态保护的重任，其特点是森林资源分布不均衡，局部地区生态问题突出，生态保护投入有待增加。该区域限制不符合主体功能的产业扩张，应大幅度提高该区域生态林业、生态农业、生态旅游业等生态友好型产业比重
河北	冀西太行山山区	水源涵养生物多样性保护	邢台市邢台县、临城、内丘、沙河；邯郸市涉县、武安		冀中南地区的重要生态屏障，北京和冀中南城市饮用水水源地保护区，河北林业和生物多样性保护的重点区，煤炭、铁矿等矿产品重要产区，特色农产品和生态产业基地，生态和文化旅游基地
山东			无		
安徽			无		

注：区域内无国家级限制开发生态区域。

第二节　区域发展战略

一、《促进中部地区崛起规划》（2009 年）

1. 发展目标

到 2015 年，中部地区崛起要努力实现以下目标：

（1）经济发展水平显著提高。经济总量占全国的比重进一步提高，人均地区生产总值力争达到全国平均水平，城镇化率提高到 48%。

（2）经济发展活力明显增强。承接产业转移取得积极成效，自主创新能力显著提高，形成一批具有国际竞争力的自有品牌、优势企业、产业集群和产业基地。

（3）可持续发展能力不断提升。万元地区生产总值能耗累计下降 25%，能源利用效率逐步提高；万元工业增加值用水量累计减少 30%，水资源利用更加集约；单位地区生产总值和固定资产投资新增建设用地消耗量持续下降，耕地保有量保持稳定；大江大河防洪体系基本形成，防灾减灾能力不断增强；主要污染物排放量得到有效控制，生态环境质量总体改善。

（4）和谐社会建设取得新进展。覆盖城乡居民的社会保障体系逐步形成，城乡居民收入年均增长率均超过 9%。

2. 粮食生产基地建设

（1）提高粮食综合生产能力。安徽、河南改进农业耕作方式，提升耕地质量，健全科技支撑与服务体系，提高粮食生产科技贡献率，巩固提升全国重要商品粮生产基地地位。山西省要以晋中南产粮大县为重点，增强区域粮食供给能力。

（2）构建现代粮食物流中心。建设一批粮食储备和中转物流设施，重点支持郑州小麦物流节点。

3. 能源原材料基地建设

（1）推进大型煤炭基地建设。加强安徽两淮、河南大型和特大型煤炭基地建设。两淮适度加大煤炭基地开发建设规模；河南做好煤炭基地老矿区接续工作。

（2）开发利用煤层气资源。重点实施河南郑州、焦作、鹤壁，安徽两淮煤层气开发利用示范工程，实施淮南高瓦斯高地温高地压煤层群瓦斯综合治理与利用示范工程。

（3）大力发展原材料精深加工。加快发展石化工业，继续加强洛阳等大中型石油化工企业技术改造和改（扩）建，加快形成中部地区大型原油加工基地，实现集约发展。

4. 重点地区发展

（1）构建"两横两纵"经济带。加快构建沿长江经济带、沿陇海经济带、沿京广经济带和沿京九经济带。

（2）培育城市群增长极——中原城市群。以郑东新区、汴西新区、洛阳新区建设为载体，把中原城市群建设成为沿陇海经济带的核心区域和重要的城镇密集区、先进制造业基地、农产品生产加工基地及综合交通运输枢纽。

（3）支持老工业基地城市走新型工业化道路。比照实施振兴东北地区等老工业基地政策，用好老工业基地调整改造资金，支持中部地区老工业基地全面振兴。

（4）支持资源型城市加快经济转型。加强矿区生态环境综合治理，重点抓好采空区、沉陷区治理和植被恢复，支持尾矿库安全闭库。支持资源枯竭城市解决好就业和社会保障等民生问题，加快棚户区改造。加大对资源型城市转移支付力度，建立资源型城市可持续发展准备金。

二、《国家发展改革委关于印发促进中部地区崛起规划实施意见的通知》（发改地区〔2010〕1827 号）

1. 量化目标

文件中明确了 2015 年中部地区崛起的 12 项主要量化目标和一系列定性的任务要求，并提出了 2020 年促进中部地区崛起的总体目标。中部六省要在实施方案中，对量化指标进行分年度、分地区细分，对有定性要求的工作任务，要转化为具体或量化要求，确保各项工作按期完成。

2. 全面落实重点任务

（1）能源原材料基地建设。建设安徽两淮、河南大型和特大型煤炭基地。实施河南郑州、焦作、鹤壁、安徽两淮煤层气开发利用示范工程和淮南高瓦斯高地温高地压煤层群瓦斯综合治理与利用示范工程。加快国家级和区域级大型火电基地建设。加强洛阳等大中型石化化工企业技术改造和改扩建，重点推进洛阳 68 万 t 对二甲苯和 100 万 t 精对苯二甲酸等工程建设。有序建设山西、河南煤化工基地。加强煤炭、铀矿、铁矿、锰矿、有色金属等重要矿产勘查力度。

（2）现代装备制造及高技术产业基地建设。贯彻实施国家汽车、装备制造、船舶、纺织、电子信息、轻工业调整振兴规划。加快建设平顶山高压开关设备制造基地。

（3）综合交通运输枢纽建设。建设郑州等全国性交通枢纽城市。强化晋煤东运、南运通道建设，建设山西中南部铁路通道。建设中原城市群等轨道交通系统。建设山西长治至吉县等高速公路，加强国道改造和干线公路省际断头路建设。建设河南平顶山地下储气库。

三、《国务院关于大力实施促进中部地区崛起战略的若干意见》（国发〔2012〕43 号）

1. 发展目标

到 2020 年，中部地区经济发展方式转变取得显著成效，年均经济增长速度继续快于全国平均水平，整体实力和竞争力显著增强，经济总量占全国的比重进一步提高，区域主体功能定位更加清晰，"三基地、一枢纽"地位更加巩固，城乡区域更加协调，人与自然更加和谐，体制机制更加完善，城乡居民收入与经济同步增长，城镇化率力争达到全国平均水平，基本公共服务主要指标接近东部地区水平，努力实现全面崛起，在支撑全国发展中发挥更大作用。

2. 稳步提升"三基地、一枢纽"地位，增强发展的整体实力和竞争力

（1）巩固粮食生产基地地位。结合实施《全国新增1 000亿斤粮食生产能力规划（2009—2020年）》，稳定粮食播种面积，充分挖掘增产潜力。在黄淮海平原、山西中南部等农产品优势产区规划建设一批现代农业示范区，着力发展高产、优质、高效、生态、安全农业，力争使中部地区走在全国农业现代化前列。

（2）提高能源原材料基地发展水平。继续推进淮南、淮北和河南等大型煤炭基地建设，积极淘汰煤炭落后产能，加快实施煤炭资源整合和兼并重组，培育大型煤炭企业集团。加强煤层气资源开发利用，鼓励采气采煤一体化。推进绿色矿山建设，保护矿山地质环境。推进钢铁、石化、有色、建材等优势产业结构调整，延伸产业链，提高产品附加值和竞争力，实现原材料工业由大变强，推动建设布局合理、优势突出、体系完整、安全环保的原材料精深加工基地。

3. 推动重点地区加快发展，不断拓展经济发展空间

（1）支持重点经济区发展。重点推进中原经济区等重点区域发展，形成带动中部地区崛起的核心地带和全国重要的经济增长极。推动晋中南、皖北开发开放，培育新的经济增长带。

（2）发挥城市群辐射带动作用。加强城镇公用基础设施建设，提高综合服务功能，增强城镇承载能力。推进中原城市群城际快速轨道交通网络建设。支持郑（州）汴（开封）新区发展，建设内陆开发开放高地，打造工业化、城镇化和农业现代化协调发展先导区。根据城市群发展需要，适时推进行政区划调整。

（3）支持老工业基地调整改造和资源型城市转型。组织实施好资源型城市吸纳就业、资源综合利用和发展接续替代产业专项，扶持引导资源型城市尽快形成新的支柱产业，促进资源型城市可持续发展。

4. 加强资源节约和环境保护，坚定不移走可持续发展道路

（1）推进资源节约型和环境友好型社会建设试点。大力支持山西资源型经济转型综合配套改革试验区建设。支持丹江口库区开展生态保护综合改革试验，建设渠首水源地高效生态经济示范区，探索经济与生态环境协调发展的新模式。

（2）加大环境保护和生态建设力度。加大丹江口库区及上游和淮河、黄河、海河等重点流域水污染防治力度，建立健全联防联控机制。加快推进城市和重点建制镇污水、垃圾处理，推进重金属污染防治、农村环境综合整治、土壤污染治理与修复试点示范，加强重点领域环境风险防控。实施大气污染物综合控制，改善重点城市空气环境质量。加快丹江口库区及上游防护林建设，积极推进矿山地质环境治理和生态修复，加大矿区塌陷治理力度。强化重点生态功能区保护和管理。

（3）大力推进节能减排。坚决淘汰落后产能，限制高耗能、高排放行业低水平重复建设，严禁污染产业和落后生产能力转入。加大惩罚性电价、差别电价实施力度和范围。深入推进

粉煤灰、煤矸石等大宗固体废物综合利用。落实最严格的水资源管理制度，全力推进节水型社会建设。加大对重点用水行业节水技术改造的支持力度。对城镇污水再生利用设施建设投资，中央给予补助。加快山西、河南循环经济试点省建设，大力推进清洁生产，支持建设一批循环经济重点工程和示范城市、园区、企业。加快"城市矿产"示范基地、矿产资源综合利用示范基地和再制造示范基地（集聚区）建设。

（4）加强水利和防灾减灾体系建设。进一步治理淮河，加强黄河下游治理和长江中下游河势控制，推进长江、黄河、淮河干流及主要支流防洪工程和水资源配置工程建设。推进长江、淮河流域蓄滞洪区建设和黄河滩区治理，加快南水北调中线及配套工程建设。

四、《国务院关于支持河南省加快建设中原经济区的指导意见》（国发〔2011〕32 号）

1. 战略定位

国家重要的粮食生产和现代农业基地；全国工业化、城镇化和农业现代化协调发展示范区。全国重要的经济增长板块。全国区域协调发展的战略支点和重要现代综合交通枢纽。华夏历史文明传承创新区。

2. 发展目标

到 2020 年，粮食生产优势地位更加稳固，工业化、城镇化达到或接近全国平均水平，综合经济实力明显增强，城乡基本公共服务趋于均等化，基本形成城乡经济社会发展一体化新格局，建设成为城乡经济繁荣、人民生活富裕、生态环境优良、社会和谐文明，在全国具有重要影响的经济区。

3. 空间布局

按照"核心带动、轴带发展、节点提升、对接周边"的原则，形成放射状、网络化空间开发格局。"核心带动"，提升郑州交通枢纽、商务、物流、金融等服务功能，推进郑（州）汴（开封）一体化发展，建设郑（州）洛（阳）工业走廊，增强引领区域发展的核心带动能力。

4. 重点任务

（1）把发展粮食生产放在突出位置，打造全国粮食生产核心区，不断提高农业技术装备水平，建立粮食和农业稳定增产长效机制，走具有中原特点的农业现代化道路，夯实"三化"协调发展的基础。

（2）抢抓产业转移机遇，促进结构优化升级，坚持走新型工业化道路，加快建立结构合理、特色鲜明、节能环保、竞争力强的现代产业体系，引领带动"三化"协调发展。

（3）充分发挥中原城市群辐射带动作用，形成大中小城市和小城镇协调发展的城镇化格局，走城乡统筹、社会和谐、生态宜居的新型城镇化道路，支撑和推动"三化"协调发展。

（4）按照统筹规划、合理布局、适度超前的原则，加快交通、能源、水利、信息基础设施建设，构建功能配套、安全高效的现代化基础设施体系，为中原经济区建设提供重要保障。

（5）坚持高起点推进工业化、城镇化和农业现代化，把加强生态环境保护、节约集约利用资源作为转变经济发展方式的重要着力点，加快构建资源节约、环境友好的生产方式和消费模式，不断提高可持续发展能力。

五、《中原经济区规划》（2012—2020 年）

1. 战略定位

国家重要的粮食生产和现代农业基地。全国"三化"协调发展示范区，全国重要的经济增长板块，华夏历史文明传承创新区。

2. 发展目标

到 2020 年，建设成为城乡经济繁荣、人民生活富裕、生态环境优良、社会和谐文明，在全国具有重要影响的经济区。粮食生产优势地位更加稳固，工业化、城镇化达到或接近全国平均水平，综合经济实力明显增强，基本实现城乡基本公共服务均等化，生态文明建设取得显著成效，实现更高水平的"三化"协调发展。

3. 空间布局

落实全国主体功能区规划的要求，按照"核心带动、轴带发展、节点提升、对接周边"的原则，明确区域主体功能定位，规范空间开发秩序，加快形成"一核四轴两带"放射状、网络化发展格局。

4. 重点任务

（1）加快新型工业化进程。坚持做大总量和优化结构并重，发展壮大优势主导产业，加快淘汰落后产能，有序承接产业转移，促进工业化与信息化融合、制造业与服务业融合、现代科技与新兴产业融合，推动产业结构优化升级，构建结构合理、特色鲜明、节能环保、竞争力强的现代产业体系，发挥新型工业化在"三化"协调发展中主导作用。

（2）加快推进新型城镇化。发挥城市群辐射带动作用，构建大中小城市、小城镇、新型农村社区协调发展、互促共进的发展格局，走城乡统筹、城乡一体、产城互动、节约集约、生态宜居、和谐发展的新型城镇化道路，引领"三化"协调发展。

（3）建设现代化基础设施。按照统筹规划、合理布局、适度超前的原则，加强交通、能源、水利和信息等基础设施建设，构建功能配套、安全高效的现代化基础设施体系，为中原经济区建设提供强有力支撑。

（4）加强生态环境保护和资源节约利用。坚持绿色、低碳、可持续发展理念，加强生态建设和环境保护，大力发展循环经济，提高资源节约集约利用水平，努力构建资源节约、环境友好的生产方式和消费模式，建设绿色中原、生态中原，增强区域可持续发展能力。

六、《全国现代农业发展规划》（2011—2015年）

1. 重点区域

综合考虑各地自然资源条件、经济社会发展水平和农业发展基础等因素，按照分类指导、突出重点、梯次推进的思路，以"七区二十三带"农业战略格局为核心，着力建设重点推进、率先实现和稳步发展三类区域，引领全国现代农业加快发展。

（1）重点推进区域：黄淮海平原、长江流域、汾渭平原等区域。

①粮食生产核心区。主要指《全国新增1 000亿斤粮食生产能力规划（2009—2020年）》确定的24个省（区、市）800个粮食生产大县（市、区、场）。"十二五"期间，继续发挥该区域粮食安全基础保障作用，调动各方发展粮食生产积极性，以建设小麦、玉米、水稻、大豆优势产业带为重点，深入开展粮食稳定增产行动，加强农田水利和高标准农田建设，提高农机装备和作业水平，大力开展高产创建和科技指导服务，推广防灾减灾增产关键技术，加快选育应用优良品种，大幅度提升粮食综合生产能力和现代化生产水平。大力发展粮食精深加工及仓储物流业，完善粮食仓储运输设施，引导龙头企业向优势产区集聚，促进就地加工转化，提高粮食生产综合效益。

②其他主要农产品优势区。主要指《全国优势农产品区域布局规划（2008—2015年）》确定的棉花、油菜、甘蔗、天然橡胶、苹果、柑橘、马铃薯、生猪、奶牛、肉牛、肉羊、出口水产品等12种农产品优势区，以及蔬菜、蚕茧等农产品生产的主体区域。"十二五"期间，以建设区域内各类农产品优势产业带为重点，推动规模化种养、标准化生产、产业化经营、品牌化销售，强化质量安全监管，提高资源利用率和加工转化率。继续巩固棉油糖、水果和蔬菜等产品供给保障地位，着力强化技术装备支撑，突破"瓶颈"制约，提高现代化生产水平。继续巩固生猪、牛奶等大宗畜产品供给保障区的主体地位，强化出口水产品生产基地功能，加快现代养殖业发展。

（2）率先实现区域：沿海地区以外的直辖市、省会城市等大城市郊区和大型集团化垦区。

大城市郊区多功能农业区："十二五"期间，统筹推进新一轮"菜篮子"工程建设，合理确定大城市郊区"菜篮子"产品生产用地保有数量，大力发展蔬菜、水果、花卉等高效园艺产业和畜禽水产业，提高大城市"菜篮子"产品的自给率。在稳定城市副食品供应保障能力的基础上，进一步挖掘农业的生态涵养、观光休闲和文化传承等多种功能，提高农业效益，增加农民收入。

2. 重大工程

围绕重点建设任务，以最急需、最关键、最薄弱的环节和领域为重点，组织实施一批重大工程，全面夯实现代农业发展的物质基础。

（1）旱涝保收高标准农田建设工程。完善田间灌排沟渠及机井、节水、小型集雨蓄水、积肥设施、机耕道路及桥涵、农田林网等方面的基础设施。开展土地平整，落实土壤改良、地力培肥等措施，加快先进适用耕作技术推广应用，新建旱涝保收高标准农田4亿亩。

（2）新增千亿斤粮食生产能力建设工程。在全国800个产粮大县（市、区、场）统筹实施水源和渠系工程、田间工程、良种繁育、防灾减灾、仓储物流和粮食加工等工程，逐步建设成为田间设施齐备、服务体系健全、仓储条件配套、区域化、规模化、集中连片的国家级商品粮生产基地。

（3）棉油糖生产基地建设工程。加强黄淮海地区、长江流域棉花生产基地建设，强化长江流域"双低油菜"和黄淮海地区花生生产基地建设，着力改善田间基础设施、良种科研繁育设施等生产条件。

（4）新一轮"菜篮子"建设工程。加强园艺作物标准园建设，扩大畜禽标准化规模养殖场（小区）和水产健康养殖示范场规模，强化质量安全措施。建设一批国家级重点大型批发市场和区域性产地批发市场，引导建设优质农产品物流配送中心，发展农产品电子商务。

（5）现代种业工程。健全农作物种质资源和畜禽遗传资源保存体系，建设动植物基因信息库，研发生物育种技术，建立转基因生物安全保障体系。建设国家级农作物育制种基地，完善农作物品种试验和种子检测设施条件。支持畜禽育种场、原良种场、种公畜站、新品种培育场建设。建设水产遗传育种中心和原良种场。

（6）农业机械化推进工程。重点支持农民、农民专业合作社购置大型复式和高性能农机具，加大对秸秆机械化还田和收集打捆机具配套的支持力度，改善农机化技术推广、农机安全监理、农机试验鉴定等公共服务机构条件，完善农业、气象等方面的航空站和作业起降点基础设施，扶持农机服务组织发展。

（7）农业信息化建设工程。建设一批农业生产经营信息化示范基地和农业综合信息服务平台，建立共享化农业信息综合数据库和网络化信息服务支持系统，开展农业物联网应用示范。

（8）农村沼气工程。加快户用沼气、养殖小区和联户沼气、大中型沼气工程建设，完善沼气服务和科技支撑体系。

第三节　环境保护战略

一、《国家环境保护"十二五"规划》（2011—2015 年）

重点任务

（1）推进主要污染物减排。加大结构调整力度，严格执行《产业结构调整指导目录》《部分工业行业淘汰落后生产工艺装备和产品指导目录》，加大钢铁、有色、建材、化工、电力、煤炭、造纸、印染、制革等行业落后产能淘汰力度。加大二氧化硫和氮氧化物减排力度，合理控制能源消费总量，促进非化石能源发展，着力减少新增污染物排放量。大力推行清洁生产和发展循环经济。提高造纸、印染、化工、冶金、建材、有色、制革等行业污染物排放标准和清洁生产评价指标。

（2）深化重点流域水污染防治。明确各重点流域的优先控制单元，实行分区控制。淮河流域要突出抓好氨氮控制，重点推进淮河干流及郑州、开封、淮北、淮南、蚌埠、亳州、菏泽等城市水污染防治，干流水质基本达到Ⅲ类。海河流域要加强水资源利用与水污染防治统筹，以饮用水安全保障、城市水环境改善和跨界水污染协同治理为重点，大幅减少污染负荷，实现劣Ⅴ类水质断面比重明显下降。

（3）实施多种大气污染物综合控制。推进城市大气污染防治。在大气污染联防联控重点区域，建立区域空气环境质量评价体系，开展多种污染物协同控制，实施区域大气污染物特别排放限值，对火电、钢铁、有色、石化、建材、化工等行业进行重点防控。在京津冀等区域开展臭氧、细颗粒物（$PM_{2.5}$）等污染物监测，开展区域联合执法检查，到2015年，上述区域复合型大气污染得到控制，所有城市环境空气质量达到或好于国家二级标准，酸雨、灰霾和光化学烟雾污染明显减少。

（4）强化土壤环境监管。深化土壤环境调查，对粮食、蔬菜基地等敏感区和矿产资源开发影响区进行重点调查。开展农产品产地土壤污染评估与安全等级划分试点。加强城市和工矿企业污染场地环境监管，开展污染场地再利用的环境风险评估，将场地环境风险评估纳入建设项目环境影响评价，禁止未经评估和无害化治理的污染场地进行土地流转和开发利用。经评估认定对人体健康有严重影响的污染场地，应采取措施防止污染扩散，且不得用于住宅开发，对已有居民实施搬迁。

（5）推进重点地区污染场地和土壤修复。以大中城市周边、重污染工矿企业、集中治污设施周边、重金属污染防治重点区域、饮用水水源地周边、废弃物堆存场地等典型污染场地和受污染农田为重点，开展污染场地、土壤污染治理与修复试点示范。对责任主体灭失等历史遗留场地土壤污染要加大治理修复的投入力度。

（6）实施区域环境保护战略。中部地区要有效维护区域资源环境承载能力，提高城乡环境基础设施建设水平，维持环境质量总体稳定。中原经济区要加强区域大气污染治理合作，严格限制高耗水行业发展，加强采煤沉陷区的生态恢复。

二、《全国生态功能区划》（2008年）

1. 重要生态功能区

在《全国生态功能区划》里划定的50个重要生态功能区中，中原经济区涉及黄土高原丘陵沟壑区、太行山地土壤保持、桐柏山淮河源、大别山、丹江口库区、秦巴山地水源涵养重要区以及淮河中下游湿地洪水调蓄等7个重要生态功能区，总面积为3.25万km^2，占中原经济区总面积的11.24%。中原经济区重要生态功能区空间分布见图2-4。

2. 生态分区

中原经济区范围包括6个生态区，分别为燕山—太行山山地落叶阔叶林生态区、汾渭盆地农业生态区、黄土高原农业与草原生态区、华北平原农业生态区、淮阳丘陵常绿阔叶林生态区、秦巴山地落叶与常绿阔叶林生态区，其中面积最大的是华北平原农业生态区、秦巴山地落叶与常绿阔叶林生态区，分别为14.2万km^2和6.38万km^2，分别占中原经济区土地面积的49.1%和22.1%。具体细分为22个生态亚区、89个生态功能区。中原经济区生态功能分布见图2-5。

图 2-4 中原经济区重要生态功能区空间分布

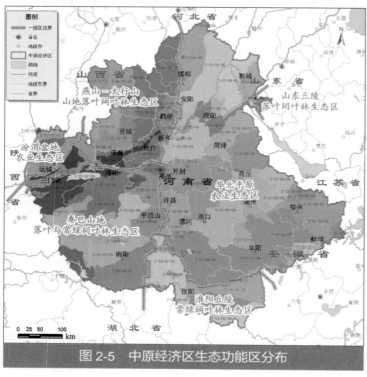

图 2-5 中原经济区生态功能区分布

3. 主导生态功能分区

中原经济区主导生态服务功能为农产品供给、水源涵养、生物多样性保护、防风固沙和洪水调蓄等 5 个方面，其中农产品供给的面积最大，为 15.72 万 km²，占中原经济区土地面积的 54.4%；其次为水源涵养区，面积达 6.15 万 km²，占全区土地面积的 21.3%，主要分布于黄河、长江流域支流的上游以及淮河源头区等的小秦岭、伏牛山、桐柏山、大别山以及太行山等区域，其中具有极重要水源涵养功能的是南水北调中线工程国家级生态功能保护区和河南省淮河源国家级生态功能保护区；生物多样性保护区，面积达 2.52 万 km²，占经济区总面积的 8.7%，主要分布在河南省、山西省，极少部分分布在安徽省，主要以保护森林生态系统及鸟类、野生动物及其他生物资源为主；防风固沙保护区，面积达 2.49 万 km²，占全经济区总面积的 8.6%，主要分布在河南省中部和东北部，少部分位于山东省菏泽市、聊城市。主要生态服务功能分布见图 2-6。

三、《重点流域水污染防治规划》(2011—2015 年)

中原经济区五省共涉及长江、淮河、黄河、海河四大流域。

1. 分区防控

（1）淮河流域要着力加强郑州、开封、周口、漯河、许昌、淮南、蚌埠、亳州、菏泽等城市水污染防治，重点改善贾鲁河、清潩河、泉河、颍河、惠济河、涡河、包河、浍河、沱河等重要支流水质，确保淮河干流和南水北调东线水质稳定达标。

（2）海河流域要节水、增流与减污并重，改善邯郸、邢台、新乡、鹤壁、濮阳、聊城、长治等城市水体环境质量；重点改善马颊河（河南—河北—山东）、卫运河（河南—河北—山东）、滹沱河（山西—河北）等跨省界河流。

（3）黄河流域要加大三门峡、洛阳等城市水污染防治力度，强化汾河、伊洛河、涑水河等重污染支流治理，防范黄河干流水环境风险，保障干流水质稳定达标。

图 2-6　中原经济区主要生态服务功能分布

2. 规划主要任务

（1）系统提升城镇污水处理水平。到 2015 年，重点流域内城镇污水处理厂确保达到一级 B 排放标准（GB 18918—2002）。排入封闭或半封闭水体、富营养化或受到富营养化威胁水域、下游断面水质不达标水域的城镇污水处理厂，以及淮河流域、海河流域和辽河流域直接排入或通过截污导流排入近岸海域的污水处理厂要达到一级 A 排放标准（GB 18918—2002）。部分控制单元可根据流域水质目标，进一步提高污水处理厂排放要求，加强生态湿地处理，推进污水再生利用。污水处理厂应强化消毒杀菌设备的管理，确保正常稳定运行。城市应因地制宜开展初期雨水处理。

（2）加强污泥安全处置和污水再生利用。大力推进海河流域、黄河中上游流域等缺水地区的再生水利用工作，鼓励其他地区开展再生水利用工作。统筹考虑再生水水源、潜在用户分布情况、水质水量要求和输配水方式等因素，合理确定污水再生利用设施的规模，积极稳妥发展再生水用户，扩大再生水利用范围。到 2015 年，淮河、海河、黄河中上游流域城市污水再生利用率达到 20% 以上。

（3）逐步减少种植业污染物产生。积极推广农业清洁生产技术，加快测土配方施肥技术成果的转化和应用，提高肥料利用效率，鼓励使用有机肥。南四湖入湖河道两侧区域开展生态拦截示范工程建设，加强农田退水治理，综合防治面源污染。

（4）积极推进农村环境综合整治。黄河中上游流域三门峡和小浪底等区域加快生态示范区建设步伐，积极开展生态镇、生态村等创建活动。

（5）加快实施船舶流动源污染防治。以淮河流域为重点，搬迁、改造、拆除一批规模较小、污染重的码头作业点，统一建设规模化、集约化、环保型的现代化公用港区。

（6）积极开展水生态保护和修复。对南四湖等湖泊型水体，要强化湖泊生态建设和保护，科学实施退田还湖，扩大湖泊湿地空间，增强湖泊自净功能，有效保护和改善水生动物及迁徙性鸟类的生境，维护湖泊湿地系统生态结构的完整性。

（7）加强水环境质量监测。优化调整现有国控断面，形成由环保部门国控、省控、市控以及水利部门监测断面组成的水环境监测体系。衔接水利部门入河排污口和省界断面的监控体系，建立污染源—入河排污口—断面水质的综合环境监控体系。大力推进区域（流域）监测站（中心）建设，加强重点流域水源源头站点、跨界水体监测断面（点位）的自动监测能力建设。

（8）有效防范环境风险。在黄河中上游等流域干流及主要支流，以石油化工、合成氨、氯碱、磷化工、有色冶炼、油田开采、制浆造纸等行业及尾矿库为重点，开展环境风险源调查，筛选潜在的重大风险源，实施分级分类动态管理，建设流域风险监控预警平台。

（9）完善环境风险防范制度。开展环境与健康调查研究，加强非常规污染物风险管理，高度重视重金属、POPs等有毒有害物质对人体健康的影响。探索环境风险管理的运行机制和体制，健全责任追究制度，严格落实企业环境安全主体责任，强化地方政府环境安全监管责任。

四、《大气污染防治行动计划》（国发〔2013〕37 号）

1. 具体指标

到 2017 年，全国地级及以上城市 PM_{10} 浓度比 2012 年下降 10% 以上，优良天数逐年提高；京津冀下降 25% 左右。

2. 加大综合治理力度，减少多污染物排放

（1）加强工业企业大气污染综合治理。全面整治燃煤小锅炉。加快推进集中供热、"煤改气"和"煤改电"工程建设，到 2017 年，除必要保留的以外，地级及以上城市建成区基本淘汰 10 蒸吨/h 及以下的燃煤锅炉，禁止新建 20 蒸吨/h 以下的燃煤锅炉；其他地区原则上不再新建 10 蒸吨/h 以下的燃煤锅炉。京津冀要于 2015 年年底前基本完成燃煤电厂、燃煤锅炉和工业窑炉的污染治理设施建设与改造，完成石化企业有机废气综合治理。

（2）强化移动源污染防治。提升燃油品质。加快石油炼制企业升级改造，在 2015 年年底前，京津冀区域内重点城市全面供应符合国家第五阶段标准的车用汽油、柴油，在 2017 年年底前，全国供应符合国家第五阶段标准的车用汽油、柴油。加强油品质量监督检查，严厉打击非法生产、销售不合格油品行为。

3. 加快调整能源结构，增加清洁能源供应

（1）控制煤炭消费总量。制定国家煤炭消费总量中长期控制目标，实行目标责任管理。到 2017 年，煤炭占能源消费总量比重降低到 65% 以下。京津冀力争实现煤炭消费总量负增长，通过逐步提高接受外输电比例、增加天然气供应、加大非化石能源利用强度等措施替代燃煤。京津冀新建项目禁止配套建设自备燃煤电站。耗煤项目要实行煤炭减量替代。除热电联产外，禁止审批新建燃煤发电项目；现有多台燃煤机组装机容量合计达到 30 万 kW 以上的，可按照煤炭等量替代的原则建设为大容量燃煤机组。

（2）加快清洁能源替代利用。京津冀区域城市建成区要加快现有工业企业燃煤设施天然气替代步伐；到 2017 年，基本完成燃煤锅炉、工业窑炉、自备燃煤电站的天然气替代改造任务。

4. 严格节能环保准入，优化产业空间布局

（1）调整产业布局。在东部、中部和西部实施差别化产业政策，对京津冀区域提出更高节能环保要求。强化环境监管，严禁落后产能转移。

（2）强化节能环保指标约束。京津冀、山东等"三区十群"中的 47 个城市，新建火电、钢铁、石化、水泥、有色、化工等企业以及燃煤锅炉项目要执行大气污染物特别排放限值。

各地区可根据环境质量改善的需要，扩大特别排放限值实施的范围。

5. 健全法律法规体系，严格依法监督管理

（1）提高环境监管能力。建设城市站、背景站、区域站统一布局的国家空气质量监测网络，加强监测数据质量管理，客观反映空气质量状况。加强重点污染源在线监控体系建设，推进环境卫星应用。建设国家、省、市三级机动车排污监管平台。到 2015 年，地级及以上城市全部建成 $PM_{2.5}$ 监测点和国家直管的监测点。

（2）实行环境信息公开。国家每月公布空气质量最差的 10 个城市和最好的 10 个城市的名单。各省（区、市）要公布本行政区域内地级及以上城市空气质量排名。地级及以上城市要在当地主要媒体及时发布空气质量监测信息。各级环保部门和企业要主动公开新建项目环境影响评价、企业污染物排放、治污设施运行情况等环境信息，接受社会监督。涉及群众利益的建设项目，应充分听取公众意见。建立重污染行业企业环境信息强制公开制度。

6. 建立区域协作机制，统筹区域环境治理

建立京津冀大气污染防治协作机制，由区域内省级人民政府和国务院有关部门参加，协调解决区域突出环境问题，组织实施环评会商、联合执法、信息共享、预警应急等大气污染防治措施，通报区域大气污染防治工作进展，研究确定阶段性工作要求、工作重点和主要任务。

7. 建立监测预警应急体系，妥善应对重污染天气

环保部门要加强与气象部门的合作，建立重污染天气监测预警体系。到 2014 年，京津冀需完成区域、省、市级重污染天气监测预警系统建设；其他省（区、市）、副省级市、省会城市于 2015 年年底前完成。要做好重污染天气过程的趋势分析，完善会商研判机制，提高监测预警的准确度，及时发布监测预警信息。

五、《关于推进大气污染联防联控工作改善区域空气质量指导意见的通知》（国办发〔2010〕33 号）

1. 重点区域和防控重点

（1）重点区域：京津冀地区。

（2）防控重点：大气污染联防联控的重点污染物是二氧化硫、氮氧化物、颗粒物、挥发性有机物等，重点行业是火电、钢铁、有色、石化、水泥、化工等，重点企业是对区域空气质量影响较大的企业，需解决的重点问题是酸雨、灰霾和光化学烟雾污染等。

2. 优化区域产业结构和布局

（1）提高环境准入门槛。制定并实施重点区域内重点行业的大气污染物特别排放限值，严格控制重点区域新建、扩建除"上大压小"和热电联产外的火电厂，在地级城市市区禁止建设除热电联产外的火电厂。严格控制钢铁、水泥、平板玻璃、传统煤化工、多晶硅、电解铝、

造船等产能过剩行业扩大产能项目建设。

（2）优化区域工业布局。建立产业转移环境监管机制，加强产业转入地在承接产业转移过程中的环保监管，防止污染转移。在城市城区及其近郊禁止新建、扩建钢铁、有色、石化、水泥、化工等重污染企业。

（3）推进技术进步和结构调整。完善重点行业清洁生产标准和评价指标，加强对重点企业的清洁生产审核和评估验收。加快产业结构调整步伐，确保电力、煤炭、钢铁、水泥、有色金属、焦炭、造纸、制革、印染等行业淘汰落后产能任务按期完成。

3. 加强能源清洁利用

（1）严格控制燃煤污染排放。重点区域内未配备脱硫设施的企业，禁止直接燃用含硫量超过 0.5% 的煤炭。加强高污染燃料禁燃区划定工作，逐步扩大禁燃区范围，禁止原煤散烧。建设火电机组烟气脱硫、脱硝、除尘和除汞等多污染物协同控制技术示范工程。

（2）大力推广清洁能源。改善城市能源消费结构，加大天然气、液化石油气、煤制气、太阳能等清洁能源的推广力度，逐步提高城市清洁能源使用比重。加快发展农村清洁能源，鼓励农作物秸秆综合利用，推广生物质成型燃料技术，大力发展农村沼气。禁止露天焚烧秸秆等农作物废弃物。

（3）积极发展城市集中供热。推进城市集中供热工程建设，加强城镇供热锅炉并网工作，不断提高城市集中供热面积。禁止新建效率低、污染重的燃煤小锅炉，逐步拆除已建燃煤小锅炉。

第四节　中原经济区发展战略

国家一系列有关促进中部地区、中原经济区发展的政策和规划，构成中原经济区经济社会可持续发展的国家战略内涵，国务院《关于支持河南省加快建设中原经济区的指导意见》（2011 年）、国务院批准的《中原经济区规划》（2012—2020 年），进一步确定新时期中原经济区发展战略定位、目标、空间布局、"三化"发展方向与任务。中原经济区发展战略的核心是探索不以牺牲农业和粮食、生态和环境为代价的新型城镇化、工业化和农业现代化协调发展的路子。"两不三新"是国家赋予中原经济区建设的重要使命。

一、战略定位

中原经济区规划的五大战略定位：国家重要的粮食生产和现代农业基地、全国"三化"协调发展示范区、全国重要的经济增长板块、全国区域协调发展的战略支点和重要的现代综合交通枢纽、华夏历史文明传承创新区。

（1）国家重要的粮食生产和现代农业基地：是保障国家粮食安全的战略需要，也是中原经济区作为农业大区的传统优势所在。保障国家粮食安全是国家支持建设中原经济区的首要、必要条件。

（2）全国"三化"协调发展示范区：要求在加快新型工业化、城镇化进程中同步推进农业现代化，不以牺牲农业和粮食安全为代价，形成城乡经济社会一体化新格局。珠三角、长三角地区工业化和城镇化发展以牺牲耕地、农业为代价，影响深远；中原经济区是国家粮食主产区，要在国家粮食安全的前提下，发展工业化和城镇化。

（3）全国重要的经济增长板块：在全国经济发展大局中，突出加快发展、加快崛起的要求，凸显未来的增长潜力、中部崛起战略中的重要作用以及对全国经济发展的支撑作用。

（4）全国区域协调发展的战略支点和重要的现代综合交通枢纽：发挥中原经济区的区位优势，通过加快现代综合交通体系建设，可以促进全国形成东中西互动、优势互补、共同发展的新格局。

（5）华夏历史文明传承创新区：弘扬传承中原文化是我国文化建设的重要组成部分，是经济社会发展对文化软实力的要求。

二、空间布局

落实全国主体功能区规划的要求，按照核心带动、轴带发展、节点提升、对接周边的原则，明确区域主体功能定位，规范空间开发秩序，加快形成"一核四轴两带"放射状、网络化发展格局。

1. 打造核心发展区域，引领辐射带动整个区域发展

提升郑州区域中心服务功能，支持郑汴新区加快发展，深入推进郑汴一体化，提升郑洛工业走廊产业和人口集聚水平；推动多层次高效便捷快速通道建设，促进郑州、开封、洛阳、平顶山、新乡、焦作、许昌、漯河、济源9市经济社会融合发展，形成高效率、高品质的组合型城市地区和中原经济区发展的核心区域，引领辐射带动整个区域发展。中原经济区"一核四轴两带"发展格局见图2-7。

2. 构建"米"字形发展轴，形成支撑中原经济区与周边经济相连接的基本骨架

提升陆桥通道和京广通道功能，加快东北西南向和东南西北向运输通道建设，构筑以郑州为中心的"米"字形重点开发地带，形成支撑中原经济区与周边经济区相连接的基本骨架。

（1）沿陇海发展轴。依托陆桥通道，增强三门峡、运城、洛阳、开封、商丘、淮北、宿州、菏泽等沿线城市支撑作用，形成贯通东中西部地区的先进制造业和城镇密集带。

图2-7　中原经济区"一核四轴两带"发展格局

（2）沿京广发展轴。依托京广通道，提升邢台、邯郸、安阳、鹤壁、新乡、许昌、平顶山、漯河、驻马店、信阳等沿线城市综合实力，构建北接京津、沟通南北的产业和城镇密集带。

（3）沿济（南）郑（州）渝（重庆）发展轴。依托连接重庆、郑州、济南的运输通道，提升聊城、濮阳、平顶山、南阳等沿线城市发展水平，培育形成连接山东半岛、直通大西南的区域发展轴。

（4）沿太（原）郑（州）合（肥）发展轴。依托连接太原、郑州、合肥的运输通道，发展壮大长治、晋城、焦作、济源、周口、阜阳等沿线城市，培育形成面向长三角、联系晋陕蒙地区的区域发展轴。

3. 壮大南北两翼经济带，形成开放合作的重要支撑

加强运输通道建设，提升晋冀鲁豫交界地区和淮河上中游地区城市发展水平，培育壮大沿邯（郸）长（治）—邯（郸）济（南）经济带和沿淮经济带，形成与"米"字形发展轴相衔接、促进中原经济区东西向开放合作的重要支撑。

（1）沿邯长—邯济经济带。依托邯长—邯济铁路、晋豫鲁大能力运输通道和青（岛）兰（州）高速，推动长治、邯郸、安阳、邢台、聊城等沿线工业城市振兴发展，形成支撑中原经济区北部省际交汇区域发展的经济带。

（2）沿淮经济带。依托淮河水运通道及沿淮路网通道，统筹淮河沿线资源开发，提升信阳、周口、驻马店、漯河、阜阳、亳州、淮北、宿州、蚌埠、淮南的产业集聚与城市发展水平，形成支撑中原经济区东南部区域发展的经济带。

三、推进新型农业现代化

党的十八大报告指出，要"加快发展现代农业，增强农业综合生产能力，确保国家粮食安全和重要农产品有效供给"。

中原经济区是全国重要的农产品主产区，农业生产在整个国民经济中具有重要的作用，尤其是粮食生产在全国占有举足轻重的地位。农业现代化"推进以粮食优质高产为前提，以绿色生态安全、集约化标准化组织化产业化程度高为主要标志，基础设施、机械装备、服务体系、科学技术和农民素质支撑有力的新型农业现代化"。

强调要建设粮食生产核心区，加快农业结构战略性调整，构建现代农业支撑体系。全力推进高标准粮田"百千万"工程建设，实施现代农业产业化集群培育工程等。

1. 建设粮食生产核心区

依托纳入《全国新增1 000亿斤粮食生产能力规划（2009—2020年）》的县（市、区），建设黄淮海平原、南阳盆地、太行山前平原、汾河平原优质专用小麦和优质玉米、水稻、大豆、杂粮产业带，大幅提高吨粮田比重，建设粮食生产核心区。打造20个粮食生产能力超20亿斤、25个15亿～20亿斤和60个10亿～15亿斤的粮食生产大县，建设区域化、规模化、集中连片的国家商品粮生产基地。中原经济区粮食主产区分布见图2-8，粮食生产大县见图2-9。

2. 加快农业结构战略性调整

（1）加快现代畜牧业发展，重点提高生猪产业竞争力，扩大奶牛、肉牛、肉羊等优势产品的规模，大力发展禽类产品，提高畜禽产品质量，建设全国优质安全畜禽产品生产基地。推进畜禽标准化规模养殖场（小区）建设，完善动物疫病防控和良种繁育体系，发展壮大优势畜牧养殖带（区）。优化生产布局，加大养殖品种改良力度，发展高效生态型水产养殖业。

（2）加快优势特色产业带建设，大力发展油料、棉花产业，推进蔬菜、林果、中药材、花卉、茶叶、食用菌、柞桑蚕、木本粮油等特色高效农业发展，建设全国重要的油料、棉花、果蔬、花卉生产基地和一批优质特色农林产品生产基地。大力发展设施农业。

3. 构建现代农业支撑体系

实施现代农业产业化集群培育工程，加快发展农民专业合作组织，壮大龙头企业，培育知名品牌，做大做强优势特色产业，构建现代农业产业体系，建设一批现代农业示范区。推动耕地向种粮大户、农机大户、家庭农场和农民专业合作社集中，促进农业适度规模经营。加强农技推广队伍建设，深入实施重大科技专项，推进农业科技创新和成果转化，提高农业公共服务能力。完善农产品流通体系，建设一批大型农产品批发交易市场。加强农产品质量安全体系建设，建立健全农产品质量安全标准体系和质检体系。加强农业信息和气象服务，推进农村信息化建设。

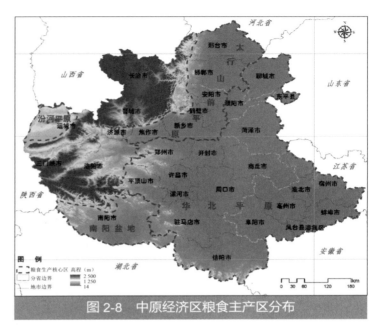

图 2-8　中原经济区粮食主产区分布

图 2-9　中原经济区粮食生产大县分布

四、加快新型工业化进程

中原地区历史形成的产业结构不合理，竞争力不强，产业多数处于产业链的前端和价值链的低端的状况仍没有发生根本转变。

中原经济区工业化发展，"坚持做大总量和优化结构并重，发展壮大优势主导产业，加快淘汰落后产能，有序承接产业转移，促进工业化与信息化融合、制造业与服务业融合、现代科技与新兴产业融合，推动产业结构优化升级，构建结构合理、特色鲜明、节能环保、竞争力强的现代产业体系"。

　　将中原经济区建设成为全国重要的高新技术产业、先进制造业和现代服务业基地，提升工业竞争力，推进新型工业化。通过强化新型工业化的主导作用，来提高综合经济实力和竞争力。"以产业集聚促进人口集中，形成以产兴城、以城促产、产城互动发展格局"，探索产业融合发展新模式。从大力发展先进制造业、积极培育战略性新兴产业和加快发展服务业三个方面，明确了产业发展和结构调整的重点方向和任务。

1. 建设产业集聚平台

依托中心城市和县城，整合提升各类开发区、产业园区，提高土地节约集约利用水平，规划建设第二、第三产业集聚发展平台，以城镇功能完善吸引产业集聚，以产业集聚促进人口集中，形成以产兴城、以城促产、产城互动发展格局。

中原经济区产业集聚区、国家级省级工业园区分布见图2-10。

中原城市群产业集聚区：建设郑汴洛工业走廊和沿京广、南太行、伏牛东产业带，加强产业分工协作与功能互补，共同构建中原城市群产业集聚区。

提升产业集聚区建设水平，突出主导产业，完善服务配套，严格准入门槛，有序承接产业转移，形成一批规模优势突出的产业集群和新型工业化示范基地。

2. 大力发展先进制造业

做大做强高成长性的汽车、电子信息、装备制造、食品、轻工、新型建材等产业，改造提升具有传统优势的化工、有色、钢铁、纺织产业，加快淘汰落后产能，形成带动力强的主导产业群。中原经济区重点产业布局规划见图2-11。

图 2-10　中原经济区产业集聚区、国家级省级工业园区分布

图 2-11　中原经济区各地市重点产业布局

3. 积极培育战略性新兴产业

科学布局、有序推进智能终端、新型显示、半导体照明生产基地建设，积极发展物联网、云计算、高端软件、新兴信息服务等新一代信息网络技术，加大推广应用力度，打造中部地区重要的新一代信息技术产业基地。推进生物医药、生物制造、生物农业等优势产业发展，打造全国重要的生物产业基地。发展壮大生物质能源、新能源装备等产业，提升新能源产业竞争力。提高动力电池及关键零部件配套水平，建设国内重要的新能源汽车产业基地。发展超硬材料、高强轻型合金、特种纤维等新材料，打造全国重要的新材料产业基地。大力发展高效节能、先进环保和资源循环利用的新装备和产品，打造国内具有较大影响的节能环保产业基地。积极发展轨道交通装备、智能电网装备、智能制造装备、航空装备、卫星应用等产业，建设中西部地区重要的高端装备制造业基地。中原经济区新兴产业布局规划见图2-12。

图 2-12　中原经济区各地市新兴产业布局

五、加快推进新型城镇化

城镇化水平低已成为中原经济区经济社会诸多矛盾中突出的聚集点，需要加快弥补城镇化短板。中原经济区新型城镇化的发展格局和道路是："发挥城市群辐射带动作用，构建大中小城市、小城镇、新型农村社区协调发展、互助共进的发展格局，走城乡统筹、城乡一体、产城互动、节约集约、生态宜居和协调发展的新型城镇化道路，引领'三化'协调发展。"

1. 加快城市群建设

构建中原城市群、北部城市密集区、豫东皖北城市密集区一体化发展格局，形成具有较强竞争力的大中原城市群，成为参与国内外竞争、促进中部崛起、辐射带动中西部发展的重要增长极。

"加快完善多层次城际快速交通网络，实现以郑州为中心的核心区域9个城市融合发展，进一步增强中原城市群辐射带动作用。强化'米'字形发展轴节点城市互动联动，促进中原城市群扩容发展。"

"发挥轴带集聚功能，推动邯郸、安阳、邢台、鹤壁、聊城、菏泽、濮阳等北部城市密集区提升发展，促进蚌埠、商丘、阜阳、周口、亳州、淮北、宿州、信阳、驻马店等豫东皖北

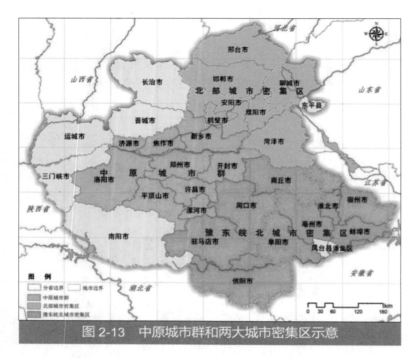
图 2-13　中原城市群和两大城市密集区示意

城市密集区加快发展。"中原城市群和两大城市密集区分布见图 2-13。

2. 提升城镇功能

（1）郑州。强化科技创新和文化引领，促进高端要素集聚，完善综合服务功能，增强辐射带动中原经济区和服务中西部发展的能力，提升区域性中心城市地位。建设全国重要的先进制造业和现代服务业基地。

（2）重要中心城市。发挥交通区位、产业基础、人口规模等优势，进一步提升轴带重要节点城市的综合承载能力和服务功能，扩大辐射半径，培育形成支撑中原经济区发展的次中心城市。

洛阳巩固提升中原城市群副中心城市地位，增强国家历史文化名城和全国重要的制造业基地影响力。邯郸、聊城、安阳建设成为与环渤海等经济区域合作交流的北部门户。邯郸建设成为全国重要的先进制造业基地，区域有重要影响的中心城市；聊城建设成为全国重要的生态城市；安阳建设成为先进制造业为基础的新型工业城市。南阳建设成为对接西南地区的重要门户，加快提升城市综合承载能力。蚌埠、阜阳、商丘建设成为与华东地区合作交流的东部门户。巩固提升交通枢纽功能，提高综合服务水平，增强人口和产业集聚能力。长治建设成为与太原城市群合作交流的重要门户，加快中心城区扩容提质，重点强化煤炭东向南向输出的枢纽功能。

（3）地区性中心城市。推动开封、新乡、焦作、邢台、平顶山向特大城市发展。提升许昌、漯河、驻马店、信阳、濮阳、周口、鹤壁、三门峡、淮北、亳州、宿州、菏泽、晋城、运城城市综合承载能力，推动济源成为新兴的地区性中心城市。

（4）县城。按照现代城市规划建设标准，推动县城老城区集中连片改造和新城区建设，完善城市基础设施和公共服务设施，加强产业集聚区、特色商业区、商务中心区建设，成为吸纳农村人口转移的主要载体。培育形成一批新兴城市。

（5）中心镇。实施中心镇功能提升工程，完善基础设施和公共服务设施，因地制宜发展特色产业，成为县域经济发展的重要增长点。

3. 探索推进新型农村社区建设

因地制宜探索新型农村社区建设模式。依据产业规模、产业特性和交通区位、生态环境条件，科学确定新型农村社区规模。

增强产业支撑，促进大多数社区居民向第二、第三产业转移就业。推进社区水、电、路、气、房、通信等基础设施建设，配套建设教育、医疗、文化体育、超市等公共服务设施，建设垃圾集中收集、污水集中处理设施，推进农民生产生活方式转变。

六、构建"四区三带"生态安全格局

1.构建"四区三带"生态安全格局

落实全国主体功能区规划，加强重要生态功能区生态保护和修复，保障生态安全。依托山体、河流、干渠等自然生态空间，积极推进桐柏大别山地生态区、伏牛山地生态区、太行山地生态区、平原生态涵养区、沿黄生态涵养带、南水北调中线生态走廊和沿淮生态走廊建设，构筑"四区三带"区域生态网络格局，具体见表2-4和图2-14。

"四区三带"覆盖中原经济区重要典型生态系统和国家重点保护野生动植物的自然保护区，是中原经济区的天然生态屏障。

分区名称	特点	主要功能	建设重点
太行山地生态区	该区自然条件差，森林覆盖率低，生态环境脆弱	生物多样性保护，水源涵养，农产品提供	保护现有森林资源，大力开展人工造林、封山育林和飞播造林，提高生态系统的自我修复能力，增加森林植被
伏牛山地生态区	该区森林质量低，部分地区水土流失严重，水源涵养功能较低	生物多样性保护，水源涵养，水土保持，湿地保护，农产品和矿产资源提供	营造水源涵养林和水土保持林，开展南水北调中线源头区石漠化治理，强化中幼林抚育和低质低效林改造，保护生物多样性，充分发挥森林的综合效益
桐柏大别山地生态区	该区森林资源分布不均，林地生产力低下，生物多样性受到威胁，浅山丘陵水土流失严重	生物多样性保护，水源涵养，水土保持，湿地保护，洪水调蓄	大力植树造林，提高混交林比例，加强中幼林抚育和低质低效林改造，提高林地生产力，增强生物多样性和生态系统稳定性
平原生态涵养区	该区多功能、多层次的农田防护体系尚不完善，综合防护效能没有充分发挥	农林畜果产品提供，湿地、生物多样性保护，洪水调蓄	积极稳妥地推进农田防护林改扩建，建立带、片、网相结合的多树种、多层次稳定的农田防护林体系，构筑粮食高产稳产生态屏障
沿黄生态涵养带	该区森林覆盖率低，水土流失严重，自然灾害频繁	水资源保护及湿地生态保护，涵养水源，补充地下水，防止洪涝灾害	加强湿地保护与恢复，建设沿黄观光林带、生态湿地和农家休闲旅游产业带，强化三门峡水库、小浪底水库库区绿化，防治水土流失；加强东平湖蓄滞洪能力和水资源保护，确保黄河下游防洪安全和南水北调东线供水安全
南水北调中线生态走廊	该区森林资源少，生态环境脆弱，水质污染的潜在威胁较大	水源保护，保障南水北调中线工程水质安全	在引水总干渠两侧营造高标准防护林带和农田林网，防止污染，保护水质安全，建成集景观效应、经济效益、生态效益和社会效益于一体的生态走廊。在干渠城市和城市边缘段建设园林景观，使之成为城市重要的生态功能区
沿淮生态保育带	区内人地矛盾突出，水土流失严重，洪涝灾害频繁	—	建设淮源水源涵养林、淮河生态防护林和干流防护林带，加强湿地保护与恢复，提高水源涵养和水土保持能力，防治水患，维护淮河安全

表2-4　中原经济区"四区三带"生态网络具体情况

图2-14 中原经济区"四区三带"生态格局

2. 加强南水北调工程重要节点和生态走廊建设

中原经济区是我国南水北调工程的重要节点和生态走廊。

南水北调中线工程源头地丹江口水库地跨湖北、河南两省，河南省境内水域面积占52%，渠首位于河南省南阳市淅川县，沿线涉及南阳、平顶山、许昌、郑州、焦作、新乡、鹤壁、安阳、邢台、邯郸等10个省辖市。以河南省为主，依托黄河标准化堤防和黄河滩区加强黄河生态保护，搞好南水北调中线工程沿线绿化，推进平原地区和沙化地区的土地治理，构建横跨东西的黄河滩区生态涵养带和纵贯南北的南水北调中线生态走廊。

南水北调东线工程中东平湖是重要的调蓄水库，是山东乃至华北地区的重要水源地。以山东省为主，依托黄河下游防洪能力建设和黄河干流及重要支流的生态保护，加强东平湖、大汶河蓄滞洪能力和水资源保护，构建环东平湖的生态涵养区，确保黄河下游防洪安全和南水北调东线供水安全。

第五节 三大安全是中原经济区发展的基础保障

通过对国家主体功能区规划战略、区域发展战略和环境保护战略以及中原经济区发展战略的梳理，在中原经济区，维护粮食生产安全、流域生态安全和人居环境安全是区域发展的基础保障，具有全局性突出地位。确保三大安全对中原经济区可持续发展具有重大的现实意义和深远的历史意义，也是落实"五位一体"总体布局、建设生态文明的必然要求。

一、确保粮食生产安全是经济社会发展的首要任务

中原经济区作为我国重要粮食主产区，在保障国家粮食安全中具有重要地位，随着经济快速发展，区域农田面积不断萎缩，农业用水保障难度增大，长期过度施用化肥、农药以及污水灌溉方式导致农田质量下降，农业面源污染加重，粮食生产安全面临严峻挑战。因此，需要以耕地红线和生态红线约束城镇化、工业化发展用地扩张，同步推进"三化"发展，加快高标准粮田建设，大力发展生态农业，加快节水农业、现代畜牧业发展和特色产业带建设，全面实施农业化学品施用环境风险管理和土壤重金属污染源头控制，保障耕地土壤质量不退化，确保粮食生产安全。

1. 中原经济区是国家重要的粮食生产基地

中原经济区拥有黄淮海平原国家商品粮基地，一直是我国重要的农产品主产区和粮食生产基地，是《全国主体功能区规划》中划定的"七区二十三带"农产品主产区的核心区域，在保障国家粮食安全中具有举足轻重的全局性战略地位。根据环保部《生态环境十年变化遥感调查》，2010 年中原经济区耕地总面积 12.6 万 km²，占全国耕地总面积的 10.4%；农作物播种面积 2 505.8 万 hm²，占全国农作物总播种面积的 15.3%；粮食产量从 2000 年的 6 666.15 万 t 增加到 2012 年的 1.09 亿 t，占全国粮食总量的比重从 14.4% 提高到 18.5%（见图 2-15）；作为我国小麦、玉米、油料和棉花的主产区和重要的口粮产区，2012 年上述 4 种粮油产品产量分别占全国的 47.2%、17.5%、21.4% 和

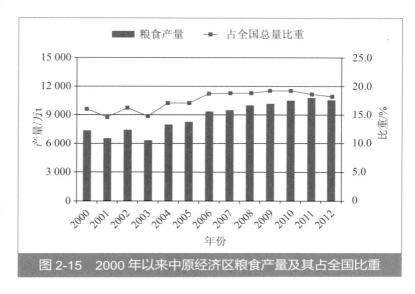

图 2-15 2000 年以来中原经济区粮食产量及其占全国比重

14.4%；在我国粮食增产千亿斤规划中，2020 年前将承担近 1/4 国家新增粮食产量的任务。无论从粮食生产的基础地位，还是国家粮食安全的目标指向，中原经济区都是我国粮食安全的重要保障区，"十分安全居其三"的地位使得其保障国家粮食生产安全的作用非常突出。

2. 粮食生产安全面临严峻挑战

随着中原经济区社会经济的加速发展，黄淮海平原面临农田面积萎缩、农田质量降低、农业用水保障难度增大和农业面源污染加重的问题，粮食生产安全面临严峻挑战。一是农田面积萎缩。近 10 年来农田面积减少了 2%，占全国农田减少面积的 14.4%。二是农田质量降低。过度施用农药化肥，导致土壤酸化板结，农田地力下降；2000—2010 年农田占补平衡中约 28% 来自土壤肥力较低的低丘缓坡区。三是农业用水保障难度增大。工业化和城镇化的加速发展对农业用水的挤占现象普遍，并有加剧的趋势。四是耕地污染形势严峻。畜禽养殖和种植业大规模施用化肥，导致农业面源污染形势严峻。目前中原经济区单位耕地面积化肥施用量比全国平均高 60%；农药施用量较全国平均高 11%。土壤重金属污染加重；部分区域利用城市废水和工业废水灌溉农田，加剧了农田污染。上述问题和态势导致中原经济区农业耕地规模、质量和能力及农业生态安全面临严峻的挑战。

3. 实施战略性保护，确保粮食生产安全

中原经济区在全国粮食安全中的全局性战略地位，要求其必须将粮食生产安全作为首要任务，而区域粮食生产安全面临的严峻形势也要求加大保护力度。因此，必须以"两保一提"为核心目标，耕地保障优先、农林水统筹，通过划定耕地红线、加快高标准粮田建设、大力发展生态农业及节水农业、实施耕地污染防治等一系列战略性保护措施，在快速工业化和城

镇化的进程中，确保中原经济区农业生态系统的健康稳定，确保耕地规模与质量不降低；在推进农业现代化的进展中，显著提升现代化农业综合生产能力和农产品质量，保障区域粮食生产安全。

二、维护流域生态安全是区域可持续发展的关键

流域性水资源保障、水环境健康和水生态系统稳定是中原经济区可持续发展的基础，但区域水资源严重短缺、河道萎缩断流、地表水污染且有向地下水污染转移的趋势，形成复合流域水环境问题，对饮用水安全、粮食生产安全以及流域水安全构成巨大威胁，水资源严重缺乏成为制约经济社会发展的最主要因素。需要促进高耗水产业退出，保障节水型经济用水，全面提升水污染源控制水平，实施水源涵养生态补偿与水生态损害赔偿机制等措施以维护流域生态安全与健康，保障区域经济可持续发展。

1. 流域生态安全的基础保障作用

流域性水资源保障、水环境健康和水生态系统稳定是中原经济区可持续发展的基础。中原经济区内长江、黄河、淮河、海河流域的生态安全健康可惠及我国 38.1% 的总人口、39.6% 的城镇人口和 45.9% 的经济活动（GDP 规模），是我国中东部地区经济社会健康发展和生态环境安全的基石。

中原经济区的水土保持、水源涵养和洪水调蓄功能在我国生态系统服务功能格局中具有重要地位。《全国生态功能区划》划定的 50 个重要生态功能区中，中原经济区涉及 7 个，占中原经济区总面积的 11.2%。区域主导生态服务功能为农产品供给、水源涵养、生物多样性保护、防风固沙和洪水调蓄等 5 个方面，其中以农产品供给和水源涵养为主，面积分别占中原经济区土地面积的 54.4% 和 21.3%。南水北调中线工程能够有效缓解受水区灌溉用水、城市生活和工业用水的紧张局面，使地下水位回升，干涸的洼、淀、河、渠、湿地得到补水；调水工程国家级生态功能保护区的建设带动生态林业、生态畜牧业、绿色农业的发展，形成一道纵贯南北的绿色生态长廊，对于维护工程沿线生态安全，保障输水质量安全具有支撑作用。小秦岭、伏牛山、桐柏山、大别山以及太行山等区域作为黄河长江流域支流上游以及淮河、海河流域源头区，其水源涵养功能对调节河流径流、改善水质、防止水旱灾害具有重要意义。长江、黄河、淮河、海河等江河水系生态安全是中原经济区绿色崛起的基本前提。

2. 流域生态安全面临巨大压力

中原经济区的水资源供需矛盾、水环境污染、流域生态退化等问题突出，区域社会经济发展与水系统支撑的矛盾日益显现，流域生态安全面临巨大压力。一是水资源供需矛盾突出。中原经济区海河、黄河和淮河流域的水资源超载问题突出；伴随城镇化水平的进一步提高，城镇生活用水量将继续呈刚性增长趋势，水资源供需矛盾加剧。二是水环境污染严重。海河、淮河、黄河等流域部分支流水环境污染严重。2012 年中原经济区 221 个国控、省控地表水监测断面达标率为 47.5%，达到或优于Ⅲ类水质的断面占 36.2%，Ⅳ类水质断面占 19.9%，Ⅴ类和劣Ⅴ类水质断面占 43.9%，地表水环境极不安全。1988—2007 年，河南省主要城市及近郊

监测井中，符合饮用水标准的监测井占比由 50% 下降至 18%，符合灌溉用水标准的监测井占比由 84% 下降至 58%，地下水水质下降明显。海河流域平原区地下水污染呈现复杂多样化特征，邢台、邯郸等地市的地下水"三氮"严重超标，邯郸、安阳、新乡、聊城等地市的部分地下水饮用水水源地不同程度地受到重金属污染威胁。三是流域生态保护形势严峻。突出表现为河流断流、河湖系统人工阻断、湖泊湿地萎缩等，生态安全格局和生物自然生境维护形势严峻。历史上的不合理开发导致海河全流域断流河段超过 2 000 km，断流天数 270 多天，自然生态系统已经受到严重损害。矿产开采、水电开发、工业发展、城市扩张导致流域开发力度不断加强，人为活动胁迫强度也进一步增加。从区域看，中原经济区存在复合型缺水、饮用水水源不安全、河流生境丧失等问题。从流域系统看，海河和淮河流域的水资源和水生态问题十分突出。

3. 统筹开发与保护，维护流域生态安全

要破解经济社会发展与资源环境的严重矛盾，就必须从流域生态系统整体性保护出发，综合统筹经济社会发展，核心是以"四维四促"为重点，即以维护流域生态安全格局为前提，促进中原经济区人口、经济和资源环境协调发展；以维护流域水资源和水环境等主要红线为基础，促进生产力的合理布局和城市化健康发展；以维护流域重要生态单元的健康稳定为重点，促进生态系统功能和效力的有效发挥；以维护和改善流域水环境质量为约束目标，促进生产方式转变和资源利用效率的提升，推动流域性经济社会发展与资源环境协调发展的新格局。

饮用水水源保障优先，节水治污并重。以保障饮用水水源地安全和促进河湖生态健康为主体，构建山区、平原河系一体，节水治污并重，上下游水污染防治统筹，地表水治理与地下水保护统筹的水污染防治与水环境修复体系。将节水型农业、节水型城市和节水型产业作为中原经济区发展的优先战略发展方向，遵循最严格的水资源管理制度，着力提升用水效率，优化用水结构，控制经济社会用水总量增长，构建不同主体功能区的用水优先保障策略和高耗水产业的退出机制，保障节水型经济发展的用水需求。积极推进城镇污水处理厂配套管网建设，加快工业园区污染集中处理设施建设，实施城镇生活污水处理与工业园区废水处理适度分离，全面提升水污染源控制水平。探索流域不同行政区的水源涵养功能保护的共同而有区别的责任义务，研究建立跨行政区的流域水源涵养生态补偿与生态损害赔偿机制，平原地区对山区丘陵地区的生态建设进行补偿，造成生态破坏和水环境污染要进行生态损害赔偿，促进上游地区的水源涵养重要区和流域水环境安全。

三、改善人居环境安全是区域转型发展的基本要求

中原经济区人口总量大、密度高，是国家城镇化发展的重要推进与承载区域之一，确保人居环境安全是全面建成小康社会的重要任务，但由于经济社会快速发展，区域城市大气复合污染严重，农村地区普遍存在饮用水安全问题，重化工业园区与人居生活空间冲突，生态空间不断被挤占。需要协调"三生空间"发展，建立区域联防联控体系和污染物削减方案，加强饮用水水源地管控，优化能源结构及利用方式等措施，不断改善环境质量，确保区域人居环境安全。

1. 人居环境质量事关居民生活品质

提升大气环境、饮用水安全、区域和城市生态质量等人居环境安全是全面建成小康社会的重要任务。中原经济区人口总量大、密度高，人口约占全国的1/8，人口密度是全国平均水平的4倍，确保人居环境质量不仅直接关系到中原地区1.8亿居民生活质量的高低，也直接关系到我国迈向小康社会的进程。中原经济区是国家城镇化发展的重要推进与承载区域之一，2000—2012年，区域新增城镇人口3 038万人，占全国新增城镇人口的12%；根据国家城镇化的发展目标，到2020年全国城镇化率达到60%，届时该区域还将新增城镇人口3 480万人，累计城镇人口将达到1亿人；这一趋势要求必须有良好的生态环境、空气质量和饮用水安全等人居环境要素作保障。同时，中原经济区的城镇化是在人口多、资源相对短缺、生态环境比较脆弱、城乡区域发展不平衡的背景下推进的，探索绿色低碳的生产生活方式和城市建设运营模式、构建符合生态文明要求的人居环境也是发展转型的客观要求。

2. 人居环境安全亟待改善

中原经济区人居环境安全问题突出。一是城市大气污染严重，空气质量显著下降，灰霾频发。不仅大气煤烟型污染特征明显，SO_2和PM_{10}污染严重，而且城市大气复合污染态势凸显，$PM_{2.5}$和O_3频繁超标。二是饮用水安全风险较高。淮河流域河南省、安徽省、山东省县级以上城镇饮水不安全水源地占25.7%，长江中下游城市群31处国家重要饮用水水源地中有5处不能100%达标。三是生态空间不断被挤占。建设用地刚性需求不断增加，农田保护刚性要求不降低，导致生态空间被不断占用，区域景观格局改变。四是城市群与城市内部的人居环境安全有待提升。近10年来，城镇化与工业化快速发展导致区域城市建成区面积不断扩张，其中中原城市群城市建成区面积比2000年增加了1.1倍（数据来自《中国城市统计年鉴》），产城融合、空间功能布局、生态系统构建等需要进一步优化。

3. 加强治理与管控，改善人居环境

中部地区已经进入工业化和城市化的快速发展时期，要破解人居环境安全面临的突出问题，实现以人为本的发展，必须以降低大气污染人群健康风险为主题，构建节能减排与环境质量目标管理一体、多种污染物协同控制与区域联动、重化工业集聚区与城市和村镇生活空间有效隔离的人居环境安全保障体系。以"三控一优"为抓手，即以城市群地区为重点，加强生产空间、生活空间和生态空间的管控，推动"三生空间"协调发展；以控制复合型大气污染蔓延为目标，建立区域联防联控体系和污染物削减方案；以管控饮用水水源地和水质为主要手段，切实保障饮用水安全；以新型城镇化和新型工业化为契机，逐步优化能源结构和利用方式，不断改善环境质量，确保区域人居环境安全。

第六节　环境保护的战略性需求

中原经济区地处我国中心地带，生态环境腹地，人口众多、城市密集，工业园区广布，环境与健康需求突出。伴随工业化、城镇化快速发展，粮食生产安全、流域水安全和人居环

境安全面临巨大的压力和严峻挑战。必须坚持绿色、低碳、循环、可持续发展，加强生态环境战略性保护，引导和促进中原经济区构建资源节约、环境友好生产方式和消费模式，建设绿色中原、生态中原。实现"天蓝地绿水净"，应当是中原经济区建设美丽中国、实现中国梦的重要内容和标志。

一、"三大安全"的环境保护战略目标

全面推进、重点突破，着力解决影响区域粮食生产安全、流域水安全和人居环境安全的水环境污染、区域 $PM_{2.5}$ 污染、农田耕地土壤潜在污染风险等重大问题。2020 年，环境污染治理"不欠新账""基本还清旧账"，奠定"天蓝地绿水净"的坚实基础，2030 年，基本实现"天蓝地绿水净"。

二、"天蓝地绿水净"（2015—2030 年）保障"三大安全"

河流湖泊水质、区域大气环境、耕地土壤质量持续改善；已经超标的区域，逐步实现达标。

——建设"四区三带"生态安全格局，提升水源涵养、水土保持等重要生态服务功能。

——维护生态安全用地不减少，耕地面积不减少、耕地质量不下降；逐步减少矿山生态破坏面积和耕地损害面积，加快完成受损耕地和矿山生态修复。2020 年全面完成历史遗留矿山生态修复和受损耕地复垦。

——遏制平原区地下水降落漏斗区扩大的趋势，逐步恢复城区地下水和区域地下水位至合理状态。

——挤占河流生态用水量的状态得到明显改善。2020 年初步实现平原河流水体连通功能（河流不常年断流），60% 以上河流有水，山区河流生态流量得到保护；初步修复河流水质自然净化功能（河水流动，河流溶解氧与水生植物恢复污染物净化能力），80% 以上河湖各断面水质达到功能区要求。

——河流生态功能得到修复。2030 年流域整体基本实现水体连通，80% 河流有水，基本恢复河流水质自然净化功能，河湖各断面水质全面达到功能区目标，河流生境基本得到恢复。

——2020 年全面解决农村饮用水不安全问题，所有集中式饮用水水源地全面达到保护要求。

——扭转以细颗粒物和灰霾污染为特征的大气污染加剧的趋势，逐步减少、消除重污染天气，暴露在 $PM_{2.5}$ 严重超标的人口比例逐年减少；2020 年中原城市群各城市细颗粒物年均浓度下降 32% 以上，北部城市密集区主要城市下降 42% 以上。2030 年全面实现以 $PM_{2.5}$ 为代表的环境空气质量全面达标。

——着力解决重化工业集聚区与周边人居聚集区布局性冲突，2020 年基本实现重化工业园区与城市建成区、乡镇和村庄间有效空间隔离。

——全面开展温室气体排放清单和年度碳强度下降核算，开展碳排放权交易，推进低碳城市试点。

第三章

区域经济社会发展与环境演变趋势

第一节 经济社会发展

一、自然环境概况

1. 地理位置

中原经济区地处我国中心地带，涵盖河南省全部、延及河北、山西、山东、安徽周边四省，面积 28.9 万 km²，承东启西，连南贯北，东接长三角地区，南临长江中下游城市群，东南毗邻长三角城市群，西邻成渝经济区和关中城市群，北部紧接京津塘城市群，是我国城市化战略格局中陆桥通道和京广通道的交汇区域。地理位置见图 3-1。

2. 地形地貌

中原经济区平原广布，地势西高东低、北坦南凹。区域内地势西高东低，自西向东逐渐开阔，呈喇叭形。西北和西部以山地为主，北、西、南三面环山，太行山、秦岭、桐柏一大别山呈半环型分布，间有陷落

图 3-1 中原经济区地理位置

盆地，中部和东部为辽阔的黄淮海平原，西南为南阳盆地（见图 3-2）。

3. 气候

气候四季分明，雨热同期，自然灾害以旱涝为主。地处北亚热带和暖温带地区，南部跨亚热带，属北亚热带向暖温带过渡的大陆性季风气候区，具有气候四季分明、雨热同期、复杂多样、气象灾害频繁的特点。

暖温带和亚热带的地理分界线秦岭淮河一线穿过境内的伏牛山脊和淮河干流。此线以北属于暖温带半湿润半干旱地区，面积约占 80%；此线以南为亚热带湿润半湿润地区，面积约占 20%。

气候温和，年平均气温 12.8 ～ 15.5℃，冬冷夏热，四季分明，具有冬长寒冷雨雪少，春短干旱风沙多，夏日炎热雨丰沛，秋季晴和日照足的特点。

气候的地区差异性显著，热量资源南部和东部多，北部和西部少；降水量南部和东南部多，北部和西北部少。季风性气候显著，灾害天气频繁。气候随季节变化明显，是我国自然灾害种类繁多、发生频繁且危害严重的区域之一。

年降水量时空分布不均，全年的降水量主要集中在夏季，占全年降水量的 45% ～ 60%。中原经济区多年平均降水量见图 3-3。

自然灾害主要有旱、涝、冰雹、地震、干热风、病虫害、滑坡、崩坝、水土流失等，其中以旱、涝两种灾害危害最大，具有独特的空间分异特征，中原经济区地质灾害类型见图 3-4。

4. 土壤与植被

土壤类型多样，空间分布差异明显。中原经济区土壤类型主要有棕壤、褐土、黄棕壤、潮土、砂礓黑土、盐碱土、水稻土等，具体空间分布见表 3-1 和图 3-5。

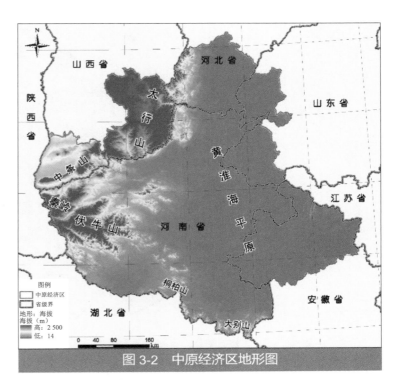

图 3-2　中原经济区地形图

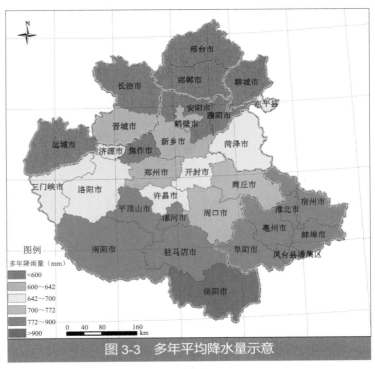

图 3-3　多年平均降水量示意

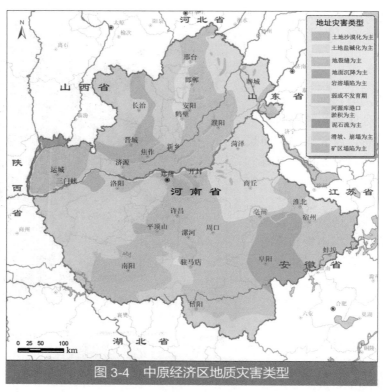

图 3-4 中原经济区地质灾害类型

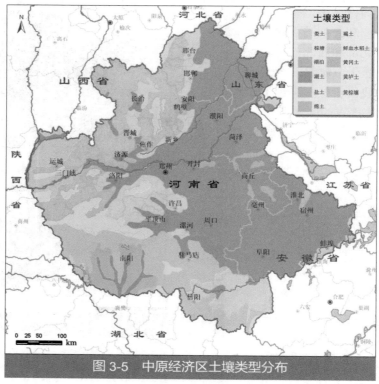

图 3-5 中原经济区土壤类型分布

表3-1　土壤类型的空间分布情况		
土壤类型	主要分布区域	特点
棕壤	豫西海拔 800～900 m 以上的中山区，以伏牛山、太行山为主	土壤厚度变化大，土层较薄
褐土	豫西北黄土丘陵区及缓岗台地区	土壤肥力尚好，有些则属瘠旱薄地，水土流失严重
黄棕壤	伏牛山南坡海拔 800～900 m 以下与淮河干流以南的豫南地区	大部分地区已成为重要的农耕区，在低山丘陵地区风化程度深，水土流失严重
潮土	东北部	重要的农耕区
砂礓黑土	黄淮平原的东南部及南阳盆地的低洼地区	有机质较高，有较大的潜在肥力，重要的粮棉产区
盐碱土	豫东、豫北平原低洼地区，散布于潮土区之间	有机质含量少、含盐量过高，干旱时收缩板结、坚硬，通气透水性差
水稻土	豫南淮河以南的洪积倾斜平原	经过人类长期种植水稻而逐渐形成的一种耕作土壤，中原经济区高产土壤之一

　　土地覆被以农业植被为主，主要分布在黄淮海平原；林草植被主要分布在西北部，分布于太行山、伏牛山、大别山等山区。

　　农田生态系统约占区域总面积的 63.1%。其中旱地约占农田生态系统的 93.1%，主要分布在淮河以北的黄淮海平原地区。农作物以小麦、玉米、水稻、大豆、杂粮和棉花、花生、芝麻、烤烟等为主，农业耕作制度为一年两熟制，农业植被随作物种类和耕作制度以及复种指数等而变化。

　　林草植被约占区域总面积的 20.7%。森林生态系统约占区域总面积的 16.4%，主要分布在太行山、伏牛山和桐柏山东麓、大别山北麓。草地生态系统约占区域总面积的 4.3%，以中覆盖度草地为主，主要分布在太行山，伏牛山次之，桐柏山和大别山仅有零星分布。

5. 水文

　　跨海河、淮河、黄河和长江流域四大流域，是淮河流域的源头区和南水北调中线工程水源地。四大流域面积情况见表 3-2 和图 3-6。

　　河流水系密集，大小河流超过 2 000 条。河南省境内，淮河、黄河、长江、海河四大水系共有河流 1 500 余条，其中流域面积 100 km² 以上的河流有 493 条。河川径流总量在全国中等偏下水平，地区分布上呈现自南向北、自西部山地至东部平原逐渐递减特征。

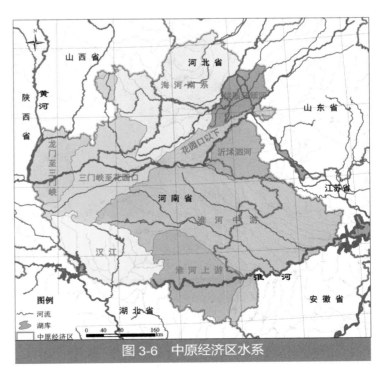

图 3-6　中原经济区水系

表 3-2　中原经济区四大流域面积情况

流域分区	流域面积 /km²	面积占比 /%	平均径流深 /mm
海河流域	60 575	20.9	130.1
淮河流域	137 805	47.6	207.3
黄河流域	63 659	22.0	131.3
长江流域	27 624	9.5	241.4
中原经济区	289 662	100.0	—

注：径流深数值为河南省境内流域统计。

二、经济社会发展概况

1. 行政区与人口

中原经济区包括河南省全境，河北省邢台市、邯郸市，山西省长治市、晋城市、运城市，安徽省宿州市、淮北市、阜阳市、亳州市、蚌埠市和淮南市凤台县、潘集区，山东省聊城市、菏泽市和泰安市东平县，区域面积 28.9 万 km²，2012 年年末总人口 1.80 亿人。区域占用全国约 1/32 的国土面积，承载全国约 1/8 的人口。

中原经济区是全国人口最为稠密的区域，也是农业人口最多的区域。人口密度呈现东高西低态势，位于西部地区的洛阳、济源、长治、晋城、运城、三门峡、南阳和信阳 8 个地市，人口密度不到 500 人 / km²，位于东部地区的郑州、许昌、漯河、阜阳、濮阳和周口，人口密度超过 900 人 /km²。中原经济区人口密度空间分布见图 3-7。

人口受教育程度总体不高，创新型、实用型、复合型人才紧缺，人力资本对经济增长的贡献率较低，把人口压力转化为人力资源优势成为中原经济区面临的艰巨任务。

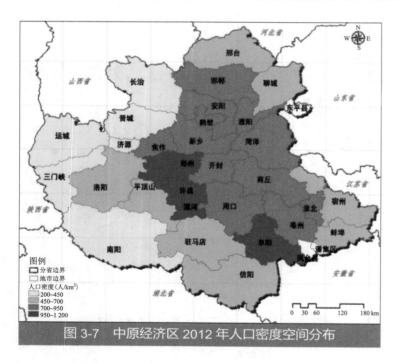

图 3-7　中原经济区 2012 年人口密度空间分布

2. 城镇化、工业化与农业现代化

2012 年中原经济区城镇化率为 42.7%，低于全国平均水平约 10 个百分点，工业化水平（工业增加值与 GDP 之比）为 45.0%，人均 GDP 2.88 万元，城镇居民人均可支配收入达到 20 037.22 元，农村居民人均纯收入 7 966.11 元，总体上处于工业化中期或工业化初期的后半段，进入工业化、城镇化加速推进阶段。

人多地少、资源缺乏、经济建设历史欠账较多的现状，使中原经济区的工业化、城镇化、农业现代化发展面临的任务比起国内其他区域更为艰巨。

城镇化发展不平衡，空间差异大。西北地区的城镇化率高于东南地区。中原城市群、冀南地区和晋东南地区城镇化水平较高，皖北、鲁西地区城镇化水平较低。工矿业型城市（鹤壁、焦作、济源、晋城、淮北等）城镇化率明显较高，人口稠密且农业发展基础好的城市（周口、聊城、菏泽、阜阳等）城镇化率水平低。中原经济区城镇化率分布见图3-8。

与工业化中期的城镇化水平（50%～60%）相比，城镇化水平滞后工业化发展，仍处于工业化初期阶段相对应的水平。

中原经济区工业产业基础较好，是全国重要的能源原材料基地，工业门类齐全，装备、有色、食品产业优势突出，电子信息、汽车、轻工等产业规模迅速壮大，形成比较完备的产业体系。

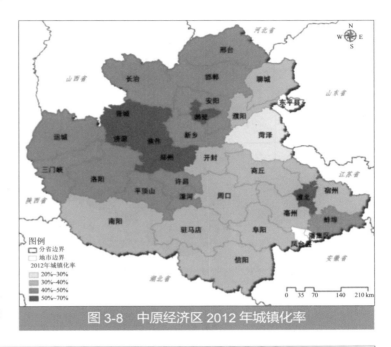

图3-8　中原经济区 2012 年城镇化率

2012 年工业增加值 22 944 亿元，比 2000 年增加了 10 倍多。工业增加值占中部六省比重为 42.7%，占全国比重为 11.5%。

工业增加值较高的地市集中在郑州、洛阳、许昌、邯郸和南阳等城市，较低的地区主要集中在安徽西北部和山西南部。工业增加值增长速度较快的城市主要有长治、晋城、三门峡和宿州等，多为资源型城市。中原经济区工业增加值及占比情况见图3-9。

图3-9　中原经济区工业增加值占全国和中部地区比重的变化

中原经济区粮食产量超过 1 亿 t，占全国的 18% 以上，其中小麦产量 5 400 万 t，接近全国的 50%；棉花、油料、畜禽产量分别占全国的 18.4%、20.5%、14.8%，特色农林产品在全国占有重要地位。中原经济区粮食和棉花产量分布见图3-10。粮食总产量在 500 万 t 以上的地区主要有周口、驻马店、商丘、南阳、信阳、邯郸、菏泽、阜阳和聊城等；平顶山、漯河、郑州、长治、淮北、淮南、鹤壁、晋城、三门峡和济源等在 200 万 t 以下。粮食优势突出，在确保国家粮食安全中发挥着重要作用。农业生产条件优越，是我国重要的农产品主产区。

3. 经济发展水平

2000—2012 年，地区生产总值（GDP）从 7 731 亿元提高到 46 719 亿元，年均增长 11%。2012 年人均 GDP 28 748 元，不足全国平均水平（人均 GDP 38 420 元）的 75%，与全国平

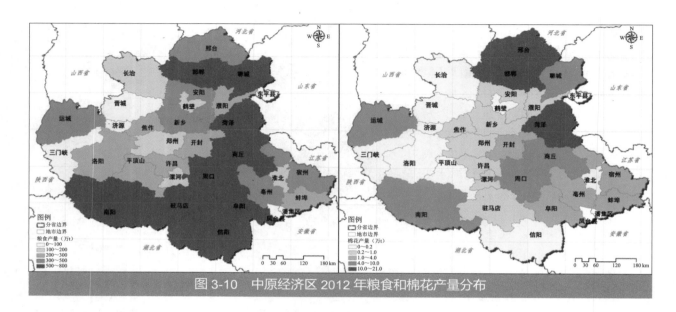

图 3-10   中原经济区 2012 年粮食和棉花产量分布

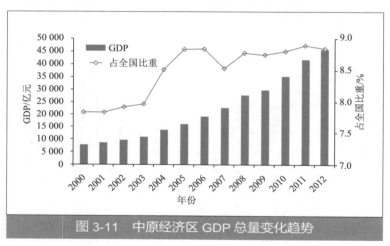

图 3-11   中原经济区 GDP 总量变化趋势

图 3-12   中原经济区经济发展在中部地区的比重

均水平存在差距。中原经济区 GDP 变化趋势见图 3-11。

2012 年中原经济区 GDP 占全国比重为 8.8%，比 10 年前上升 1.0 个百分点；占中部地区比重为 39.2%，比 2000 年下降 1.7 个百分点。中原经济区经济发展在中部地区的比重见图 3-12。

区域内人均 GDP 差异显著。人均 GDP 呈西北高、东南低态势。中原城市群、冀南地区和晋东南地区人均 GDP 较高，皖北地区的人均 GDP 很低。2012 年中原经济区人均 GDP 见图 3-13 和图 3-14。

2012 年，中原经济区农业生产总值提升到了 8 468.54 亿元，比 2000 年增加约 3.2 倍；人均农业生产总值 4 698.47 元，比 10 年前增加近 2.9 倍。2012 年农业生产总值占全国和中部地区的比重分别为 9.5% 和 35.5%，与 2000 年相比分别降低 1.1 个和 4.0 个百分点；人均农业生产总值分别占全国和中部地区的 54% 和 71%，差距明显。中原经济区农业产值及其比重变化见图 3-15

和图 3-16。

城镇居民人均可支配收入和全国平均水平差距较大，2012 年中原经济区城镇居民人均可支配收入为 20 037.22 元，与全国平均水平相差 4 527.78 元，略低于中部地区平均水平。农村居民人均收入略高于全国和中部地区平均水平。中原经济区居民收入增长对比见表 3-3。

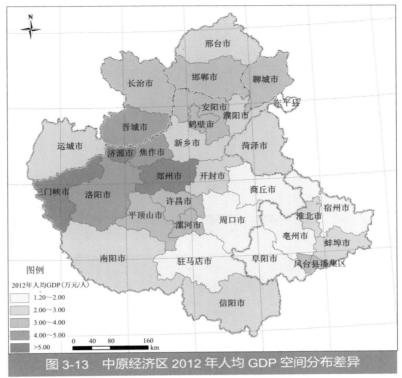

图 3-13　中原经济区 2012 年人均 GDP 空间分布差异

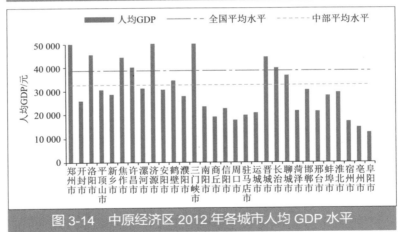

图 3-14　中原经济区 2012 年各城市人均 GDP 水平

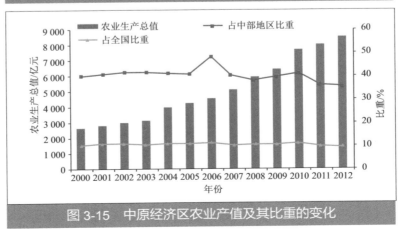

图 3-15　中原经济区农业产值及其比重的变化

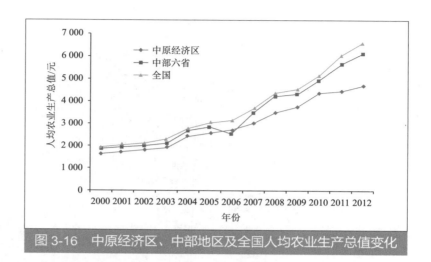

图 3-16 中原经济区、中部地区及全国人均农业生产总值变化

指标	地区	2000 年	2001 年	2002 年	2003 年	2004 年	2005 年	2006 年
城镇居民人均可支配收入	中原经济区	4 723	5 109	5 690	6 497	7 193	8 297	9 469
	中部地区	5 272	5 690	6 432	7 101	7 887	8 830	9 933
	全国	6 280	6 860	7 702.8	8 472.2	9 422	10 493	11 759
	地区	2007 年	2008 年	2009 年	2010 年	2011 年	2012 年	增长率
	中原经济区	11 252	12 739	14 047	15 704	17 950	2 0037	12.83
	中部地区	11 606	13 206	14 321	15 912	18 273	2 0650	12.08
	全国	13 786	15 781	17 175	19 109	21 810	24 565	12.06
指标	地区	2000 年	2001 年	2002 年	2003 年	2004 年	2005 年	2006 年
农村居民人均纯收入	中原经济区	2 158	2 216	2 348	2 392	2 768	3 077	3 667
	中部地区	2 071	2 146	2 277	2 370	2 720	2 981	3 301
	全国	2 253	2 366	2 475.6	2 622.2	2 936	3 255	3 587
	地区	2007 年	2008 年	2009 年	2010 年	2011 年	2012 年	增长率
	中原经济区	4 190	4 800	5 156	5 845	7 002	7 966	11.64
	中部地区	3 845	4 437	4 763	5 465	6 466	7 360	11.25
	全国	4 140	4 761	5 153	5 919	6 977	7 917	11.12

表 3-3 中原经济区各年份居民收入增长对比   单位：元 / 人

注：中原经济区、中部地区和全国数据来源于《中国统计年鉴（2013）》。

4. 资源型城市

中原经济区拥有相对丰富的矿产资源，形成西有煤田，东有油田，西、北有铁矿的矿产分布格局。区域内形成一批以矿产资源开发为主导产业的资源型城市，包括永城（县级市）、禹州（县级市）、颍上（县）、邢台、邯郸、长治、晋城、运城、宿州、亳州、淮南、三门峡、鹤壁、平顶山、登封（县级市）、新密（县级市）、巩义（县级市）、荥阳（县级市）、淮北、焦作、濮阳、灵宝（县级市）、洛阳、南阳、安阳（县）。资源型城市经济社会发展概况见表 3-4。

5. 文化历史

文化历史资源厚重。中原经济区有悠久的文化，是早期华夏文明的中心之一。在中国八

表 3-4　中原经济区资源型城市经济社会概况

类型	名称	面积 /km²	人口 / 万人	GDP/ 亿元	优势矿产资源
成长型	永城（县级市）	1 994	123	364	煤炭
	禹州（县级市）	1 472	113	331	煤炭
	颍上（县）	1 859	175	163	煤炭
成熟型	邢台	12 496	719	1 532	煤炭、铁矿
	邯郸	12 079	929	3 024	煤炭、铁矿
	长治	13 968	337	1 329	煤炭
	晋城	9 421	229	1 013	煤炭
	运城	14 249	519	1 069	煤炭
	鹤壁	2 146	159	546	煤炭
	三门峡	9 929	223	1 127	煤炭、有色金属矿、铝土矿
	平顶山	7 906	493	1 496	煤炭、铁矿
	宿州	10 022	538	915	煤炭
	亳州	8 579	490	716	煤炭
	淮南	1 097	234	782	煤炭
	登封（县级市）	1 217	68	431	煤炭、铝土矿、水泥灰岩
	新密（县级市）	998	80	513	煤炭、水泥灰岩
	巩义（县级市）	1 028	81	528	煤炭、铝土矿、水泥灰岩
	荥阳（县级市）	972	61	458	煤炭、铝土矿
衰退型	焦作	4 021	352	1 551	煤炭
	濮阳	4 222	360	990	油气
	淮北	2 752	212	621	煤炭
	灵宝（县级市）	3 011	74	441	金矿
再生型	洛阳	15 224	659	2 981	油气、有色金属矿、铝土矿、水泥灰岩
	南阳	26 535	1 015	2 341	水泥灰岩
	安阳（县）	1 202	85	346	铁矿
小计（三门峡含灵宝）		165 387	8 254	25 168	—
中原经济区占比 /%		57.5	51.2	54.2	—

注：登封、新密、巩义、荥阳、颍上县人口为总人口，其余各县市人口为常住人口；禹州市人口、GDP 为 2010 年数据。

大古都中，河南省就占 4 个，有夏商古都郑州、商都安阳、七朝古都开封和十三朝古都洛阳。河北邯郸、山东聊城、菏泽都是有名的历史文化名城。中原经济区不仅有悠久的历史，还有众多享誉海内外的世界地质公园、国家 5A 级景区、世界文化遗产等众多自然景观和人文景观。

三、经济综合竞争力

1. 经济结构

2012 年中原经济区三次产业结构为 12.6 ： 55.7 ： 31.7，由 20 世纪 80 年代的"二一三"

结构转变为第二产业占绝对优势的"二三一"结构。产业结构与中部地区保持一致，与西部和东北地区相似。与全国和东部的产业结构相比，中原经济区产业结构层次较低，三次产业结构水平比较落后。中原经济区与我国各大区域产业结构对比见表3-5。

表 3-5 中原经济区与各大区域 2012 年产业结构对比					单位：%
地区	三次产业的产值结构			三次产业产值占全国比重		
	第一产业	第二产业	第三产业	第一产业	第二产业	第三产业
中原经济区	12.61	55.67	31.72	10.93	10.74	6.22
东部地区	6.22	48.92	44.86	35.59	50.32	57.92
东北地区	10.79	53.10	36.12	10.32	9.13	7.80
西部地区	12.74	50.92	36.34	26.92	19.35	17.33
中部地区	12.06	52.85	35.09	26.77	26.13	17.63
全国	10.1	45.32	44.59	100	100	100

注：中原经济区、中部地区和全国数据来源于《中国统计年鉴（2013）》，东部、东北、西部地区数据来源于《中国区域经济统计年鉴（2012）》。

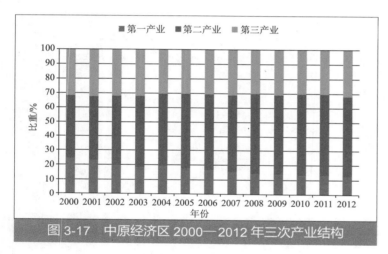

图 3-17 中原经济区 2000—2012 年三次产业结构

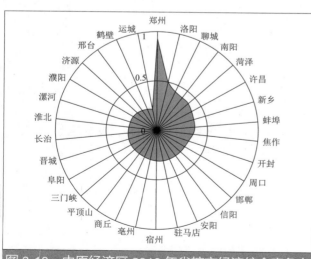

图 3-18 中原经济区 2012 年省辖市经济综合竞争力

2000 年以来，中原经济区第一产业比重显著下降，下降 11.62 个百分点。第三产业比重波动性下降，至 2012 年下降 0.05 个百分点。第二产业呈现持续增加的趋势，至 2012 年增加 11.67 个百分点，产业结构向第二产业倾斜态势明显。三次产业结构变化见图 3-17。

2. 省辖市经济综合竞争力

中原经济区省辖市经济综合竞争力研究表明，在 30 个省辖市中，郑州、洛阳的经济竞争力位于第一梯队，郑州市的经济竞争力位于首位，凸显郑州的全面优势和中原经济区核心地位；洛阳市经济竞争力居第 2 位，体现中原经济区"副核心"的发展水平和地位。处于第 3—12 位的聊城、南阳、菏泽、许昌、新乡、蚌埠、焦作、开封、周口和邯郸等 10 个城市大致列为第二梯队，这些城市具有较好的经济和产业基础，经济规模较大，工业企业发展良好，财政金融、交通和基础设施等方面的支撑较好。中原经济区省辖市经济综合竞争力见图 3-18。

中原城市群（郑州、洛阳、开封、平顶山、新乡、焦作、许昌、漯河和济源）整体上产业结构层次偏低，结构不合理，现状优势产业中农副产品加工、冶金、纺织等资源型、劳动密集型的传统产业比较突出，表现出"一高两低"（资源型工业比重高，高新技术产业、装备制造业占比低）的特点。

由于资源禀赋、经济发展阶段等的相似性，中原城市群的9个城市产业结构具有同构性，产业地域分工协作特征不明显。郑州市的区域性中心城市地位不突出，辐射带动作用尚未充分体现。

目前，中原经济区（河南）已形成了180个产业集聚区，其他4省共规划建设了112个工业园区，其聚集作用、整合作用和带动作用日益凸显。已经逐步形成了一批产业链条比较完整、专业化分工协作较强的特色产业集群和具有行业带动作用的专业园区，如郑州电子信息、洛阳装备制造、漯河食品产业集聚区及郑州航空港经济综合实验区。

第二节　重点产业发展现状与趋势

一、传统农业生产能力稳定，现代化农业不足

1. 农业综合生产能力稳步提升，区内发展能力不足

2012年粮食总产量10 892.22万t，占全国粮食总产量的18.5%。畜牧业快速发展，2012年全区肉类总产量达到1 162.24万t，禽蛋产量达到468.60万t，奶产量达到481.88万t。特色经济作物产量实现快速增长，油料、蔬菜、水果、水产品总产量分别达到737.83万t、10 729.80万t、2 177.45万t、182.62万t，分别比2000年增长12.5%、76.1%、356.4%、241.2%。农业机械化水平显著提高，全区农机总动力达到20 489.45万kW，比2000年增长85.3%。

2000年以来，中原经济区的农业生产总值和人均农业生产总值呈现稳步提升，2003—2012年农业生产总值呈快速稳步提升态势，具体见表3-6。

在整个农业现代化进程中，中原经济区整体水平低于中部地区和全国平均水平。以河南为例，在农业科技研发与成果储备、农技推广与应用方面存在严重不足，尤其是新品种、新技术、新模式的更新推广具有缓慢性和滞后性，制约了农业科技对粮食增产支撑作用的发挥。地方政府对农业发展支持力度不足，支农支出占政府财政支出总额比重低，配套支农金融政策少。

受资金和技术制约，大多数农业企业技术水平落后，产品深加工不够，加工转化的增值率低，河南省能达到国际先进水平的农业企业仅有5%。据统计，河南省农产品加工率只有40%～50%，其中2次以上深加工产品仅20%，而发达国家农产品加工率一般在90%以上。

2. 传统农畜业为主，特色优势农业逐步壮大

中原经济区仍以农业和畜牧业为主导，林业和渔业所占比重较低。

农业产值占比整体上在55%以上，各年份均大于中部地区和全国；畜牧业比重呈现与农业相同的趋势，除部分年份外，均大于中部地区和全国的比重；林业比重有所下降，由2000

表 3-6 中原经济区农业发展状况				
年份	农业总产值/亿元	人均农业生产总值/元	粮食产量/万 t	人均粮食产量/t
2000	2 627.29	1 634.34	6 666.15	0.415
2001	2 794.69	1 720.48	6 534.04	0.402
2002	2 992.41	1 828.09	7 485.81	0.457
2003	3 121.01	1 894.40	6 343.91	0.385
2004	3 986.25	2 401.71	7 989.66	0.481
2005	4 225.48	2 571.51	8 261.34	0.503
2006	4 516.91	2 699.60	9 357.53	0.559
2007	5 097.40	3 024.69	9 497.54	0.564
2008	5 903.81	3 473.37	9 999.79	0.588
2009	6 387.90	3 732.57	10 229.30	0.598
2010	7 664.40	4 335.55	10 525.17	0.595
2011	7 978.81	4 440.31	10 773.78	0.600
2012	8 468.54	4 698.47	10 892.22	0.604

注：数据来源于中原经济区所辖各省统计年鉴（2013）。

年的 2.8% 降低为 2012 年的 2.1%；渔业比重较全国和中部地区较低，其产值比重仅为中部地区的 1/4 和全国的 1/6。农业内部结构见表 3-7。

中原经济区主体河南省优质粮食比重显著提高。2010 年，优质粮食品种种植面积占粮食种植面积的 70% 以上，其中小麦、玉米和水稻的优质化率分别达到 71%、82% 和 94%，分别比 2005 年增长 9.6 个、14.6 个和 18.2 个百分点。畜牧业规模化生产快速发展，生猪、肉鸡、蛋鸡规模养殖比重分别达到 69%、97%、75%。

表 3-7 中原经济区、中部地区和全国的农业内部结构												单位：%
年份	农业			畜牧业			林业			渔业		
	中原经济区	中部地区	全国	中原经济区	中部地区	全国	中原经济区	中部地区	全国	中原经济区	中部地区	全国
2000	64.4	56.6	55.7	31.1	32.1	29.7	2.8	4.3	3.8	1.7	7.0	10.9
2001	64.1	56.4	55.2	31.6	32.6	30.4	2.6	4.0	3.6	1.6	6.9	10.8
2002	60.4	54.7	54.5	35.0	33.9	30.9	2.9	4.3	3.8	1.7	7.1	10.8
2003	60.5	52.1	50.1	35.1	35.7	32.1	2.9	4.8	4.2	1.5	7.4	10.6
2004	58.4	53.0	50.1	37.5	36.3	33.6	2.5	3.9	3.7	1.5	6.8	9.9
2005	57.8	52.2	49.7	38.0	36.5	33.7	2.5	4.0	3.6	1.6	7.3	10.2
2006	65.0	56.2	52.7	31.0	32.2	29.6	2.5	4.4	3.9	1.4	7.2	9.7
2007	60.6	54.0	50.4	35.1	34.4	33.0	2.7	4.3	3.8	1.7	7.2	9.1
2008	58.2	50.7	48.4	37.7	38.3	35.5	2.5	4.1	3.7	1.7	6.9	9.0
2009	61.0	54.6	51.0	34.5	33.4	32.3	2.7	4.6	3.6	1.7	7.4	9.3
2010	63.9	58.0	53.3	32.3	30.5	30.0	2.1	4.3	3.7	1.6	7.3	9.3
2011	60.6	55.6	51.6	35.6	33.0	31.7	2.1	4.4	3.8	1.6	7.0	9.3
2012	60.0	54.0	52.5	32.4	30.5	30.4	2.1	4.3	3.9	1.7	7.2	9.7

特色农业主导产业逐步壮大，河南省优势特色农作物向适宜地区集中，蔬菜种植面积达到 2 556.1 万亩，比 2005 年增加 162.3 万亩，其中设施蔬菜种植面积 590 万亩；果园、茶园、花卉、中药材种植面积分别达到 682.9 万亩、97.7 万亩、125.9 万亩和 182.8 万亩，分别比 2005 年增长 9.3%、96.9%、14.5% 和 35.4%。

特色农业产业链条尚未形成。特色农产品开发的培育、推广、加工、销售等环节还比较薄弱，龙头企业数量少，竞争力不强，对农户的带动能力弱。特色农产品产业化开发中的产业链条还比较单一，缺少关联、辅助产业。

3. 农产品加工业发展迅速，龙头企业规模小、带动能力不强

中原经济区农产品加工龙头企业发展迅速，以河南为例，2010 年全省各级龙头企业达到 6 248 家，其中国家级龙头企业 39 家、省级龙头企业 562 家，年销售收入超过 1 亿元的企业 594 家、超过 30 亿元的企业 10 家、超过 100 亿元的企业 3 家，12 家企业在国内外上市，形成了双汇、莲花、三全、思念等多家知名企业。

农产品加工能力和加工效益显著提高，全省农产品加工企业达到 3.1 万家，面粉、肉类、乳品加工能力分别达到 355 多亿 kg、70 多亿 kg 和 30 多亿 kg，火腿肠、味精、面粉、方便面、挂面、面制速冻食品等产量均居全国首位。

农民组织化程度不断提高，全省在工商部门注册的各类农民专业合作组织达到 2.3 万家，合作社统一组织销售的农产品总值 148.6 亿元，有效带动了农民增收。

总体上，农产品加工业的产业化组织并不多，龙头企业普遍规模较小，辐射带动能力不强。大部分农产品加工企业规模小，深加工、高附加值的"高、精、尖、新"产品不多。

4. 农业基础设施水平不高，从业人员受教育程度不高

机械化水平较低，农机配置不尽合理。2010 年，河南省大中型拖拉机（混合机）为 24.69 万部，其配套农具为 64.26 万部；小型机有 365.53 万部，其配套农具为 666.42 万部。大中型拖拉机及其配套农业所占的比例分别为 3.4% 和 8.8%，大中型农机的比重较低，农业综合机械水平仍有待提高。

农业从业人员受教育程度不能满足农业现代化的需求。2010 年第六次人口普查资料显示，河南省农村劳动力文化程度较低，以具有初中和小学文化程度的人为主体。农村劳动力人口小学、初中文化程度的人口所占比重为 83.3%，高中文化程度的人口占 15.9%，大专以上文化程度的人口仅占 2.7%。高素质的农村劳动力人口缺乏，不能满足农村经济发展和农村经济结构调整的需要。

二、资源加工型重工业优势突出

1. 资源加工型重工业在全国的地位

中原经济区形成了煤炭、电力、钢铁、有色冶金、石化及炼焦、装备制造、纺织、化学、食品、造纸、建材工业为主导的产业格局。煤炭、钢铁、有色冶金、石化及炼焦等优势产业的工业产值占全国的 15.0%、7.7%、15.5% 和 5.6%，在全国经济发展中具有重要地位。竞争

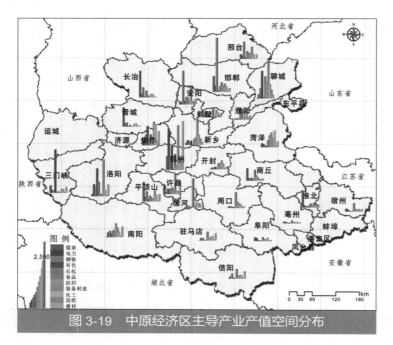

图 3-19 中原经济区主导产业产值空间分布

图 3-20 中原经济区轻工业和重工业构成

优势较大的行业主要有煤炭开采和洗选业、黑色金属采矿冶炼业和有色金属冶炼及压延加工业。

优势产业均带有明显的基础原材料特征，产业层次较低，高加工度发展不足，主导产品仍然主要处于价值链低端，产业联系不紧密，产业带动力较弱。

主导产业分布具有明显的区域特征。以聊城、濮阳、新乡、郑州、许昌、平顶山和南阳为轴线，主导产业主要集中在轴线及以北以西地区。工业产值空间分布具体见图 3-19。

工业结构偏向重化工业。2012 年中原经济区规模以上工业增加值中，重工业的比重为 59.5%。轻工业和重工业构成情况见图 3-20。

2. 产业集聚区数量多，集群效应未形成

自 2008 年以来，中原经济区开始实施产业集聚区发展战略，规划布局了大量的产业集聚区。

中原经济区内部，河南已形成了180 个产业集聚区，其他 4 省共规划建设了 112 个工业园区，成为促进区域产业集聚发展的重要载体，也吸引了大批企业集聚，但是在空间利用、产业层次、服务配套等方面仍存在一系列问题。

产业集聚区的集群效应尚未形成。一些集聚区选择的主导产业过多过宽，产业发展和项目引进存在"散、乱"现象，尚未形成专业化分工和上下游合作关系，循环经济型产业链的发展处在初级阶段；相当部分集聚区在龙头企业引进上没有取得突破，缺乏对集群发展的引领效应；主导产品还集中在产业链的前端和价值链的低端，高科技产品数量比重小，产业素质不高，研发平台、研发团队薄弱，集群发展的创新驱动能力不足。

3. 产业链前端比重大，循环经济产业链尚未形成

2005 年国家六部委联合下发了《关于组织开展循环经济试点（第一批）工作的通知》，

正式启动国家循环经济试点工作。八年来，中原经济区范围内陆续纳入国家级和省级一批、二批、三批循环经济试点的省、市包括三省、十三地级市、五县级市。具体包括：河南、山东、山西3个循环经济试点省；河南省鹤壁市、三门峡市、焦作市、新乡市、洛阳市、漯河市、平顶山市、安阳市、济源市，河北省邯郸市，山西长治市、运城市，安徽省淮北市13个循环经济试点市；河南省义马市、荥阳市、巩义市、邓州市，安徽省界首市5个循环经济试点县。

　　建设发展了一批国家级、省级循环经济试点、示范工业园区。2011年河南省发改委颁布的第三批循环经济试点单位中，将其180个产业集聚区中的23个划为循环经济试点单位。中原经济区循环经济试点及示范基地分布见图3-21。

　　目前，河南省组织开展的循环经济试点形成了鹤壁资源型城市循环化发展模式、长葛大周镇废旧金属加工园区规模化集聚化利用模式、天冠集团废物综合利用实现零排放企业发展模式等。

　　循环经济试点示范效应仍呈点状式分布，受资金、观念、机制等因素影响还未在行业、社会全面推广，远未实现从钢铁、化工、建材等为主导的资源型产业向构建资源循环利用体系和模式的转变。

三、服务业发展滞后

1. 服务业产值稳步增加，但与全国差距大

　　中原经济区服务业规模稳步增加，增加值由2000年的2 445亿元增加为2012年的14 224亿元，年均增长速率为15.8%。服务业产值占中部六省比重35%左右，占全国比重相对平稳，总体上在6.0%～6.6%波动，具体见图3-22。

　　人均服务业增加值呈现稳步增长趋势，由2000年的1 535元增加为2012年的7 782元，增长了近5倍，具体见图3-23。中原经济区人均服务业增加值较低，与全国和中部地区的差距不断扩大。

　　在空间分布上，2012年服务业增加值高值地区主要集中在郑州

图3-21　中原经济区循环经济试点及示范基地分布

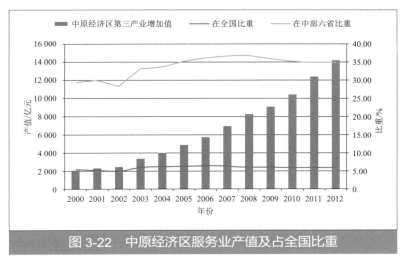

图3-22　中原经济区服务业产值及占全国比重

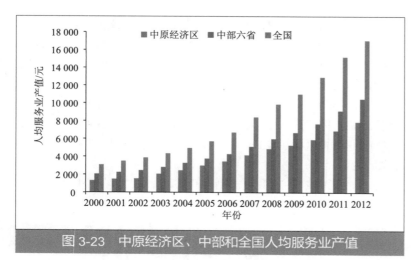

图 3-23 中原经济区、中部和全国人均服务业产值

市，其次是邯郸和洛阳市。郑州市的服务业增加值约为第二位邯郸市的 2 倍。郑州市的服务业发展相对较好；其次为邯郸、洛阳、聊城、菏泽等；其他地区服务业发展滞后，漯河市服务业增加值占比仅为 18% 左右（见表 3-8）。

2. 传统服务业和非营利性服务业比重大

从服务业内部结构看，交通运输、批发零售、住宿餐饮等传统服务业和非营利性服务业占服务业总量的 50% 左右，现代服务业（金融、保险、房地产开发、信息传输、现代物流、科技文化、教育卫生等）发展不足，占比仅 16% 左右，低于全国平均水平约 8 个百分点。

在生产性服务业领域，研发、设计、采购、营销、售后等服务产品供给不足，不能满足当前专业化、市场化、社会化发展需求。

从组织结构看，服务业企业小、散、弱现象突出，缺乏实力雄厚、带动力强的行业龙头企业。据调查，文化制造业年主营业务收入 500 万元以上的企业仅占 16%，旅游企业无一家业务收入超 10 亿元、无一家进入中国前 20 强，零售企业无一家销售收入超过 100 亿元。

重点城市的服务业要素集聚和辐射带动能力不足。2012 年，郑州市服务业总量占全省的

表 3-8　中原经济区服务业产值及其比重

省区	地区	增加值 / 万元	比重 /%	省份	地区	增加值 / 万元	比重 /%
河南省	郑州	22 744 605	40.98	河南省	周口	4 077 470	25.89
	开封	4 161 280	34.47		驻马店	4 194 274	30.54
	洛阳	9 692 833	32.51		济源	854 717	19.84
	平顶山	4 392 106	29.36	河北省	邢台	4 621 000	30.16
	安阳	4 787 283	30.55		邯郸	10 195 543	33.72
	鹤壁	1 030 674	18.88	山西省	长治	3 802 138	28.62
	新乡	4 937 803	30.48		晋城	3 162 831	31.27
	焦作	3 824 367	24.65		运城	3 993 415	37.37
	濮阳	2 074 119	20.96	安徽省	淮北	1 587 500	25.58
	许昌	3 882 400	22.62		亳州	2 457 200	34.34
	漯河	1 531 783	19.22		宿州	2 986 500	32.65
	三门峡	2 703 390	23.98		蚌埠	2 862 800	32.16
	南阳	6 961 118	29.74		阜阳	3 156 000	32.79
	商丘	4 208 520	30.12	山东省	聊城	7 025 656	32.72
	信阳	4 613 351	33.02		菏泽	5 721 299	32.01

注：数据来源于中原经济区所辖各省统计年鉴（2013）。

24.4%，低于武汉、西安、成都等中西部省会城市，中心城市首位度不高；郑州市服务业占生产总值比重仅为 41.0%，低于全国 44.6% 的平均水平，远低于武汉、太原、西安、济南等周边省会城市。

第三节　战略性资源基本状态

中原经济区水资源、土地资源、支撑主导产业发展的矿产战略资源"瓶颈"突出。人均土地占有量、人均水资源占有量、人均矿产占有量分别为全国平均水平的 1/6、1/5、1/4。城镇化率低于全国平均水平近 10 个百分点，工业化处于中期阶段，人均 GDP2.88 万元，土地利用率超过 85%，水资源开发利用严重超载，相当部分地区矿产资源开发步入资源枯竭状态。

一、水资源

1. 水资源短缺是长期面临的形势

中原经济区多年平均水资源量为 645.6 亿 m^3，其中多年平均地表水资源量 436.44 亿 m^3，多年平均地下水资源量 351.78 亿 m^3，地表水与地下水重复量为 142.64 亿 m^3（见表 3-9）。以全国水资源总量的 2.3% 承载全国人口总数的 1/8，承担全国 1/6 的粮食生产任务。

地均水资源量为 21.69 万 m^3/km^2，低于全国的 28.88 万 m^3/km^2，地均水资源量呈纬向分布，由东南向西北逐渐减少（见图 3-24）。

2012 年人均水资源占有量不足 393 $m^3/$人，不到全国人均水资源占有量的 1/5。其中，16 个省辖市（郑州、开封、安阳、鹤壁、新乡、焦作、濮阳、许昌、漯河、商丘、邢台、邯

图 3-24　中原经济区地均水资源分布

表 3-9　中原经济区四大流域水资源量

流域	流域面积 /km²	多年平均地表水资源量 / 亿 m³	多年平均地下水资源量 / 亿 m³	多年平均水资源 总量 / 亿 m³	占比 /%
海河流域	60 575	43.05	63.29	83.87	13.0
淮河流域	137 805	259.57	201.91	395.03	61.2
黄河流域	63 659	71.33	59.63	96.59	15.0
长江流域	27 624	62.49	26.96	70.10	10.8
合计	289 663	436.44	351.78	645.59	100.0

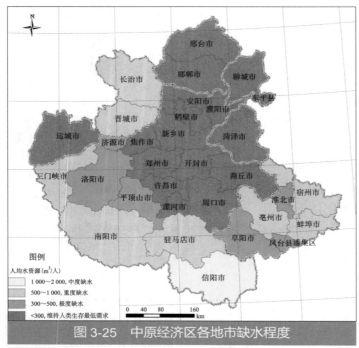

图 3-25　中原经济区各地市缺水程度

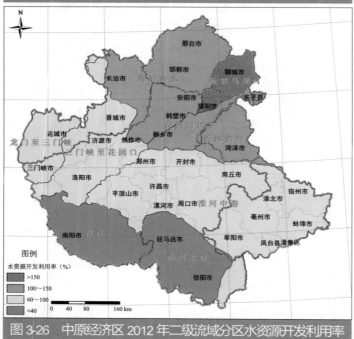

图 3-26　中原经济区 2012 年二级流域分区水资源开发利用率

郸、运城、聊城、菏泽、泰安）的人均水资源占有量在 300 m³ 以下，属于国际上公认的水资源贫乏地区。中原经济区各地市缺水程度见表 3-10 和图 3-25。中原经济区水资源短缺，人口密度分布呈现东高西低、地均水资源分布呈北低南高，人均占有土地资源少的区域（人口密度高的地区）也是水资源短缺程度高的区域。

2. 水资源开发利用远超安全警戒线

水资源需求总体上处于增长状态。2012 年，中原经济区经济总量较 2005 年增长 158%，用水总量较 2005 年增长 17.3%，经济发展依然依赖于用水总量增长。其中，农业用水总量较 2005 年增加 14.6%。

在各类用水系统中，生态用水系统处于最低层，农业用水处于中层，工业用水和城市用水处于高端。水资源开发利用率超过警戒线，水资源短缺形势十分严峻。中原经济区的缺水总体上向生态系统用水转嫁，部分地区缺水向生态系统用水和农业系统用水转嫁。

2012 年水资源开发利用率达 65.3%，总体上超出水资源安全警戒线，仅汉江、淮河上游两个分区水资源开发利用率低于 40%（见表 3-11 和图 3-26）。

各地市中，濮阳市、淮南市水资源开发利用率超过 200%，郑州、开封、安阳、鹤壁、新乡、焦作、邢台、邯郸、运城、聊城、菏泽等 11 个城市水资源开发利用率超过 100%，仅三门峡、南阳、信阳、驻马店、长治、晋城、宿州、亳州开发程

表 3-10 中原经济区水资源短缺程度评价（人均水资源量）				
缺水程度	人均水资源量标准 / m³	城市数量 / 个	人口比重 /%	GDP 比重 /%
中度缺水	1 000 ～ 2 000	1	3.8	3.1
重度缺水	500 ～ 1 000	8	23.0	21.4
极度缺水	300 ～ 500	7	19.8	19.5
维持人口生存最低需求	< 300	16	53.4	56.0

表 3-11　中原经济区 2012 年水资源二级分区水资源开发利用率　单位：%			
二级流域分区	地表水开发利用率	地下水开发利用率	水资源开发利用率
海河南系	53.6	104.2	105.0
徒骇马颊河	363.8	81.7	171.8
花园口以下	129.0	92.1	129.2
龙门至三门峡	56.1	56.3	75.0
三门峡至花园口	38.4	52.5	63.8
淮河上游	15.5	31.9	25.0
淮河中游	48.7	65.1	65.3
沂沭泗河	148.4	70.2	104.4
汉江	15.8	49.0	32.9

度低于 40%（见图 3-27）。

3. 缺水向生态系统和农业系统用水转嫁

2012 年，中原经济区供水量为 419.50 亿 m³，地表水供水量占 44.3%，地下水供水量占 55.2%。海河流域地下水供水量占流域总供水量的 2/3（见表 3-12）。

在用水结构上，农业用水量为 249.7 亿 m³，占总用水量的 59.5%；工业用水量为 96.3 亿 m³，城乡生活及生态环境用水量为 73.7 亿 m³，两者合计占 40.5%（见表 3-13 和图 3-28）。

与 2005 年相比，2012 年中原经济区总用水量增长 17.3%，农业用水量增长 14.6%，工业用水量增长 12.7%，城乡生活及生态环境用水较 2005 年增长 35.2%。黄河流域、淮河流域、长江流域用水量呈现增长态势，海河流域用水量呈现下降态势（见表 3-14 和表 3-15）。

图 3-27　中原经济区 2012 年各地市水资源开发利用率

表 3-12　中原经济区 2012 年四大流域供水量						
流域分区	地表水		地下水		其他		总计 / 亿 m³
	供水量 / 亿 m³	占比 /%	供水量 / 亿 m³	占比 /%	供水量 / 亿 m³	占比 /%	
海河流域	34.50	35.2	62.72	64.1	0.67	0.7	97.89
淮河流域	102.87	46.4	118.26	53.3	0.78	0.4	221.90
黄河流域	38.44	50.2	37.21	48.6	0.98	1.3	76.62
长江流域	9.87	42.7	13.21	57.2	—	—	23.08
中原经济区	185.67	44.3	231.40	55.2	2.43	0.6	419.50

表 3-13　中原经济区 2012 年四大流域用水结构

流域分区	农业		工业		城乡生活及生态环境		总用水量 / 亿 m³
	用水量 / 亿 m³	比例 /%	用水量 / 亿 m³	比例 /%	用水量 / 亿 m³	比例 /%	
海河流域	70.03	71.2	15.07	15.3	13.19	13.4	98.29
淮河流域	125.01	56.3	54.71	24.7	42.13	19.0	221.90
黄河流域	42.02	54.9	20.31	26.5	14.19	18.5	76.52
长江流域	12.63	54.7	6.23	27.0	4.22	18.3	23.08
中原经济区	249.70	59.5	96.31	22.9	73.73	17.6	419.80

图 3-28　中原经济区 2012 年二级流域分区用水结构

总体上，中原经济区水资源开发利用已远超出水资源安全警戒线，区域用水总量增加，表明经济社会缺水依然在向弱势的生态系统用水转嫁，生态损害还在加剧。在海河流域，用水总量下降的主要因素并非农业系统节水，而是农业系统用水被城市系统用水进一步挤占，农业灌溉水量不足，表明海河流域深程度缺水已经形成，缺水已经危及粮食生产安全，影响城市发展用水需求。

20 世纪 70—90 年代，海河流域就已经出现流域性供水危机。近 20 年来，由于水资源开发利用超载，浅层地下水枯竭、河流湿地萎缩、河流断流、水库蓄水不足等现象普遍存在，水环境状况不断恶化。随着时间的推移，流域性供水危机将会更加严重。

表 3-14　中原经济区 2005 年和 2012 年总用水量变化

流域分区	2005 年用水总量 / 亿 m³	2012 年用水总量 / 亿 m³	变化情况 /%
海河流域	101.65	98.29	−3.3
黄河流域	64.97	76.52	17.8
淮河流域	171.71	221.90	29.2
长江流域	19.66	23.08	17.4
中原经济区	357.99	419.80	17.3

表 3-15　中原经济区 2005 年和 2012 年三大用水系统用水量变化　　　　　　　单位：亿 m³

流域分区	农业用水量			工业用水量			城乡生活及生态环境用水量		
	2005 年	2012 年	增长率 /%	2005 年	2012 年	增长率 /%	2005 年	2012 年	增长率 /%
海河流域	77.45	70.03	−9.6	13.84	15.07	8.8	10.36	13.19	27.4
黄河流域	39.98	42.02	5.1	15.80	20.31	28.5	9.14	14.19	55.1
淮河流域	93.08	125.01	34.3	47.47	54.71	15.3	31.16	42.13	35.2
长江流域	7.40	12.63	70.7	8.37	6.23	−25.6	3.89	4.22	8.3
合计	217.9	249.70	14.6	85.49	96.31	12.7	54.56	73.73	35.2

主要依靠水库调蓄洪水和继续加大开采地下水来保障城市供水和农业灌溉用水的需求，已经付出了严重的生态代价，也使经济发展面临更加不利的局面。

4. 地下水资源开发利用居重要地位，超采严重

中原经济区地下水资源量占水资源总量的 54%，支撑经济社会发展居重要地位。在全部 31 个省辖市中，有 13 个城市将地下水作为城市生活饮用水的唯一来源，11 个城市将地下水作为城市生活饮用水的重要来源。地下水开发利用在支撑和维系经济社会的可持续发展中发挥着至关重要的作用。

2012 年，中原经济区供水量为 419.5 亿 m^3，其中地下水供水量为 231.4 亿 m^3，占总供水量的 55.2%，四大流域中海河流域地下水供水量占流域总供水量的 2/3。31 个省辖市中 19 个地下水供水量超过总供水量的 50%，其中漯河、周口、驻马店和邢台超过 80%。

地下水长期超采已导致中原经济区 2/3 以上省辖市不同程度出现地下水漏斗。2012 年，中原经济区平原区浅层地下水漏斗面积达 15 240 km^2，其中安阳—鹤壁—濮阳浅层地下水漏斗面积 6 760 km^2，是全国面积最大的浅层地下水漏斗之一；深层地下水漏斗面积达 9 028 km^2，其中运城市涑水盆地深层地下水漏斗中心最低水位 254.84 m，是全国水位最低的深层地下水漏斗之一（见表 3-16）。

表 3-16　中原经济区主要地下水漏斗面积变化情况								单位：km^2
年份	安阳—鹤壁—濮阳浅层地下水漏斗	莘县—夏津浅层地下水漏斗	邢台市宁柏隆浅层地下水漏斗	邯郸陶瑄寿山寺浅层地下水漏斗	邢台巨新深层地下水漏斗	邯郸市深层地下水漏斗	运城市涑水盆地深层地下水漏斗	阜阳—淮北—宿州深层地下水漏斗
2006	6 584	4 360	1 574	901	1 769	2 898	1 857	1 582
2007	6 590	3 921	1 523	1 063	1 972	2 949	1 898	1 552
2008	6 580	3 958	—	—	—	—	1 935	1 560
2009	7 012	4 004	—	—	—	—	2 195	1 563
2010	6 820	4 033	—	—	—	—	2 080	1 568
2011	6 660	3 696	1 227	948	2 255	3 156	2 005	2 293
2012	6 760	3 706	1 212	1 096	1 984	2 743	2 021	2 280

二、土地资源

中原经济区以占全国 1/32 的国土面积，承载着全国约 1/8 的人口。人均国土面积 1 560 m^2，其中绝大部分地市的人均国土面积不足 2 000 m^2，远低于全国人均土地面积 7 090 m^2（见图 3-29）。人均土地资源低于 1 200 m^2 的区域主要分布在中原经济区西北到东南的焦作、郑州、许昌、漯河、周口、阜阳一线。三门峡、长治、晋城和运城 4 城市土地资源相对最丰富，但也仅相当于全国平均水平的一半。人均占有耕地面积 0.07 hm^2，不足全国平均人均耕地水平的 70%。

农业生态系统面积 2 200 万 hm^2，占国土面积的 76%（见图 3-30）。可用于开垦为耕地的地块很少，宜耕后备资源严重不足。河南省土地利用率已达到 89%，宜耕后备土地资源主要

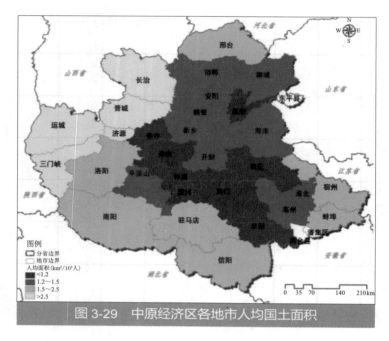

图 3-29　中原经济区各地市人均国土面积

图 3-30　中原经济区 2008 年土地利用类型状况分布

分布在黄河沿岸河滩和豫西、豫南、豫北等低山丘陵区等生态脆弱区。

耕地总量和人均耕地面积呈下降态势。根据 2000 年和 2010 年遥感解译，10 年间农田面积累计减少 4 300 km²，占农田面积的 2%。1954 年，河南省人均耕地 0.205 hm²，2005 年下降到 0.081 hm²，2010 年下降到 0.07 hm²。2005—2012 年中原经济区耕地面积变化表明，7 年间河南、安徽、河北的新增耕地非常有限（见表 3-17）。

总的来说，中原经济区土地资源状况表现为：人多地少、耕地比重大，人均耕地占有量小，耕地后备资源量小，土地承载压力大。"建设发展用地从哪里来？"成为各级国土资源部门必须解决的难题。

三、矿产与能源

1. 矿产资源丰富，煤炭居重要地位

中原经济区矿产资源丰富，多种矿产资源总量位居全国前列，其中，钼、钨、镓、铝土矿、天然碱等矿产资源储量位居全国前三。煤、铝、钼、金、天然碱等储量较大，是全国重要的能源原材料基地。形成西部有煤田，东部有油田，西部和北部有铁矿的主要矿产分布格局，矿床点达 1 904 个（见图 3-31）。

煤炭是中原经济区特色矿产资源之一，分布较广。河南省煤炭产量占到全国产量的 1/10，列入国家大型煤炭基地。山西长治、晋城和运城是我国最重要的优质无烟煤生产基地，安徽淮北矿区及河北邯郸、邢台有较丰富的煤炭储量。

在我国形成的 14 个大型煤炭基地中，中原经济区范围主要涉及河南基地、两淮基地、晋东基地和鲁西基地 4 个煤炭基地，包含 13 个煤炭开发矿区，具体见表 3-18 和图 3-32。

中原经济区部分煤炭矿区如焦作矿区、淮北矿区、潞安矿区等已经面临煤炭枯竭、资源接续不足问题。

表 3-17　中原经济区 2005—2012 年耕地面积与 GDP 变化

2005—2012 年		新增耕地面积 /10³hm²	GDP 增量 / 亿元
河南省		1.02	7 820.36
山西	长治市	64.10	283.39
	晋城市	57.09	696.81
	运城市	7.93	597.82
安徽	淮北市	0.71	411.55
	亳州市	6.04	450.65
	宿州市	11.83	601.97
	蚌埠市	9.44	578.89
	阜阳市	11.13	637.92
	淮南市	2.21	518.16
山东	聊城市	6.02	1 453.61
	菏泽市	174.87	370.94
	泰安市	28.20	657.64
河北	邢台市	0.99	308.25
	邯郸市	0.88	833.07

2. 资源枯竭问题突出

在河南省已探明矿产储量中，石油储量消耗 67.1%，天然气消耗 53.4%，煤矿的储采比远低于全国水平（2007 年河南煤炭的储采比为 140.72，远低于 2010 年全国煤炭的储采比为 413.95），铝土矿仅够开采 10 年；油气资源处于逐渐衰竭状态，石油、天然气产量快速下降。2012 年，中原油田原油产量 250 万 t，天然气产量 4.4 亿 m³，分别为历史最高值的 1/3、1/4 左右。

根据国务院最新颁布的《全国资源型城市可持续发展规划（2013—2020年）》，全国共有煤炭、有色冶金、黑

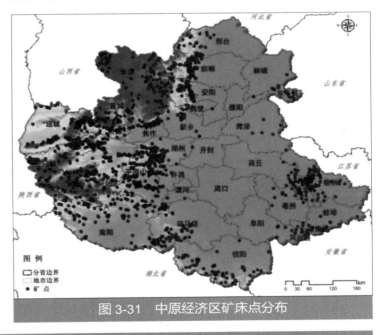

图 3-31　中原经济区矿床点分布

表 3-18　中原经济区 4 个大型煤炭基地分布

煤炭基地	涉及矿区	涉及城市
河南基地	鹤壁矿区、焦作矿区、义马矿区、郑州矿区、平顶山矿区、永夏矿区	鹤壁、焦作、三门峡、郑州、平顶山、商丘
两淮基地	淮南矿区、淮北矿区	淮南、淮北
晋东基地	晋城矿区、潞安矿区、武夏矿区	晋城、长治
鲁西基地	巨野矿区、黄河北矿区	菏泽、聊城

图 3-32　中原经济区大型煤炭基地分布

图 3-33　中原经济区资源型城市分布

色冶金、石油、森工等各类资源型城市262个，中原经济区占据25席（见表3-19和图3-33）。

16个地级和9个县级资源型城市人口（常住人口）占中原经济区人口的51.2%，2012年地区生产总值约占区域经济总量的54.2%，资源型城市人口、经济占据半壁江山。

在25个资源型城市中，焦作、淮北、灵宝（县级市）、濮阳属于资源衰退型城市，面临经济转型的急迫任务。义马、平顶山、鹤壁、淮北、邯郸、邢台、晋城、长治等资源成熟型城市，面临后备资源接续不足的问题。

3. 能源供需"瓶颈"日益凸显

2012年中原经济区能源生产总量为12 666万t标煤，占全国能源生产总量的3.8%，能源消费总量为45 018万t标煤，占全国能源消费总量的12.4%。其中，河南省能源消费总量为23 647万t标煤，占中原经济区的53%，占全国能源消费总量的6.5%，在全国31个省（区）中位列第五名，仅次于山东、河北、广东和江苏。

中原经济区主体河南省能源生产总量自2000年的0.66亿t标煤增长到2012年的1.27亿t标煤，平均年增长率5.59%，低于全国7.78%的年平均增速。能源消费总量方面，河南省自2000年的0.79亿t标煤增长到2012年的2.36亿t标煤，平均年增长率达到9.54%，高于全

表 3-19　中原经济区的资源型城市类别

城市类型	数量/个	资源型城市
成长型城市	3	永城（县级市）、禹州（县级市）、颍上（县）
成熟型城市	15	邢台、邯郸、长治、晋城、运城、宿州、亳州、淮南、三门峡、鹤壁、平顶山、登封（县级市）、新密（县级市）、巩义（县级市）、荥阳（县级市）
衰退型城市	4	淮北、焦作、濮阳、灵宝（县级市）
再生型城市	3	洛阳、南阳、安阳（县）

注：全国共有成长、成熟、衰退及再生型资源型城市262个，中原经济区资源型城市数量占全国9.5%。

国 7.88% 的年平均增速。其中，"十五"期间河南省能源消费总量增速最快，年平均增速达到 13.05%，"十一五"期间年平均增速为 7.95%，"十二五"前两年年平均增速为 5.03%。

从中原经济区主体河南省 1978—2012 年能源生产与消费总量变化（见图 3-34）可见，其能源供需情况变化大体经历了自给有余和能源调入两个阶段。在 1999 年前，河南省能源生产量略高于消费量，一般有 1 000 万～2 000 万 t 标煤的余量；从 2000 年开始，出现自

图 3-34　河南省能源生产与消费总量的时序演变

给不足的状态，并且能源自给率持续走低，能源产消差一路高升，2012 年能源消费量超出生产量达 1 亿余 t 标煤。

总体上，区域能源综合供给能力无法满足能源需求的强劲增长，能源供需差不断拉大，能源综合自给水平不断下滑，给中原经济区未来能源发展增加了不确定性，也给今后的结构调整增加了困难。

4. 以煤炭为主的能源消费结构短期难以改变

从中原经济区整体来看，2012 年煤炭在能源消费结构中比重为 77.3%，远高于全国平均水平 66.6%。

中原经济区主体河南省历年能源消费构成见图 3-35，其能源消费主要是煤炭、石油、天然气、水电。其中，煤炭在能源消费中的比重一直处于高位，1978 年煤炭消费占能源消费总量的比重为 92.3%，到 2000 年这一比重下降到 87.6%，2000—2009 年，河南省煤炭占比一直在 87% 左右，自 2010 年起煤炭占比有明显下降，截至 2012 年，河南省煤炭占比为 80.2%，仍旧保持在 80% 以上的较高水平。

河南省石油所占比重呈波动上升趋势，2012 年占比为 10.3%，较

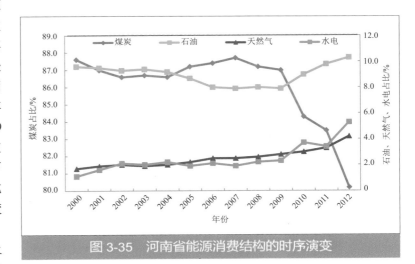

图 3-35　河南省能源消费结构的时序演变

2000 年的 9.6% 增长 0.7 个百分点。天然气、水电等清洁能源在能源消费总量中的比重虽然有所提升，2012 年二者占比之和为 9.5%，较 2000 年增长 2 倍以上，但其总体利用水平明显低于全国同期值，滞后全国平均水平约 6 年。可以看出，近年来随着石油、天然气、水电等在能源消费结构中的比例上升，对煤炭起到了一定的替代作用，但其替代作用仍非常有限。

总之，中原经济区具有较丰富的煤炭储量，石油和天然气对外依存程度高，新能源开

发利用程度较低，中原经济区的能源消费主要依赖煤炭能源。尽管煤炭所占比重逐渐下降，但在相当长时期内以煤为主的能源消费结构特征难以改变。

5. 重点产业耗能高、污染重

中原经济区是全国重要的能源原材料基地，传统产业所占比重大，高资源依赖、高耗能、高污染产业导致大气结构性污染特征明显，2012 年中原经济区整个工业部门消耗了全社会 83% 的能源量，向大气中排放了 91% 的 SO_2、75% 的 NO_x 和 86% 的烟（粉）尘，其中，七大资源型重工业（煤炭开采和洗选业，石油加工、炼焦及核燃料加工业，化学原料及化学制品制造业，非金属矿物制品业，黑色金属冶炼及压延加工业，有色金属冶炼及压延加工业，电力、热力生产和供应业）能源消耗量占全社会 67% 的能源量，向大气中排放了 72% 的 SO_2、62% 的 NO_x 和 66% 的烟（粉）尘。

第四节　资源环境利用效率及综合水平

一、区域资源环境利用效率

1. 土地开发的集约化利用水平相对较高

中原经济区 2000—2010 年城镇建设用地从 3.22 万 km^2 增至 3.65 万 km^2，增加 0.43 万 km^2；从土地利用类型的转移特征来看，有 0.41 万 km^2 的农田转移为城镇建设用地。

以地均 GDP 衡量，土地集约化水平高于中部、西部及东北地区，较东部地区仍然偏低，有较大提升空间（见表 3-20）。

表 3-20　中原经济区 2012 年地均 GDP 与其他地区的比较					单位：万元 /km²
经济技术指标	全国	东部地区	中部地区	西部地区	东北地区	中原经济区
地均 GDP	540.6	3 230.3	1 131.1	165.9	640.6	1 531.9

注：全国及各地区数据来源于《中国统计年鉴（2013）》；中原经济区数据来源于河南、河北、山西、山东、安徽五省的 2013 年统计年鉴。

农村居民点用地数量大，点多面广，布局分散，"空心村"、闲散地大量存在，人均用地严重超标。

2011 年河南省耕地综合效率评价为 0.911，即耕地的实际产出为理想产出的 90.2%，耕地利用效率一般。其中，郑州市的耕地综合效率最低，平顶山、安阳、新乡、漯河、南阳、商丘、周口、驻马店的综合效率均低于全省的平均值。

2011 年河南省建设用地的综合效率为 0.80，即建设用地的实际产出为理想产出的 80%，建设用地效率低。其中，郑州、平顶山、漯河的综合效率较高。

2. 单位 GDP 能耗劣于全国平均水平

中原经济区能源消费总量大、煤炭比例极高，单位 GDP 能耗与全国平均水平存在差距。

2012 年能源消费总量为 45 018 万 t 标煤（利用各省市统计年鉴中单位 GDP 能耗核算），占全国能源消费总量的 12.4%。河南省能源消费总量为 23 647 万 t 标煤，占全国能源消费总量的 6.5%，煤炭消费量为 25 240 万 t 标煤，占能源消费总量的 80.2%，占全国煤炭消费总量的 7.2%。

2012 年万元 GDP 能耗为 0.97 t 标煤/万元，劣于全国平均水平（0.70 t 标煤/万元）40%、中部地区平均水平（0.83 t 标煤/万元）17%，与东部地区平均水平（0.63 t 标煤/万元）仍有很大差距，其单位 GDP 能耗约为同期东部水平的 1.55 倍。与经济相对较为落后的西部地区（1.02 t 标煤/万元）基本持平。

以全国人均 GDP 和单位 GDP 能耗衡量，中原经济区处于第 II 象限，表现为人均 GDP 低，单位 GDP 能耗强度高（见图 3-36）。

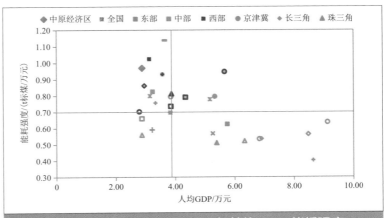

图 3-36　全国不同地区 2012 年单位 GDP 能耗强度

依循当前采取的转变经济增长方式、煤炭消费总量控制、节能减排等战略和政策措施，当中原经济区人均 GDP 达到 6 万元水平，单位 GDP 能耗可望由目前的 0.97 t 标煤/万元下降至 0.6 t 标煤/万元左右，进入当前的第 IV 象限。

在中原经济区内部，单位 GDP 能耗强度最为突出的是北部城市密集区，为 1.343 t 标煤/万元，其人均 GDP 为 2.83 万元，处于中原经济区中等水平，表明该城市群现状经济水

图 3-37　中原经济区与全国单位 GDP 能耗强度比较

平不高但经济增长对能源消费的依赖最为明显。中原城市群单位 GDP 能耗强度和人均 GDP 分别为 0.778 t 标煤/万元和 4.14 万元/人，能源利用效率相对较高，但仍落后于全国平均水平（见表 3-21）。

自 2008 年以来，中原经济区人均 GDP 以每年 14.5% 的速度增长，略高于全国人均 GDP 增速（12.8%），单位 GDP 能耗年均下降速度（7.8%）也略高于全国平均水平（6.9%），单位 GDP 能耗与全国差距缓慢缩小，总体上滞后约 4 年（见图 3-37）。

3. 用水效率优于全国平均水平

中原经济区的单位 GDP 用水量为 90.4 m³/万元，优于全国平均水平（118 m³/万元）和中部地区平均水平（127.0 m³/万元），与东部地区平均水平（67.9 m³/万元）存在一定差距（见表 3-22 和图 3-38）。

表 3-21　中原经济区 2012 年单位 GDP 能耗

区域	人均 GDP/ 万元	单位 GDP 能耗 /（t 标煤 / 万元）
中原经济区	2.88	0.969
中原城市群	4.14	0.778
北部城市密集区	2.83	1.343
豫东皖北城市密集区	1.93	0.738
中原经济区西南部城市	2.96	1.181
全国平均	3.83	0.697
东部地区	5.75	0.625
中部地区	3.24	0.826
西部地区	3.13	1.024

数据来源：《中国统计年鉴（2013）》《中国能源统计年鉴（2013）》，河南、河北、山西、山东、安徽五省的 2013 统计年鉴，以及中原经济区所辖 31 市的 2013 年统计年鉴。

表 3-22　中原经济区单位 GDP 和单位工业增加值用水量

区域	人均综合用水量 /m³	单位 GDP 用水 /（m³/ 万元）	单位工业增加值用水量 /（m³/ 万元）
中原经济区	260.45	90.38	41.15
海河流域	277.35	72.73	35.18
淮河流域	255.74	101.01	52.93
黄河流域	270.16	85.89	24.63
长江流域	221.13	91.76	52.75
全国平均	454	118	69
东部地区	390.55	67.92	44.64
中部地区	411.09	127.01	79.62

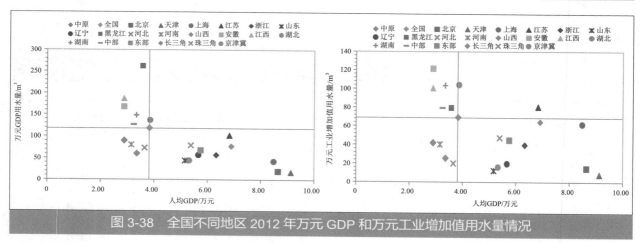

图 3-38　全国不同地区 2012 年万元 GDP 和万元工业增加值用水量情况

与 2005 年相比，2012 年中原经济区人均综合用水量增长 19.4%。其中，淮河上游、龙门至三门峡、沂沭泗河、淮河中游、三门峡至花园口、汉江、花园口以下、海河南系 8 个分区人均综合用水量有所增加，徒骇马颊河分区人均综合用水量有所下降（见图 3-39）。

与 2005 年相比，2012 年中原经济区万元 GDP 用水量、万元工业增加值用水量分别下降 58.4%、64%，与全国单位 GDP 用水量、单位工业增加值用水量下降幅度持平。各二级分区万元 GDP 用水量、单位工业增加值用水量下降情况见图 3-40 和图 3-41。

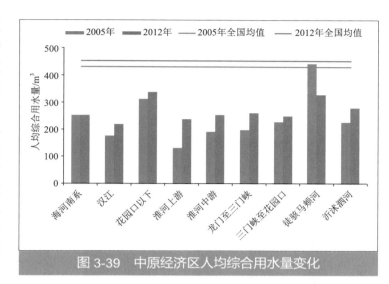

图 3-39　中原经济区人均综合用水量变化

农业灌溉水利用系数与国外先进水平存在较大差距。农业灌溉水利用系数略高于全国平均水平。根据河南省统计资料，2006 年农业灌溉用水的利用系数为 0.52 左右，略高于全国农业灌溉用水有效利用系数 0.516。各分区中，山前平原区灌溉用水有效利用系数稍高于黄淮海平原区及南阳盆地（见表 3-23）。

缺水一定程度上促进了农业灌溉水利用系数提高，但与发达国家依然存在较大差距。资料表明，海河流域 2004 年农业灌溉水利用系数为 0.54，发达国家农业灌溉水利用系数为 0.7 以上，以色列为 0.8 ~ 0.9；农田降水资源利用率为 0.3 ~ 0.4，发达国家为 0.6 ~ 0.7；作物水分利用率为 1.2 ~ 1.3 kg/m^3，国际先进水平为 2.0 kg/m^3。

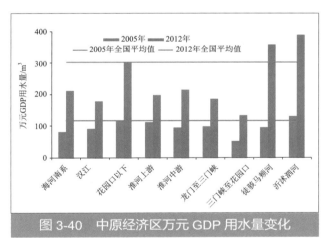

图 3-40　中原经济区万元 GDP 用水量变化

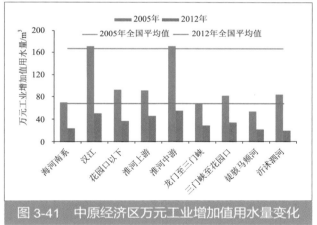

图 3-41　中原经济区万元工业增加值用水量变化

表 3-23　河南省农业灌溉水利用系数

分区		灌溉水利用系数		
		渠灌区	井灌区	综合
核心区合计		0.41	0.62	0.52
山前平原		0.43	0.61	0.55
黄淮海平原	小计	0.41	0.62	0.52
	北部	0.41	0.61	0.54
	南部	0.40	0.60	0.51
南阳盆地		0.39	0.60	0.48

数据来源：《河南粮食生产核心区建设规划环境影响报告书》。

二、主要污染物排放绩效

1.主要大气污染物排放绩效劣于全国平均水平

2012 年中原经济区单位 GDP 的 SO_2 排放量为 5.13 kg/ 万元，NO_x 排放量为 6.35 kg/ 万元，烟粉尘排放量为 3.32 kg/ 万元。总体上，单位 GDP 污染物排放强度高于全国以及东部、中部平均水平；相当于全国 2010 年平均水平；与东部地区存在较大差距，为同期东部地区排放强度的 2 ～ 3 倍；其烟粉尘和 NO_x 排放强度与西部地区排放强度相当或略高，具体见表 3-24 和图 3-42。

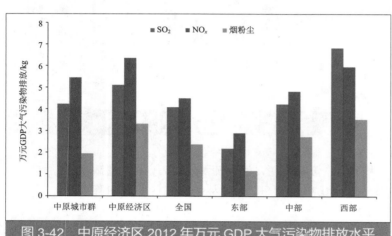

图 3-42　中原经济区 2012 年万元 GDP 大气污染物排放水平

表 3-24　中原经济区单位 GDP 的 SO_2、NO_x、烟粉尘排放情况　　单位：kg/ 万元

区域	SO_2 排放量	NO_x 排放量	烟粉尘排放量
郑州市	2.15	3.89	0.70
中原城市群	4.23	5.44	1.96
北部城市密集区	6.07	6.99	4.45
豫东皖北城市密集区	3.38	5.98	1.92
西南部城市	8.49	8.11	6.99
中原经济区	5.13	6.35	3.32

注：中原城市群：郑州、开封、洛阳、平顶山、新乡、焦作、许昌、漯河、济源；
北部城市密集区：邯郸、安阳、邢台、鹤壁、聊城、菏泽、濮阳；
豫东皖北城市密集区：蚌埠、商丘、阜阳、周口、亳州、淮北、宿州、信阳、驻马店、淮南；
西南部城市：长治、晋城、运城、三门峡、南阳。

　　在中原经济区内部，排放强度最高的为西南部城市，其单位 GDP 污染物排放强度为同期全国平均水平的 2 ～ 3 倍，滞后全国平均水平 4 ～ 5 年。现状排放强度较低的中原城市群 SO_2、NO_x 和豫东皖北城市密集区 NO_x 均高于同期全国平均水平。

　　2012 年中原经济区万元工业生产总值能耗 0.46 t 标煤 / 万元，是同期全国平均值的 1.6 倍，能耗下降滞后全国平均水平 5 年，具体见表 3-25。亟须加快技术进步、产业调整升级，提升能源利用效率水平。

　　2012 年万元工业生产总值 SO_2、NO_x、烟粉尘排放量为 2.67 kg/ 万元、2.68 kg/ 万元和 1.62 kg/ 万元，高于全国、东部和中部平均值。以全国发展轨迹为参照，中原经济区工业污染物排放绩效滞后全国平均水平两年左右。

表 3-25　中原经济区 2012 年万元工业生产总值资源环境绩效

年份	地区	能耗 / （t 标煤 / 万元）	SO_2 排放量 / （kg/ 万元）	NO_x 排放量 / （kg/ 万元）	烟粉尘排放量 / （kg/ 万元）
2012	河南省	0.30	2.23	2.17	0.97
	中原经济区	0.46	2.67	2.68	1.62
	全国	0.28	2.10	1.82	1.13
	东部	0.22	1.14	1.16	0.55
	中部	0.40	2.53	2.23	1.52
	西部	0.62	5.48	3.90	2.73
2005	全国	0.67	8.62	—	7.39
2006		0.58	7.06	—	5.28
2007		0.49	5.28	—	3.63
2008		0.41	3.93	—	2.48
2009		0.40	3.40	—	2.06
2010		0.33	2.67	—	1.51

数据来源：各省市 2012 年环境统计数据、统计年鉴及历年中国环境统计年鉴、中国工业统计年鉴、中国能源统计年鉴。

以全国人均 GDP 和单位 GDP 污染物排放强度衡量，中原经济区处于第 II 象限，表现为人均 GDP 低，单位 GDP 大气污染物排放强度高（见图 3-43 至图 3-45）。

依循当前采取的经济发展方式转型、节能减排和大气污染物排放总量控制等政策措施，当中原经济区人均 GDP 达到 6 万元水平，单位 GDP 大气污染物排放强度有望进入当前的第 IV 象限。

单位能耗大气污染物排放量空间分布：在中原经济区内部，三门峡、开封、洛阳、晋城、长治、淮北形成单位能耗 SO_2 排放量高值区，三门峡单位能耗 SO_2 排放量大于 120 t SO_2/ 万 t 标煤。宿州、淮北、周口、鹤壁、济源、三门峡和晋城等地市形成单位能耗 NO_x 排放量高值区。运城、晋城、长治、邢台、邯郸和淮北为单位能耗烟粉尘排放量高值区（见图 3-46）。

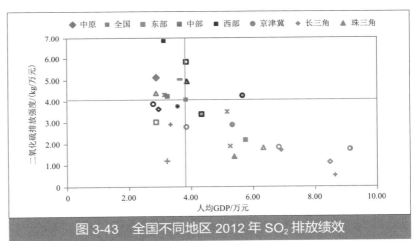

图 3-43　全国不同地区 2012 年 SO_2 排放绩效

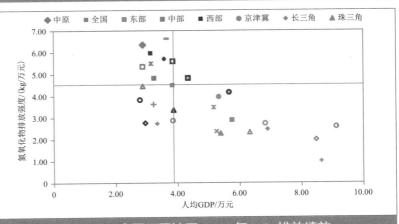

图 3-44　全国不同地区 2012 年 NO_x 排放绩效

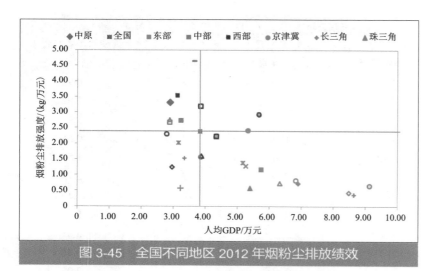

图 3-45　全国不同地区 2012 年烟粉尘排放绩效

2. 主要水污染物排放控制绩效劣于全国平均值

2012 年，中原经济区单位 GDP 的 COD、氨氮排放量分别为 5.32 kg/ 万元、0.56 kg/ 万元，介于中部地区和西部地区平均水平之间，高于全国和东部地区平均水平（见表 3-26 和表 3-27）。

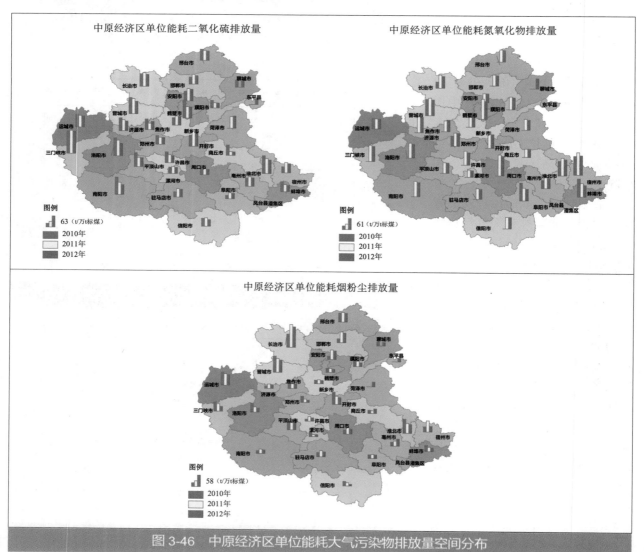

图 3-46　中原经济区单位能耗大气污染物排放量空间分布

表 3-26　中原经济区 2012 年单位 GDP 的废水和水污染排放情况			单位：kg/ 万元
地区	废水排放量	COD 排放量	氨氮排放量
中原经济区	14.08	5.32	0.56
海河流域	13.60	5.44	0.50
黄河流域	12.92	3.60	0.41
淮河流域	15.10	6.12	0.66
长江流域	12.28	5.01	0.58

注：数据来自中原经济区各省 2012 年环境统计数据及 2013 年统计年鉴。

表 3-27　中原经济区 2012 年万元工业生产总值资源环境绩效				
地区	用水量 /（m³/ 万元）	工业废水排放量 /（t/ 万元）	COD 排放量 /（kg/ 万元）	氨氮排放量 /（kg/ 万元）
中原经济区	11.96	2.84	0.380	0.030
全国	15.18	2.44	0.372	0.029
东部	11.23	2.08	0.218	0.016
中部	24.14	2.87	0.418	0.045
西部	21.34	3.36	0.965	0.064

数据来源：各省市 2012 年环境统计数据、《水资源公报》及《中国环境统计年鉴 2013》《中国工业统计年鉴 2013》。

　　以地区生产总值衡量，2012 年中原经济区点源 COD 排放绩效 2.69 kg/ 万元，氨氮排放绩效 0.384 kg/ 万元，与全国平均排放绩效（COD 2.68 kg/ 万元，氨氮 0.367 kg/ 万元）持平，优于中部地区平均排放绩效（COD 3.11 kg/ 万元，氨氮 0.425 kg/ 万元），与东部地区平均排放绩效水平（COD 1.63 kg/ 万元，氨氮 0.242 kg/ 万元）仍有一定差距（见图 3-47）。

　　以地区生产总值衡量，2012 年中原经济区工业源 COD 排放绩效 1.31 kg/ 万元，氨氮排放绩效为 0.104 kg/ 万元，优于全国平均和中部地区平均排放绩效，与东部地区平均排放绩效水平有一定差距（见图 3-48）。

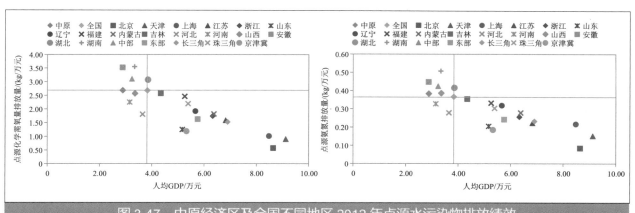

图 3-47　中原经济区及全国不同地区 2012 年点源水污染物排放绩效

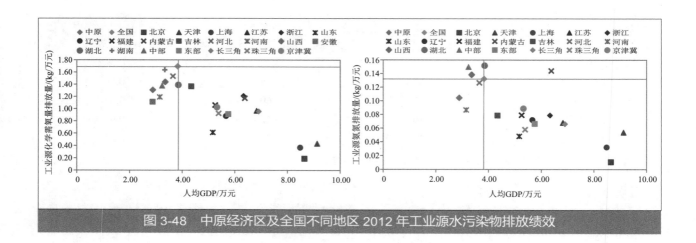

图 3-48　中原经济区及全国不同地区 2012 年工业源水污染物排放绩效

三、重点行业资源环境利用效率

1. 单位产值能耗

在中原经济区主要行业中，除非金属矿物制品业及纺织、皮革及其制品业外，其余行业的万元产值能耗均高于全国平均水平，能源利用效率偏低。

电力、热力的生产和供应业万元产值能耗居第一，为 1.542 t 标煤 / 万元；煤炭开采和洗选业居第二，为 1.103 t 标煤 / 万元；黑色金属冶炼和压延加工业居第三，为 0.915 t 标煤 / 万元。火力发电煤耗为全国平均值的 1.05 倍，单位发电量的 SO_2、烟粉尘排放强度低于全国平均值，NO_x 排放强度高于全国平均值；钢铁行业 SO_2、NO_x 排放强度均高于全国平均值（见表 3-28 和表 3-29）。

表 3-28　中原经济区 2012 年主要行业能耗情况

主要耗能行业	区域单位产值能耗 /（t 标煤 / 万元）	全国平均单位产值能耗 /（t 标煤 / 万元）
电力、热力生产和供应业	1.542	0.464
黑色金属冶炼和压延加工业	0.915	0.875
非金属矿物制品业	0.367	0.666
造纸和纸制品业	0.421	0.306
有色金属冶炼和压延加工业	0.534	0.395
石化、化学原料及制品制造业	0.846	0.506
医药制造业	0.162	0.095
食品加工业	0.097	0.069
纺织、皮革及其制品业	0.108	0.161
煤炭开采和洗选业	1.103	0.408

注：1. 石化、化学原料及制品制造业：石油加工、炼焦和核燃料加工业，化学原料和化学制品制造业，化学纤维制造业；
2. 食品加工业：农副食品加工业，食品制造业，酒、饮料和精制茶制造业；
3. 纺织、皮革及其制品业：纺织业，皮革、毛皮、羽毛及其制品和制鞋业。

行业	区域		中原经济区	全国平均	比全国平均相差 /%
火电	火电发电煤耗 /（g 标煤 /kWh）		334.96	319.78	4.7
	单位发电量污染物排放量 /（g/kWh）	SO₂	1.767	2.206	−19.9
		NOₓ	2.956	2.786	6.1
		烟粉尘	0.299	0.458	−34.7
钢铁	钢可比能耗 /（kg 标煤 /t）		582	674	−13.6
	吨钢污染物排放量 /（kg/t 钢）	SO₂	1.69	1.44	17.4
		NOₓ	0.40	0.39	2.6
		烟粉尘	0.38	0.43	−11.6
水泥	水泥综合能耗 /（kg 标煤 /t）		122	136	−10.3
	吨水泥污染物排放量 /（g/t）	SO₂	109	—	—
		NOₓ	844	896	−5.8
		烟粉尘	222	304	−27.0

表 3-29　中原经济区 2012 年火电、钢铁、水泥资源环境效率

注：1. 火电：2012 年全国平均水平采用国家统计局能源统计司《中国能源统计年鉴（2013）》、国家统计局《2012 年国民经济和社会发展统计公报》及环境保护部《2012 年环境统计年报》计算；

2. 钢铁：2012 年钢可比能耗数据直接来自《中国能源统计年鉴（2013）》，其余数据根据《中国区域经济统计年鉴（2013）》、环境保护部《2012 年环境统计年报》计算；

3. 水泥：2012 年水泥综合能耗数据直接来自《中国能源统计年鉴（2013）》，其余数据根据《中国区域经济统计年鉴（2013）》、环境保护部《2012 年环境统计年报》计算。

2. 单位产值水耗

造纸和纸制品业万元产值新鲜水耗居第一，远高于其他行业，其次为电力、热力的生产和供应业，第三是纺织、皮革及其制造业。电力、热力的生产和供应业及石化、化学原料及制品制造业、造纸和纸制品业是中原经济区重点耗水行业，3 个行业用水量占工业用水量的56.5%（见表 3-30）。

3. 单位产值大气污染物排放量

各主要行业的单位产值大气污染物排放量均显著高于全国平均值，大气污染物治理水平较差。电力、热力的生产和供应业的万元产值 SO₂、NOₓ 排放量居第一，其次为非金属矿物制品业；电力、热力的生产和供应业的万元产值烟粉尘排放居第一，其次为黑色金属冶炼和压延施工（见表 3-31）。

表 3-30　中原经济区主要耗水行业万元产值水耗　　　　　　单位：m³

行业	万元产值水耗	行业	万元产值水耗
石化、化学原料及制品制造业	17.11	黑色金属冶炼和压延加工业	7.49
电力、热力生产和供应业	44.72	煤炭开采和洗选业	8.22
造纸和纸制品业	67.71	有色金属冶炼和压延加工业	4.59
食品加工业	19.59	医药制造业	18.89
纺织、皮革及其制业	34.05	非金属矿物制品业	3.71

注：数据来自 2012 年环境统计数据。

表 3-31　2012 年中原经济区主要大气污染物排放行业情况						单位：kg/ 万元
行业	SO$_2$ 排放量		NO$_x$ 排放量		烟粉尘排放量	
	中原经济区	全国	中原经济区	全国	中原经济区	全国
电力、热力生产和供应业	17.51	15.54	30.52	19.87	4.75	4.35
黑色金属冶炼和压延加工业	4.41	3.53	1.36	1.43	4.39	2.66
非金属矿物制品业	4.12	4.52	3.55	6.21	3.93	5.78
造纸和纸制品业	3.56	3.96	0.95	1.65	1.33	1.33
有色金属冶炼和压延加工业	3.10	3.05	1.52	0.61	1.13	0.85
石化、化学原料及制品制造业	2.98	1.93	1.29	0.83	2.07	0.93
医药制造业	0.72	0.64	0.19	0.18	0.22	0.26
食品加工业	0.58	0.64	0.17	0.22	0.26	0.38
纺织、皮革及其制品业	0.30	0.69	0.08	0.19	0.12	0.24
煤炭开采和洗选业	0.24	0.41	0.12	0.15	0.34	1.10

注：1. 石化、化学原料及制品制造业：石油加工、炼焦和核燃料加工业，化学原料和化学制品制造业，化学纤维制造业；
2. 食品加工业：农副食品加工业，食品制造业，酒、饮料和精制茶制造业；
3. 纺织、皮革及其制品业：纺织业，皮革、毛皮、羽毛及其制品和制鞋业。

4. 单位产值水污染物排放量

中原经济区主要水污染物排放行业情况见表 3-32。石化、化学原料及制品制造业、医药制造业、煤炭开采和洗选业的万元产值水污染物排放量均高于全国平均值，污水治理水平有待进一步提高。

造纸和纸制品业、食品加工业和石化、化学原料及制品制造业的 COD 排放量居于前三位，排放量占工业 COD 排放总量的 24.7%、23.8%、18.1%。石化、化学原料及制品制造业、食品加工业、造纸和纸制品业的氨氮排放量居前三位，排放量占工业氨氮排放量比重分别为 42.7%、16.3%、11.4%。造纸和纸制品业的万元产值 COD 排放量远高于其他行业，达 4.84 kg/ 万元，其次为石化、化学原料及制品制造业；造纸和纸制品业，纺织、皮革及其制品业，石化、化学原料及制品制造业的万元产值氨氮排放量居前三位。

表 3-32　中原经济区主要水污染物排放行业情况				单位：kg/ 万元
行业	万元产值 COD 排放量		万元产值氨氮排放量	
	中原经济区	全国	中原经济区	全国
造纸和纸制品业	4.84	4.96	0.183	0.165
食品加工业	0.64	1.06	0.036	0.049
石化、化学原料及制品制造业	0.76	0.49	0.143	0.092
纺织、皮革及其制品业	0.63	0.79	0.053	0.059
煤炭开采和洗选业	0.42	0.40	0.014	0.012
医药制造业	0.61	0.57	0.057	0.043
黑色金属冶炼和压延加工业	0.10	0.11	0.007	0.010
有色金属冶炼和压延加工业	0.04	0.07	0.001	0.041
电力、热力生产和供应业	0.06	0.06	0.005	0.004
非金属矿物制品业	0.04	0.07	0.002	0.004

注：数据来自 2012 年环境统计数据、各地市年鉴数据及《中国工业年鉴 2013》。

四、固体废物处置与综合利用

1. 资源型城市综合利用程度总体偏低

2012 年，中原经济区工业固体废物综合利用率为 80.2%，处置率为 17.3%。其中，一般工业固体废物综合利用率为 80.1%，处置率为 17.4%；危险废物综合利用率为 93.7%，处置率为 6.3%（见表 3-33）。

区域	一般工业固废		危险废物	
	综合利用率	处置率	综合利用率	处置率
中原经济区	80.1	17.4	93.7	6.3
其中：中原城市群	75.7	21.3	82.4	18.2
西南部城市	61.8	30.6	82.8	16.8
全国平均值	61.5	21.5	57.8	20.1

表 3-33 中原经济区工业固体废物综合利用与处置 单位：%

注：中原城市群：郑州、开封、洛阳、平顶山、新乡、焦作、许昌、漯河、济源；西南部城市：长治、晋城、运城、三门峡、南阳；数据来源：各省市环境统计数据，仅长治市数据来自《2012 年度长治市环境质量报告书》。

一般工业固体废物主要来自电力、热力生产和供应业、煤炭开采和洗选业、有色金属矿采选业、黑色金属冶炼和压延加工业、有色金属冶炼和压延加工业 5 个行业，合计占工业污染源重点调查企业一般工业固体废物产生量的 86.6%。

产生危险废物的行业主要为有色金属冶炼和压延加工业（65.2%），其次分别为石油加工、炼焦和核燃料加工业、化学原料和化学制品制造业、石油和天然气开采业，合计占工业污染源重点调查企业危险废物产生量的 82.9%。

根据中原经济区河南省及安徽省 6 地市的统计数据，近 10 年区域工业固废综合利用率提升不足 4 个百分点。工业固体废物产生量及综合利用量呈上升趋势，综合利用率总体上呈波动上升趋势，2012 年较 2003 年增加 3.6 个百分点（见图 3-49）。

2. 生活垃圾

生活垃圾包括城市生活垃圾、农村生活垃圾两类，城市生活垃圾产生量参考统计年鉴中的城市生活垃圾清运量，农村生活垃圾产生量参照农村人口数量及我国农村人均日生活性垃圾量［0.86 kg/（人·d）］估算（见图 3-50）。

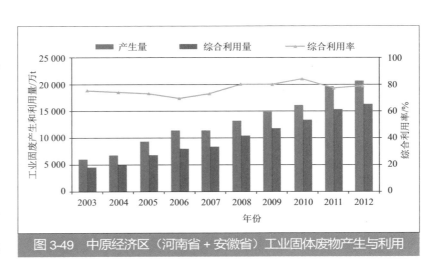

图 3-49 中原经济区（河南省 + 安徽省）工业固体废物产生与利用

2012 年，河南省城市生活垃圾清运量 795.8 万 t，农村生活垃圾产生量约 1 905.4 万 t，近 10 年来生活垃圾产生总量略有下降，其中城市生活垃圾产生量呈上升趋势，农村生活垃圾产生

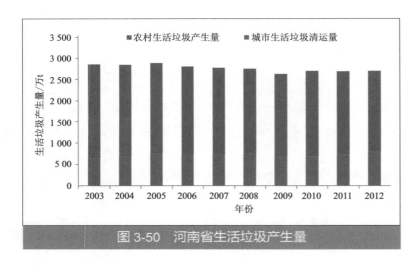

图 3-50　河南省生活垃圾产生量

量逐步减少，这与区域的城镇化发展趋势一致。

2012 年，河南省共有各类生活垃圾处理厂 121 座，生活垃圾年实际处理量 980 万 t，处理方式以填埋为主，焚烧、堆肥等方式为辅，填埋量约占处理总量的 97%（源自河南省环境统计数据）。根据河南省统计数据，城市垃圾无害化处理能力达 21 790 t/d，城市生活垃圾无害化处理率由 2003 年的 65.1% 提高至 2012 年的 86.4%。由于农村环境管理水平低、人民群众环保意识差、基础设施建设资金紧缺等，农村生活垃圾集中收集、无害化处理情况不容乐观，垃圾随意丢弃、任意堆放情况仍屡见不鲜，部分集中收集的生活垃圾也只是进行了简易的填埋或焚烧处理，垃圾的运输、贮存及处理不规范，无害化处理率低。

3. 农业废物

按照单位粮食产量的秸秆产生系数，核算 2012 年中原经济区秸秆产生量约 1.65 亿 t，约占全国产生量的 19.6%。其中，粮食生产产生秸秆约占 90%（河南及安徽为主，各占 54.8% 及 17.2%），油料作物生产产生秸秆约占 8.7%（河南及安徽为主，各占 79.7% 及 10.4%），棉花生产产生的秸秆约 1.8%（河北及河南为主，各占 34.3% 及 26.3%）。

2010 年河南省秸秆综合利用率达 70%，与全国平均水平持平，其中鹤壁、濮阳、安阳、许昌、漯河达到 90%，平顶山、新乡、济源、郑州、商丘、开封、洛阳、周口在 70% 以上，三门峡、南阳为 60% 以上，驻马店、焦作、信阳低于 60%，各地市秸秆综合利用发展不平衡（数据引自《河南省"十二五"农作物秸秆综合利用规划》）。现状秸秆综合利用方式主要有肥料化、饲料化、原料化及能源化，其中以肥料化、饲料化为主。

中原经济区作为我国的农产品主产区，畜禽养殖业位于全国前列，以河南省为例，按照《第一次全国污染源普查畜禽养殖业源产排污系数手册》中产污系数进行估算，河南省 2012 年主要畜禽养殖业的粪便产生量约 9 386 万 t，比 2000 年增加了 0.4 倍。目前河南省规模化畜禽养殖业的养殖方式主要有垫草垫料、干清粪和水冲粪 3 种，所占比例分别为 6.2%、68.3% 和 23.2%。产生的畜禽粪便绝大部分直接还田，部分用于生产有机肥及沼气，还有一部分未经处理直接排放（见表 3-34）。

规模以下畜禽养殖业占比约 40%，畜禽粪便综合利用率更低，大部分直接还田利用，部

表 3-34　河南省规模化畜禽养殖业畜禽粪便综合利用情况			单位：%
养殖方式	直接还田	生产有机肥	生产沼气	无处理
垫草垫料	69.6	27.2	0	3.2
干清粪	61.4	16.5	9.1	13
水冲粪	55.0	5.2	6.0	33.8

分养殖户直接将粪便丢弃，畜禽养殖区的农业环境污染十分严重。

五、资源环境利用综合水平

1.评估方法

（1）指标构建。结合构建资源节约型社会综合评价指标体系时遵循的科学性、可操作性、整体性、可比性、动态性五大原则，考虑指标数据的可获取性、可量化性等特点，选择水土资源、能源、环境质量和污染物排放等4方面35个指标项构建评价指标体系（见表3-35）。

（2）指标权重。采用层次分析修正赋值法确定各层指标权重，首先采用层次分析法通过对各层指标的重要性进行两两比较形成判断矩阵，进而得出各级指标的权重，为了避免纯数

表3-35 资源环境绩效综合评估指标体系指标配置及具体权重					
Ⅰ级指标（权重/%）	Ⅱ级指标（权重/%）	Ⅲ级指标（权重/%）	Ⅳ级指标		指标属性
			指标层	权重/%	
资源环境绩效综合评估（100）	资源利用效率（25）	水资源利用效率（16）	万元GDP用水量	5	逆向
			人均综合用水量	3	逆向
			水资源开发利用率	8	逆向
		土地资源利用效率（9）	地均GDP	4	正向
			人口密度	2	适中
			土地利用系数	1	适中
			建设用地占土地面积的比例	2	适中
	能源利用效率（20）	能源利用指标（20）	万元GDP能源消耗	7	逆向
			人均综合能源消费量	3	逆向
			单位产值能耗	5	逆向
			能源消费弹性系数	3	逆向
			能源加工转换效率（总效率）	2	正向
	环境质量指数（10）	空气环境质量（4）	二氧化硫年日平均值	1	逆向
			二氧化氮年日平均值	1	逆向
			可吸入颗粒物年日平均值	2	逆向
		水环境质量（4）	城市集中式饮用水水源地达标情况	2	正向
			劣Ⅴ类断面占总断面比重	2	逆向
		生态环境质量（2）	生态环境EI指数值	1	正向
			水土流失面积占全市土地面积比例	1	逆向
	污染物排放水平（45）	废气污染物排放水平（15）	万元GDP废气排放量	2	逆向
			万元GDPSO$_2$排放量	3	逆向
			万元GDPNO$_2$排放量	3	逆向
			万元GDP烟（粉）尘排放量	3	逆向
			工业二氧化硫去除率	2	正向
			工业烟尘去除率	2	正向

| I 级指标
（权重 /%） | II 级指标
（权重 /%） | III 级指标
（权重 /%） | IV 级指标 | | 指标属性 |
			指标层	权重 /%	
资源环境绩效综合评估（100）	污染物排放水平（45）	废水污染物排放水平（15）	万元 GDP 废水排放量	3	逆向
			万元 GDPCOD 排放量	4	逆向
			万元 GDP 氨氮排放量	4	逆向
			工业废水处理率	2	正向
			城镇生活污水处理率	2	正向
		固废污染物达标水平（5）	工业固废综合利用率	2	正向
			城市垃圾无害化处理率	3	正向
		治理投资占比（10）	城镇环境基础设施建设投资占 GDP 比重	5	正向
			工业污染源治理投资占 GDP 比重	3	正向
			当年完成环保验收项目环保投资占 GDP 比重	2	正向

学计算造成的权重失衡影响，采用专家咨询法对层次分析法得到的权重值进行修正，最终确定各指标权重。

（3）指标分类及标准化。指标数据按类型共分为三类：正向、负向、适中指标。正向、负向指标分别采用极大化和极小化方法进行标准化；适中指标选取中原经济区平均值作为适度值，采用平均化方法进行标准化。

2. 评估结果

为评估中原经济区内部各城市间资源环境利用综合水平的差异，采用层次分析修正赋分法对中原经济区 31 市（含淮南市）的资源环境利用综合水平分别进行测算，同时考虑各地市经济发展水平，以人均 GDP 指标为表征，对中原经济区城市尺度的资源环境绩效和社会经济发展水平进行评估分析，结果见表 3-36，与人均 GDP 关系的二维空间分布见图 3-51。

中原经济区城市可分为四大类：①"双高"超载型，即经济发达、资源环境利用水平高但水环境、大气环境等仍然存在超载现象，此类城市环境形势十分严峻；②农业型，此类城

表 3-36   中原经济区资源环境利用综合水平评估结果

类别	城市	资源利用效率	能源利用效率	排污及治理水平	环境质量水平	综合水平	经济发展水平
"双高"超载型（第一类）	郑州、许昌、漯河、洛阳	高	较高	高	最差	高	高
农业型（第二类）	信阳、周口、驻马店、南阳、亳州、宿州、蚌埠	较高	高	较高	好	较高	最低
"双低"超载型（第三类）	开封、新乡、濮阳、商丘、邢台、运城、阜阳、菏泽	最低	低	最低	差	最低	低
资源利用型（第四类）	平顶山、安阳、鹤壁、焦作、三门峡、济源、淮北、淮南、聊城、邯郸、长治、晋城	低	最低	低	一般	低	较高

注："高""较高""低""最低"四类资源环境、资源、能源利用水平、污染物排放水平及经济效率仅表明在中原经济区城市层面上的相对水平；同理，"好""一般""差""最差"也仅表明中原经济区城市层面上环境质量的相对水平。

市主要以农业为主，经济水平落后、资源环境利用水平相对较高、环境承载良好，现状环境状况总体较好；③"双低"超载型，即经济水平滞后、资源环境利用水平低下、环境负荷高同时存在超载现象，此类城市环境质量面临突出问题；④资源利用型，此类城市大多依托资源禀赋和资源产业建立和发展起来，经济发展水平相对较高、资源环境利用水平较低，水环境、大气环境等环境承载能力已达到或接近上限，环境隐患问题已经显现或将逐步凸显。

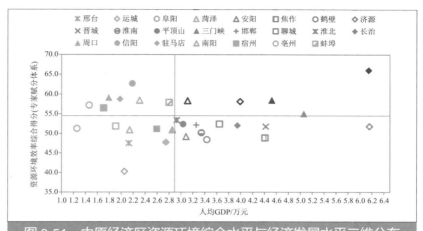

图 3-51　中原经济区资源环境综合水平与经济发展水平二维分布

第一类城市包括郑州、许昌、漯河、洛阳 4 市，该类城市的运行相对较好地兼顾了经济、资源、能源和污染排放等因素，但长期的高能耗和环境污染，导致环境质量现状最差，尤其是大气环境质量，4 个城市环境空气指数均较大（分别排名第 2、第 7、第 14、第 8 位）。未来快速的城市化进程中，人口高度集聚，即使其资源能源环境效率水平较高，能源使用量和污染物排放量仍将居高不下，结合中原经济区发展规划，该类城市产业发展仍旧依赖于能源驱动，因而环境改善面临较大压力。对这类城市，要重视城市化进程中出现的新型环境问题，进一步优化工业布局，改善能源消费结构，深入开展城市烟尘、机动车尾气污染治理等。

第二类城市包括信阳、周口、驻马店、南阳、亳州、宿州、蚌埠 7 市，主要分布在中原经济区南部沿淮区域，水土条件较好，适宜农业生产，第二产业比重低，农副产品加工型产品居主导，重化产业少有布局，对能源的需求量少，使其资源环境总体利用水平相对较高。同时由于自然生态环境和气象条件较好，污染物排放强度小，环境质量现状相对较好。但该类型城市目前已经成为中原经济区经济发展的洼地，随着城镇化和工业化发展的快速推进，高经济产出对应高要素投入和高污染排放，因此该类城市应未雨绸缪，注重农村环境保护，减少面源污染的危害，避免走"先污染，后治理"的道路。

第三类城市包括开封、新乡、濮阳、商丘、邢台、运城、阜阳、菏泽 8 市，由于自然条件相对恶劣、资源优势不突出或资源枯竭，工农业基础薄弱，经济和社会发展缓慢，贫困问题相对突出，环保基础配套设施欠账较多，直接导致资源环境总体利用水平低下。该类城市面临经济发展和环境保护两难处境，应选择具有传统优势、增长潜力大的产业为主导产业，并夯实产业发展基础，注重从源头控制污染物产生量。

第四类城市包括平顶山、安阳、鹤壁、焦作、三门峡、济源、淮北、淮南、聊城、邯郸、长治、晋城 12 市，突出特点是拥有相对丰富的矿产资源，为典型资源型城市；第二产业比重高，一些城市如鹤壁、济源高达 70% 以上；经济结构重型化问题突出，资源型城市工业构成中，轻重工业之比平均为 1∶6.79,其中最高的为三门峡市,轻重工业比例为 1∶16；且在重工业中，采掘工业和原材料工业比重过大，而加工工业比重较小，上下游产业比例失调，如晋城采选业占重工业产值比重近 60%，粗放型特征明显，第三产业发展迟缓。现有工业对资源能源依赖程度高，高能耗与低能效相叠加，使能源环境矛盾日益凸显，造成经济发展绩效领先于资源环境效率水平即表现为"以污染换增长"。因此，对能源需求的强依赖是影响其可持续发展的最大"短板"，该类城市应以优化产业结构为突破口，从产业的持续性层面配置替代产业。在现有资源基础上发展替代产业，即依托现有经济、产业、技术等优势，依靠科技创新提升改造传统支柱产业，实施"上、中、下游一体化"发展战略，提高资源开发利用效率，从源头控制污染物产生量；鼓励非资源型产业发展，特别要大力发展第三产业，培育新的经济增长点；大力开展区域分工协作，防止处于或正在走向资源衰退型的城市出现能源紧张、环境污染加剧等问题。

为比较不同类别城市的资源能源开发利用节约状态、污染物排放水平高低程度和环境质量现状或状态，假定资源利用效率、能源利用效率、环境质量水平、污染物排放及治理水平4个Ⅱ级指标均处于同一水平下（即重要性相等，权重均为"1"），选取郑州、驻马店、运城、邯郸4个典型城市分别代表"双高"超载型、农业型、"双低"超载型、资源利用型4种类型城市，绘制不同类别和典型城市资源环境综合水平分解图（见图3-52）。

总体上，从影响资源环境综合水平的4个Ⅱ级指标来看，中原经济区不同类别城市均暴露出能源、资源利用效率较低的问题，近半数城市（15个）4个Ⅱ级指标中能源利用效率居末位，约1/3城市（10个）资源利用效率居末位，可看出中原经济区现阶段仍然属于粗放式经济增长方式，能源、资源消耗高，利用效率低。因此，中原经济区提高资源环境利用综合水平应率先在能源、资源利用效率领域实现突

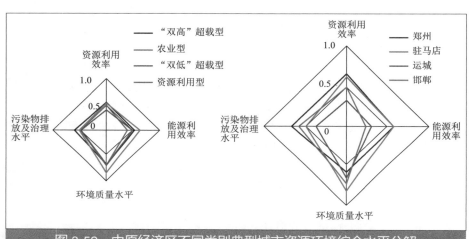

图 3-52　中原经济区不同类别典型城市资源环境综合水平分解

破，通过提高能源技术装备水平、加大水土保持、发展节水型农业和节水型产业等降低资源环境压力。此外，从环境因素来看，尽管污染物排放及治理水平和环境质量水平在4个Ⅱ级指标中相对较优，但并不意味着其污染物排放对人类健康和可持续发展未形成严重威胁，而是要通过提高污染源控制水平，减少或避免环境问题集中爆发，全面提升资源环境效率水平。

从不同类型典型城市之间的比较可以看出：郑州在资源利用效率、污染物排放及治理方面具有一定优势，能源利用效率与驻马店水平接近且优于其他两市，而在环境质量现状方面则处于绝对劣势。邯郸在能源利用效率方面处于绝对劣势，与其他城市差距明显。运城的资源利用效率、污染物排放及治理水平均居末位，其他两项Ⅱ级指标也处于相对劣势。

第五节　城镇化、工业化发展质量

一、中原经济区城镇化质量整体偏低

根据《中国城镇化质量报告（2013）》，按参评的 286 个城市计，中原经济区 30 个参评城市的城镇化质量整体偏低，落后于东部、东北、西部，低于中部地区的平均值（见表 3-37）。在全国 286 个城市的城镇化质量指数排序中，前 100 位中原经济区占 2 席，后 100 位中原经济区占 17 席。

表 3-37　中原经济区与全国各分区城镇化质量指数比较

分类	城市数量 / 个	城镇化质量指数				
		均值	标准差	中位数	最小值	最大值
中原经济区	30	0.451 6	0.032 0	0.450 6	0.378 6	0.511 9
中原城市群	8	0.477 2	0.026 9	0.480 2	0.441 2	0.511 9
东部	87	0.541 9	0.081 3	0.526 2	0.378 6	0.776 3
东北	81	0.486 0	0.053 5	0.472 4	0.414 8	0.626 5
西部	34	0.464 4	0.060 8	0.460 3	0.321 4	0.705 4
中部	84	0.463 1	0.048 0	0.457 2	0.365 5	0.606 7

注：济源市未纳入统计分析。

中原城市群、北部城市密集区和豫东皖北城市密集区的城镇化质量均低于全国平均水平，具体见表 3-38 和图 3-53。郑州城镇化质量位列全国第 88 位，在中部六省省会城市中，城镇化率、城镇化效率指数最低，城镇化质量指数位列倒数第二（见表 3-39）。

表 3-38　中原城市群和城市密集区城镇化质量状况

分类	城镇化率 /%	城镇化质量指数	城市发展质量指数	城镇化效率指数	城乡协调程度指数
中原城市群	44.88	0.48	0.61	0.23	0.54
北部城市密集区	44.7	0.45	0.59	0.21	0.49
豫东皖北城市密集区	31.56	0.39	0.48	0.22	0.44
中原经济区	41.94	0.45	0.58	0.22	0.51
全国平均	49.93	0.49	0.59	0.29	0.56

表 3-39　中部地区六省省会城市城镇化质量状况

省会	城镇化率 /%	城镇化质量指数	城市发展质量指数	城镇化效率指数	城乡协调程度指数
郑州市	63.6	0.511 9	0.687 8	0.247 5	0.541 8
长沙市	67.7	0.606 7	0.742 1	0.491 2	0.541 7
武汉市	71.3	0.584 6	0.679 6	0.413 5	0.629 1
合肥市	68.5	0.553 9	0.725 9	0.443 3	0.435 3
太原市	82.5	0.520 1	0.585 8	0.270 7	0.682
南昌市	66	0.484 8	0.648 1	0.369 4	0.382 5

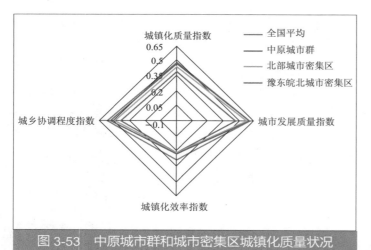

图 3-53　中原城市群和城市密集区城镇化质量状况

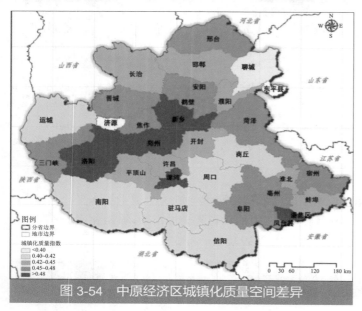

图 3-54　中原经济区城镇化质量空间差异

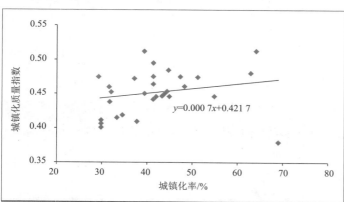

图 3-55　中原经济区城镇化率与城镇化质量指数的关系

中原经济区各地市的城镇化质量差异较大，北部地区高于南部地区。中原城市群、北部城市密集区和豫东皖北城市密集区的东部地区城镇化质量相对较高，豫东、豫南及鲁西的城镇化质量较低，具体见图3-54。

资源型城市（洛阳、三门峡、晋城、鹤壁、焦作、宿州等）依靠资源开采与加工拉动，在中原经济区内部城镇化质量相对较高；人口稠密、农业主导的城市（聊城、商丘、周口、驻马店等），城镇化质量较低。

在中原经济区，人口城镇化质量与城镇化率相关性低（见图3-55），人口城镇化发展与城镇化质量提升不匹配。在城镇化质量整体落后的情况下，提升中原经济区城镇化质量处于优先位置。

二、经济增长尚未跨越环境污染的拐点

1. 人均GDP与主要污染物排放

中原经济区（河南）废水排放总量、废气排放总量呈现随人均GDP增长态势（见图3-56）。以人均GDP衡量，经济社会发展尚未进入排放总量削减的拐点区间。水污染物和大气污染物的总量减排主要是依靠末端治理、达标排放来实现的，尚未进入主要依靠经济发展方式转变实现污染物排放总量持续削减的阶段。

工业行业的COD排放虚拟浓度呈现持续下降态势，在人均GDP达到30 000元附近下降至150 mg/L以下，SO_2排放虚拟浓度呈现下降态势，在人均GDP达到30 000元附近下降至250 mg/m³左右，表明在经济社会发展过程中，工业行业的污染物排放控制成效显著，工业行业总体上已进入主要污染物达标排放阶段（见图3-57）。

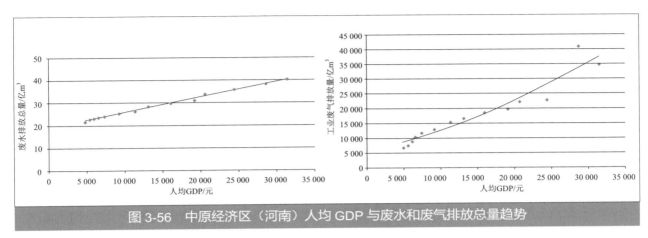

图 3-56　中原经济区（河南）人均 GDP 与废水和废气排放总量趋势

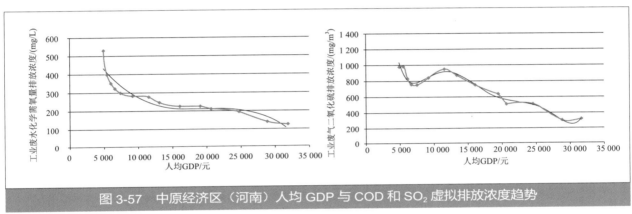

图 3-57　中原经济区（河南）人均 GDP 与 COD 和 SO₂ 虚拟排放浓度趋势

2. 经济社会发展进入大气环境质量小幅波动期

中原经济区人均 GDP 不断增长未导致城市大气环境质量明显恶化，也未带来城市大气环境质量的持续明显改善。低端产业的规模化发展加上高强度能源消费，抵消了末端控制的环境效应，经济增长进入城市大气环境质量小幅波动期。在缺乏调控经济发展方式和产业结构的情况下，大气环境质量将不可能出现大幅改善。

人均 GDP 由 5 000 元上升到 20 000 元时期，各区域 SO_2 年均浓度均呈现明显下降的状况，在人均 GDP15 000～25 000 元阶段，中原城市群 SO_2 年均浓度较其他区域均高。人均 GDP 由 25 000 元上升到 40 000 元，中原城市群城市 SO_2 年均浓度未出现明显改善，北部城市密集区在人均 GDP 达到 20 000 元后呈现缓慢上升（见图 3-58）。

在人均 GDP 达到 20 000 元之前，各区域 PM_{10} 年均浓度呈现下降趋势。中原城市群在人均 GDP 达到 28 000 元之后，PM_{10} 年均浓度不降反升。北部城市密集区人均 GDP 达到 18 000 元之后 PM_{10} 年均浓度出现反弹（见图 3-59）。

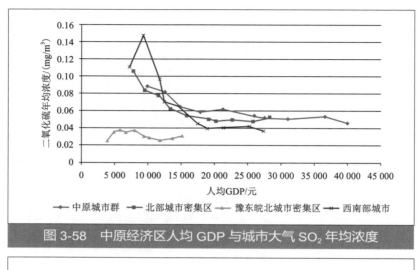

图 3-58　中原经济区人均 GDP 与城市大气 SO₂ 年均浓度

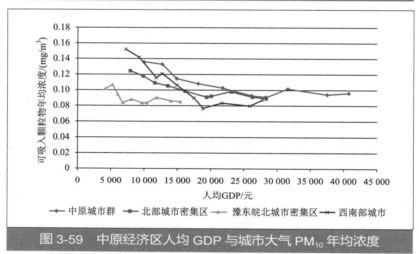

图 3-59　中原经济区人均 GDP 与城市大气 PM₁₀ 年均浓度

第六节　生态环境现状与主要环境问题的演变

一、水环境现状与水环境问题演变

水污染和生态环境问题依然十分突出，部分水体功能下降甚至丧失，淮河流域水污染问题已威胁供水安全，海河流域水污染在一定程度上为缺水所掩盖。河流下游的地表水污染向土壤介质污染转移，污染有向地下水发展的态势。

水生态系统整体退化，标志性指标表现为：河道基流和洪水过程的生态需水均得不到有效满足，水系统整体处于不健康状态。

1. 地表水环境质量有所好转，污染形势依然严峻

主要控制断面达标率 47.5%，跨省界断面水质差。2012 年，中原经济区四大流域水质

类别见表3-40、表3-41和图3-60。中原经济区221个国控、省控地表水监测断面达标率为47.5%，达到或优于Ⅲ类水质的断面占36.2%，Ⅳ类水质断面占19.9%，Ⅴ类水质断面占14.5%，劣Ⅴ类水质断面占29.4%。55个跨省界地表水监测断面水质达标率仅为32.7%，Ⅴ类和劣Ⅴ类水质断面占68.0%。

表 3-40　中原经济区 2012 年四大流域水质类别统计

流域	断面个数	Ⅰ类	Ⅱ类	Ⅲ类	Ⅳ类	Ⅴ类	劣Ⅴ类	达标率
中原经济区	221	2	38	40	44	32	65	47.5%
其中：淮河流域	116	0	10	27	34	14	31	54.3%
海河流域	59	1	10	7	5	10	26	44.1%
黄河流域	39	1	14	5	4	7	8	53.8%
长江流域	7	0	4	1	1	1	0	85.7%
各类水质断面占比	—	0.9%	17.2%	18.1%	19.9%	14.5%	29.4%	—

表 3-41　中原经济区 2012 年跨省界断面水质类别统计

流域	断面数	Ⅱ类	Ⅲ类	Ⅳ类	Ⅴ类	劣Ⅴ类	达标率
中原经济区	55	4	7	10	8	26	32.7%
其中：淮河流域	34		3	10	5	16	29.4%
海河流域	13	1	1		1	10	15.4%
黄河流域	6	3	2		1		83.3%
长江流域	2		1			1	50.0%
各类水质断面占比	—	8.0%	14.0%	20.0%	16.0%	52.0%	—

中原经济区四大流域污染程度由轻到重依次为长江流域、黄河流域、淮河流域、海河流域。主要污染因子为 BOD_5、COD、$NH_3\text{-}N$、总磷、石油类等。在跨界河流中，海河流域的卫河、黄河流域的金堤河、淮河流域的涡河、泉河、黑茨河、惠济河、洪河等处于重度污染。

（1）淮河流域

淮河流域水环境呈好转趋势，支流污染依然严重，主要河流断面生态流量缺乏保障。

20世纪70年代，淮河流域水质较好；进入80年代后，淮河流域水质开始呈现出恶化趋势，Ⅲ类水质河段占比由1981年的62.3%下降至1990年的42.4%。1995年前后水污染最严重，流域Ⅲ类及以上水质河段仅占20%左右，Ⅴ类及劣Ⅴ类水质河段达65%左右。随着国家加

图 3-60　中原经济区 2012 年地表水环境质量现状

大对淮河流域污染治理力度，2005 年流域内Ⅲ类及以上水质河段占比提高至 30% 左右，Ⅴ类及劣Ⅴ类水质下降到 50% 左右，淮河流域水污染恶化趋势得到扭转，水环境进入缓慢恢复阶段。目前，Ⅲ类及以上水质河段占比维持在 30% 左右，Ⅴ类及劣Ⅴ类水质下降到 40% 左右，水污染形势依然十分严峻（见表 3-42）。

淮河流域干流及南岸支流水质较好，污染较严重的河流包括一级支流洪汝河、沙颍河、涡河、包浍河、奎濉河，二级支流贾鲁河、惠济河、汾泉河及南四湖地区的东渔河、万福河及洙赵新河等。

表 3-42 淮河流域（中原经济区）水污染演变概况

年份	Ⅲ类及以上水质河段占比 /%	Ⅴ类及劣Ⅴ类水质河段占比 /%	人均 GDP/ 元
1981	62.3	—	—
1990	42.4	—	1 180
1995	20	65	2 870
2000	28	60	4 450
2005	30	50	8 220
2012	31.9	38.8	25 320

（2）海河流域

海河流域水污染严重，水环境未呈现改善态势，水污染问题在一定程度上被河流缺水断流所掩盖。2006—2012 年海河流域主要河流水污染状况见表 3-43。其中，徒骇河、马颊河、卫河、卫运河、南运河、共产主义渠、石子河等常年处于重度污染状态。2012 年海河流域 59 个国控、省控水质监测断面达标率为 44.1%，达到或优于Ⅲ类的水质断面占 30.5%，Ⅴ类及劣Ⅴ类水质断面占 61%，主要污染物为 BOD_5、COD 和高锰酸盐指数，是中原经济区四大流域中水环境污染最严重流域（见图 3-61）。

表 3-43 中原经济区 2006—2012 年海河流域主要河流水质变化

河流名称	2006 年	2007 年	2008 年	2009 年	2010 年	2011 年	2012 年
卫河	重污染	重污染	重污染	重污染	重污染	重污染	重污染
共产主义渠	重污染	重污染	重污染	重污染	重污染	重污染	重污染
淇河	优	优	优	优	优	优	优
汤河	轻污染	轻污染	轻污染	中污染	中污染	轻污染	轻污染
安阳河	轻污染	轻污染	轻污染	轻污染	轻污染	轻污染	良好
马颊河	重污染	重污染	重污染	重污染	重污染	重污染	重污染
徒骇河	重污染	重污染	重污染	重污染	重污染	重污染	重污染
卫运河	重污染	重污染	重污染	重污染	重污染	重污染	重污染
南运河	重污染	重污染	重污染	重污染	重污染	重污染	重污染
浊漳南源及干流	重污染	重污染	重污染	重污染	重污染	中污染	中污染
浊漳北源	轻污染	重污染	轻污染	轻污染	优	优	优
浊漳西源	中污染	重污染	中污染	轻污染	轻污染	轻污染	轻污染
石子河	重污染	重污染	重污染	重污染	重污染	重污染	重污染

注：缺少河北省邯郸市、邢台市数据。

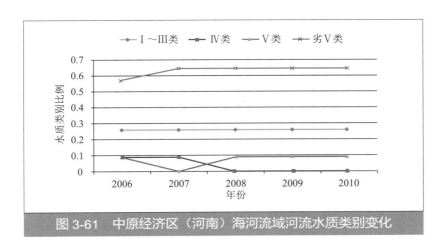

图 3-61　中原经济区（河南）海河流域河流水质类别变化

随着海河流域水资源开发程度的不断提高，河流断流、干涸的状况日益严重（见表 3-44 和表 3-45）。

表 3-44　海河流域平原区主要河道干涸、断流情况统计					
	1960 年代	1970 年代	1980 年代	1990 年代	2000 年
20 条主要河流中断流的河流数 / 条	15	19	季节性断流转向全年性断流		
河道平均断流天数 /d	84	186	243	228	274
年平均河道干涸总长度 /km	683	1 335	1 811	1 811	2 026
平均河道干涸天数 /d	39	143	167	151	197

数据来源：专项报告《海河流域水资源及其开发利用情况调查评价》。

表 3-45　中原经济区海河流域主要河流 2000—2005 年断流统计					
河流名称	河段	河段长度 /km	2000—2005 年平均		
			干涸天数 /d	断流天数 /d	干涸长度 /km
滏阳河	京广铁路桥—献县	343	319	326	317.7
子牙河	献县—第六堡	147	332	341	155.9
漳河	京广铁路桥—徐万仓	103	298	314	101
卫河	合河—徐万仓	264	14	22	0
卫运河	徐万仓—四女寺	157	55	81	17.8
南运河	四女寺—第六堡	306	200	310	87
漳卫新河	四女寺—辛集闸	175	51	167	75.5
徒骇河	毕屯—坝上挡水闸	339	0	231	63
马颊河	沙王庄—大道王闸	275	29	219	39

数据来源：汪雯 . 海河流域平原河流生态修复模式研究 [D]. 天津：南开大学，2009。

（3）黄河流域

黄河流域北岸支流水质差。2006—2012 年，黄河流域水质总体保持中度污染状态。黄河流域劣 V 类水质河段减少，干流水质由良好转为优，北岸主要支流汾河、涑水河、蟒河、金堤河等重度污染河流水质未得到有效改善（见表 3-46 和图 3-62）。2012 年，黄河流域 39 个国控、省控水质监测断面达标率为53.8%，达到或优于Ⅲ类的水质断面占51.3%，劣Ⅴ类水质断面占20.5%，主要污染物为氨氮、BOD5和COD。

表3-46　中原经济区2006—2012年黄河流域水质变化

河流名称	2006年	2007年	2008年	2009年	2010年	2011年	2012年
黄河干流	良好	良好	良好	良好	良好	优	优
宏农涧河	良好	良好	良好	良好	良好	轻污染	轻污染
洛河	良好	良好	良好	良好	良好	轻污染	轻污染
伊河	优	优	优	优	优	优	优
汾河	重污染	重污染	重污染	重污染	重污染	重污染	重污染
涑水河	重污染	重污染	重污染	重污染	重污染	重污染	重污染
蟒河	重污染	重污染	重污染	重污染	重污染	重污染	重污染
沁河	中污染	中污染	中污染	中污染	中污染	轻污染	轻污染
天然文岩渠	重污染	重污染	中污染	中污染	中污染	中污染	中污染
金堤河	重污染	重污染	重污染	重污染	重污染	重污染	重污染

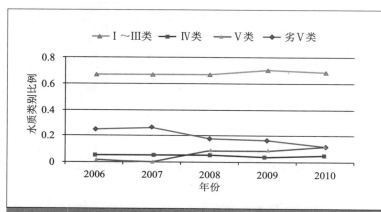

图3-62　中原经济区（河南）黄河流域河流水质类别变化

（4）长江流域

长江流域地表水总体改善。"十一五"以来，长江流域水质由轻度污染转为良好，符合Ⅰ～Ⅲ类水质的河长所占比例上升，未出现劣Ⅴ类水状态（见表3-47和图3-63）。2012年，长江流域水质良好。流域7个监测断面中，Ⅰ～Ⅲ类水质断面5个，Ⅳ类、Ⅴ类水质断面各1个，无劣Ⅴ类水质断面。

表3-47　长江流域2006—2012年水质变化情况

河流	2006年	2007年	2008年	2009年	2010年	2011年	2012年
白河	轻污染	轻污染	良好	良好	良好	良好	轻污染
湍河	轻污染	轻污染	良好	轻污染	良好	良好	良好
老灌河	轻污染	良好	良好	良好	优	优	优
唐河	轻污染	轻污染	良好	轻污染	良好	良好	良好
长江流域	轻污染	轻污染	良好	轻污染	良好	良好	良好

2. 湖库水质总体较好，呈下降趋势

2012 年，中原经济区内湖库水质较好。在监测的 28 个湖库中（其中 13 个具有集中式饮用水水源地功能），除河南省宿鸭湖水库、石漫滩水库、孤石滩水库外，其余 25 个湖库水质达到或优于Ⅲ类。在营养状态方面，除上述水质较差的 3 个水库为轻度富营养化外，其余 25 个湖库均为中营养状态（见表 3-48）。

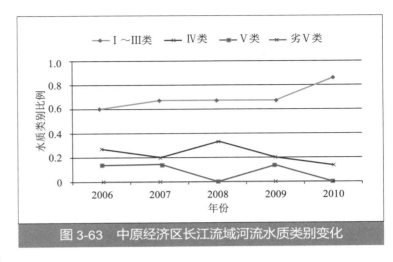

图 3-63　中原经济区长江流域河流水质类别变化

"十一五"期间，Ⅰ类、Ⅱ类水质湖库个数减少，2010 年开始出现Ⅳ类水质湖库，2011 年、2012 年劣于Ⅲ类水质湖库个数增多，反映近年来湖库水污染有加剧趋势 (见图 3-64)。湖库营养状态呈现加剧态势，河南省宿鸭湖水库长期处于中 / 轻度富营养化，其他湖库自 2009 年开始出现轻度富营养化（见图 3-64）。

流域	水质状态			
	Ⅱ类	Ⅲ类	Ⅳ类	Ⅴ类
海河流域	岳城水库 *、东武仕水库、临城水库、朱庄水库 *	彰武水库	—	—
黄河流域	—	小浪底水库、三门峡水库 *、东平湖 *	—	—
淮河流域	白沙水库 *、故县水库、窄口水库、鸭河口水库 *、板桥水库 *、宋家场水库、薄山水库	尖岗水库 *、陆浑水库 *、白龟山水库 *、昭平台水库 *、石山口水库、泼河水库、五岳水库、南湾水库 *、鲇鱼山水库	宿鸭湖水库、石漫滩水库	孤石滩水库
长江流域	丹江口水库 *	—		

表 3-48　中原经济区 2012 年主要湖库水环境状态

流域	营养状态	
	轻度富营养	中营养
海河流域	—	岳城水库 *、临城水库、朱庄水库 *、东武仕水库、彰武水库
黄河流域	—	三门峡水库 *、小浪底水库、东平湖 *
淮河流域	孤石滩水库、宿鸭湖水库、石漫滩水库	白沙水库 *、故县水库、窄口水库、鸭河口水库 *、南湾水库 *、鲇鱼山水库 *、板桥水库 *、宋家场水库、尖岗水库 *、陆浑水库 *、白龟山水库 *、昭平台水库 *、石山口水库、泼河水库、五岳水库、薄山水库
长江流域	—	丹江口水库 *

注：* 具有集中式饮用水水源地功能的湖库。

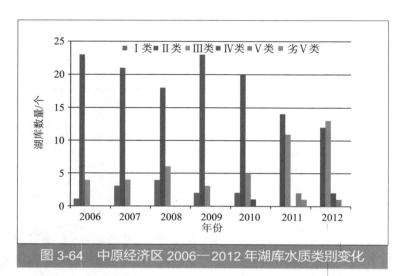

图 3-64 中原经济区 2006—2012 年湖库水质类别变化

3. 平原浅层地下水污染严重

根据《全国地下水资源和环境图集》，中原经济区可直接供饮用浅层地下水区域面积占总面积的40.4%，主要分布在山区及山前地区，适当处理后可供饮用的浅层地下水区域面积占40.4%（水质为Ⅳ类），不宜直接饮用但可供工农业利用的地下水区域面积占16.4%，主要分布在平原地区（见表3-49和图3-65）。

表 3-49　中原经济区四大流域地下水质量分布面积统计

流域分区	可直接饮用的地下水		适当处理后可供饮用的地下水		不宜直接饮用但可供工农业利用的地下水		不宜直接利用的地下水	
	面积/万km²	占比/%	面积/万km²	占比/%	面积/万km²	占比/%	面积/万km²	占比/%
淮河流域	3.58	26.0	6.87	49.9	2.82	20.5	0.51	3.7
海河流域	2.93	48.4	1.61	26.7	1.22	20.1	0.29	4.8
黄河流域	3.45	54.2	2.47	38.9	0.44	7.0	—	—
长江流域	1.74	63.1	0.75	27.1	0.27	9.8	—	—
中原经济区	11.70	40.4	11.71	40.4	4.75	16.4	0.81	2.8

注：根据《地下水质量标准》，适当处理后可作生活饮用水的地下水水质为Ⅳ类。

图 3-65 中原经济区地下水质量分布情况（2004 年）

地下水开发利用程度极不均衡。海河流域平原区浅层地下水开采率超过110%，地下水超采问题突出。黄河流域平原区浅层地下水开采率为87%，滑县、温县和孟州等县市地下水超采严重。淮河流域平原区浅层地下水开采率约为55%。在淮河干流以南及淮洪平原区，地表水丰富，降水对地下水补给也相对较多，地下水利用程度低；北中部部分重要城市城区及近郊（如郑州、开封、商丘等市）地下水长期超采，出现了地下水降落漏斗。长江流域的平原区浅层地下水开采率约84%，局部地下水超采，出现地下水降落漏斗。

浅层地下水超采向中深层承压地下水超采延伸。1980 年以来，豫北安阳、鹤壁、濮阳及温县、孟州等区域的浅层地下水位降幅较大，局部降幅超过 20 m，河南省浅层地下水漏斗区面积达 1.17 万 km²，超过 500 km² 的漏斗区 4 个，其中安阳—鹤壁—濮阳漏斗区面积达 7 731 km²，漏斗中心水位埋深达 29.73 m；温孟漏斗区面积达 1 221 km²，漏斗中心水位埋深达 32.36 m。

城市用水量急剧增加，加之地表水和浅层地下水污染，中深层地下水成为主要供水水源。淮北地区大部分城市长期集中开采中深层地下水，已经形成不同规模的地下水降落漏斗。目前，除沿淮的信阳、蚌埠、淮南等城市主要使用地表水外，周口、商丘、开封、宿州、淮北、亳州、阜阳等城市深层地下水成为主要供水水源或唯一供水水源。

城市地下水井群密度大，长期集中大量开采，导致中深层地下水严重超采，水位急剧下降，形成了以城区为中心的中深层地下水降落漏斗。部分城市在漏斗中心及其邻近地区已经出现含水层部分疏干，漏斗面积从几平方公里到数百平方公里，地下水漏斗开采含水层由单一孔隙浅层地下水扩展到第 2 组、第 3 组、第 4 组深层承压水及岩溶地下水。郑州、开封、许昌、漯河、南阳、周口、驻马店等地存在第 2 组深层承压水水位下降漏斗，漏斗面积为 24～263 km²，中心水位埋深一般为 15～50 m，多年平均水位下降速率为 0.5～1.31 m/a。许昌市和商丘市存在第 3 组深层承压水水位下降漏斗，漏斗面积分别为 43.5 km²、343 km²，中心水位埋深分别为 82.18 m 和 71.46 m。郑州市和开封市区第 4 组深层承压水水位一直处于下降状态，其水位下降速率分别为 1～7.16 m/a、1.85～3.2 m/a。焦作市和鹤壁市存在岩溶水水位下降漏斗，漏斗面积分别为 52 km²、29 km²，漏斗中心水位埋深 59～129 m。

地下水污染严重。河流渠道水污染、过量施用化肥和农药，以及污水灌溉等对地下水影响显著；矿山开采及加工、生活垃圾填埋场、工业固体废物堆存场和填埋场等对地下水产生点状、线状污染，部分中小型企业产生的废水通过渗井、渗坑违法向地下排放直接污染地下水等，均对地下水安全构成威胁。

2012 年，中原经济区开展城市饮用水水源地下水监测的城市 27 个（亳州市、宿州市、淮南市、菏泽市未进行地下水监测），地下水质优良率为 75%，其中，优良率不足 75% 的城市 10 个，占 37%。

河南省 18 个地市地下水监测井中 1/4 井位水质未达到优良，中原城市群的开封、洛阳、平顶山的城市地下水优良率未超过 50%。处于淮河中下游的阜阳、蚌埠城市地下水优良率较低，蚌埠市 2008—2011 年优良率为 0（见表 3-50）。

不同时期的地下水水质监测统计数据表明，地下水水质呈现区域性恶化态势。1988 年监测的河南省 17 个主要城市及近郊 50 眼井中，符合饮用水标准的监测井占 50%，符合灌溉用水标准的占 84%；2007 年监测的 45 眼井中，符合饮用水标准的占 18%，符合灌溉用水标准的占 58%，地下水水质下降明显，有 42% 监测井的水质甚至不符合灌溉用水标准。

根据《河南省水资源评价》，河南省平原区地下水污染面积为 2.11 万 km²，占平原区总面积的 24.9%，其中，轻度污染面积占平原区面积的 15.9%；重度污染面积占平原区面积的 8.9%。海河流域平原区地下水水质污染最重，污染面积占流域平原区面积的 42.0%；其次黄河流域污染面积占 38.3%；淮河流域污染面积占 20.3%，长江流域污染面积占 12.4%（见表 3-51）。

表 3-50　中原经济区 2007—2012 年各地市地下水监测井优良率统计

地市	2007 年		2008 年		2009 年		2010 年		2011 年		2012 年	
	井数/个	优良率/%	井数/个	优良率/%	井数/个	优良率/%	井数/个	优良率/%	井数/个	优良率/%	井数/个	优良率/%
郑州	13	100	12	100	12	100	12	100	7	100	7	100
开封	5	40	10	10	10	30	9	11.1	10	20	10	40
洛阳	15	66.7	12	75	12	91.7	11	90.9	11	72	14	50
平顶山	7	57.1	6	42.9	6	66.7	6	66.7	5	80	6	50
安阳	8	75.0	7	71.4	7	100	5	100	7	71.4	9	44.4
鹤壁	5	80.0	4	100	4	100	4	100	3	100	3	100
新乡	10	100	9	100	9	88.9	9	100	8	100	9	100
焦作	12	75	10	91.7	10	80	11	90.9	11	81.8	10	90
济源	8	87.5	8	75	8	87.5	7	87.5	6	100	6	83.3
濮阳	8	50	9	22.2	8	25	8	37.5	9	55.6	9	55.6
许昌	5	80	7	85.7	7	71.4	7	71.4	6	83.3	6	83.3
漯河	10	90	11	87.5	10	90	10	100	10	100	10	100
三门峡	7	100	8	83.3	8	87.5	8	87.5	8	100	8	100
南阳	5	100	5	100	5	100	5	100	5	100	5	100
商丘	3	100	6	83.3	6	100	4	100	5	100	4	75.0
信阳	6	100	6	66.7	6	50	5	100	5	100	5	100
周口	10	30	8	62.5	8	62.5	8	62.5	8	50	8	50
驻马店	2	100	5	80	5	100	5	80	4	100	4	100
淮北	6	100	6	100	6	100	6	100	6	100	6	100
阜阳	8	37.6	8	37.5	8	37.5	8	37.5	8	62.5	8	62.5
蚌埠	5	60	5	0	5	0	4	0	4	0	2	50.0
长治	17	29.4	17	29.4	17	31.2	17	40	14	78.6	13	61.5
晋城	5	100	5	100	5	100	5	100	5	100	5	100
运城	15	60	8	100	10	40	9	55.5	8	62.5	11	81.8

注：长治市、晋城市、运城市为达标率。

表 3-51　中原经济区（河南）平原区各流域地下水污染面积统计

流域	评价面积/km²	未污染区		轻度污染区（Ⅳ类）			重度污染区（Ⅴ类）		
		面积/km²	占比/%	面积/km²	占比/%	污染因子	面积/km²	占比/%	污染因子
海河流域	9 294	5 392	58.0	2 815	30.3	氨氮、亚硝酸盐氮	1 087	11.7	氨氮、挥发酚
黄河流域	13 320	8 213	61.7	2 748	20.6	氨氮、亚硝酸盐氮、高锰酸盐指数	2 359	17.7	氨氮、高锰酸盐指数
淮河流域	55 324	44 107	79.7	7 741	14.0	氨氮、亚硝酸盐氮、挥发酚、高锰酸盐指数	3 476	6.3	氨氮、亚硝酸盐氮、高锰酸盐指数
长江流域	6 730	5 898	87.6	182	2.7	亚硝酸盐氮、氨氮	650	9.7	氨氮、高锰酸盐指数
河南省	84 668	63 610	75.1	13 486	15.9	氨氮、亚硝酸盐氮	7 572	8.9	氨氮、亚硝酸盐氮、高锰酸盐指数

海河流域平原区地下水污染呈现复杂多样化。邢台、邯郸等地市的地下水"三氮"严重超标，濮阳市油田区地下水有机污染十分突出，邯郸、安阳、新乡、聊城等地市的部分地下水饮用水水源地不同程度地受到重金属污染威胁。卫河、徒骇河等水体有机污染物以及漳卫新河、徒骇河和马颊河"三氮"污染对地下水污染十分显著。

长期过量开采地下水造成地面沉降、河道断流、泉水枯竭、土地沙化的问题日渐凸显。开封、洛阳、安阳、新乡、濮阳和许昌等 6 个城市出现较大地面沉降现象。

4. 区域水系统总体处于不健康状态

在自然条件下，健康的流域总是从一种原始状态向生物种类多样化、结构复杂化和功能完善化的状态发展。流域水系统健康指在水资源利用、水污染防治过程中力求达到并保持可持续发展的流域系统状态，社会经济活动对流域水资源索取和污染物质排放的程度维持在可以使流域水系从不良扰动中自我修复的稳定状态。

本书在"自然条件限制因子—流域生态健康指示因子—人类活动影响因子"评价方法的基础上进一步延伸，采用"水系统自然条件—水系统服务功能—人类活动影响"的评价体系对流域水系统健康状况进行评价。其中，"水系统自然条件因子"是反映流域水系统自然资源的禀赋，是流域生态环境健康状况的决定性条件之一；"水系统服务功能因子"是以对人类生产生活的支持能力角度对当前水系统状态的评估；"人类活动影响因子"反映流域内的社会经济系统对生态环境系统的影响程度。

考虑到区域社会经济发展状况、当前水系统状态及宏观指标数据的可获取性，建立评价指标体系（见表 3-52）进行评价，各指标的评分标准见表 3-53。评价结果满分为 100 分，80 ～ 100 分为健康状态，60 ～ 80 分为基本健康状态，40 ～ 60 分为亚健康状况，20 ～ 40 分为不健康状态，0 ～ 20 分为极不健康装状态。

表 3-52　中原经济区流域水系统健康评价指标体系

指标类型	健康指标	指标释义
水系统自然条件	年均降水量	过去 10 年年均降水量
	地表水产水模数	过去 10 年平均地表水资源量与流域面积之比
	地下水产水模数	过去 10 年平均地下水资源量与流域面积之比
	水资源量变化率	过去 10 年与过去 50 年平均水资源量变化率
	是否存在河流断流	2012 年是否存在断流现象
	自然植被覆盖状况	林地和草地所在占面积比例
水系统服务功能	人均水资源量	2012 年平均每人占有的水资源量
	水域面积率	水域面积占区域总面积比例
	是否存在劣 V 类水体	流域范围内是否存在劣五类水体
	水环境功能区水质达标率	达到 III 类水质的水体所占比例
	是否存在不宜直接利用地下水	流域范围内是否存在
	可供饮用地下水区域比例	地下水可供直接饮用区域面积占总面积比例

指标类型	健康指标	指标释义
人类活动影响	水资源开发利用率	流域或区域用水量占水资源总量的比例
	是否存在地下水超采	2012 年流域内是否存在地下水超采现象
	万元 GDP 用水量	万元 GDP 水资源利用量
	单位面积 COD 总排放强度	2012 年单位面积 COD 排放强度
	单位面积氨氮总排放强度	2012 年单位面积氨氮排放强度
	单位面积农业 COD 排放强度	2012 年单位面积农业面源 COD 排放强度
	单位面积农业氨氮排放强度	2012 年单位面积农业面源氨氮排放强度
	城市污水处理率	2012 年城市污水处理率

图 3-66 中原经济区 2012 年二级流域分区健康状态

在水资源开发利用超载和现状水污染物排放压力下，中原经济区水系统长期处于不健康状态。其中，海河南系、徒骇马颊河分区为极不健康状态，龙门至三门峡、三门峡至花园口、花园口以下、淮河中游、沂沭泗河分区为不健康状态，淮河上游及汉江分区为亚健康状态（见图 3-66）。

（1）海河流域：海河南系及徒骇马颊河分区多年降水量 500～600 mm，主要河流山区段径流较大，但进入平原区后径流逐渐减小至断流。2012 年流域水资源开发利用率达 116%，地下水超采导致区域形成大面积地下水漏斗，平原区河道来水主要为农业退水、城市生活及工业废水。现状流域单位面积及水资源的点源污染物负荷均为中原经济区最高，地表水省控断面中 V 类及劣 V 类水质断面占比达 61%，且"十一五"以来大部分重污染河流水质未得到有效改善，两个二级流域分区健康状态均为极不健康。

（2）黄河流域：龙门至三门峡、三门峡至花园口及花园口以下 3 个分区多年降水量 600～700 mm，平原区支流特别是花园口以下分区支流径流较小甚至断流。2012 年流域水资源开发利用率达 79.3%，其中花园口以下分区达 129%，处于水资源严重超载状态。现状单位面积及水资源的点源污染物负荷与中原经济区平均水平持平，流域地表水省控断面中 V 类及劣 V 类水质断面占比达 38.5%，且"十一五"以来大部分重污染河流水质未得到有效改善，3 个流域分区健康状态均为不健康。

（3）淮河流域：淮河中游及沂沭泗河分区多年降水量 700～900 mm，除淮河干流外，其他河流径流较小，2012 年水资源开发利用率分别为 65.3% 和 106.8%。2012 年两个流域分区单位面积及水资源的点源污染物负荷水平量均高于中原经济区平均水平，地表水省控断面中 V 类及劣 V 类水质断面占比达 43%，主要支流长年处于重污染状态，两个流域分区健康状态为不健康。

表3-53　各评价指标标准化取值

健康指标	单位	标准化分值					
		5分	4分	3分	2分	1分	0分
年均降水量	mm	>1 000	800~1 000	600~800	400~600	200~400	<200
地表水产水模数	万 m³/km²	>40	30~40	20~30	10~20	5~10	<5
地下水产水模数	万 m³/km²	>20	15~20	10~15	5~10	1~5	<1
水资源量变化率	%	>0.30	0.10~0.30	0.10~0.20	0~0.10	-0.05~0	<-0.05
是否存在河流断流	—	否	—	—	—	—	是
自然植被覆盖状况	%	>0.15	0.10~0.15	0.07~0.10	0.05~0.07	0.03~0.05	<0.03
人均水资源量	m³/人	>3 000	2 000~3 000	1 000~2 000	500~1 000	300~500	<300
水域面积率	%	>10	7~10	5~7	3~5	1~3	<1
是否存在劣Ⅴ类水体	—	否	—	—	—	—	是
水环境功能区水质达标率	%	>0.9	0.8~0.9	0.7~0.8	0.6~0.7	0.5~0.6	<0.5
是否存在不宜直接利用地下水	—	否	—	—	—	—	是
可供饮用地下水区域比例	%	>0.95	0.90~0.95	0.80~0.90	0.70~0.80	0.50~0.70	<0.50
水资源开发利用率	%	0~0.3	0.3~0.6	0.6~0.8	0.8~0.9	0.9~1.0	>1.0
是否存在地下水超采	—	否	—	—	—	—	是
万元GDP用水量	m³/万元	<30	30~50	50~70	70~100	100~120	>120
单位面积COD总排放强度	kg/km²	<1	1~2	2~3	3~4	4~5	>5
单位面积氨氮总排放强度	kg/km²	<0.15	0.15~0.20	0.20~0.25	0.25~0.30	0.30~0.50	>0.50
单位面积农业COD排放强度	kg/km²	<0.8	0.8~1.2	1.2~1.6	1.6~2.0	2.0~3.0	>3.0
单位面积农业氨氮排放强度	kg/km²	<0.05	0.05~0.08	0.08~0.10	0.10~0.15	0.15~0.20	>0.20
城市污水处理率	%	>98	90~98	85~90	80~85	70~80	<70

淮河上游分区多年降水量 1 000 mm 左右，是中原经济区降水量最多的区域，区域内山区面积较大，水资源涵养条件较好，是中原经济区内水资源最丰富的区域。2012 年水资源开发利用率为 25%，主要河流水质良好，单位面积及水资源的点源污染物负荷水平量均低于中原经济区平均水平，流域健康状态为亚健康。

（4）长江流域：汉江分区多年平均降水量约 820 mm，地表水及地下水产水模数均高于全国和中原经济区平均水平，水资源相对丰富。植被状况较好，水源涵养能力较强。流域2012 年水资源开发利用率为 32.9%，"十一五"以来分区水质由轻度污染转为良好，2012 年单位面积和水资源的点源污染物负荷量均低于中原经济区平均水平，城市生活污水处理率仅为 58.3%，为中原经济区最低水平，流域健康状态为亚健康。

二、大气环境

1. 城市环境空气污染态势严峻，煤烟型污染依旧显著

为加快推进大气污染治理，切实保障人民群众身体健康，环保部在 2012 年批准发布了更加严格的环境空气质量标准。

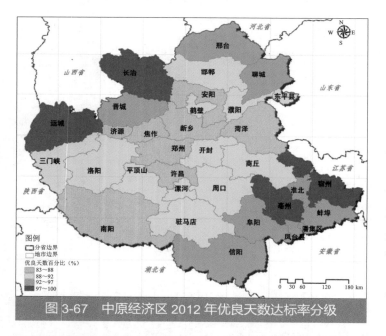

图 3-67　中原经济区 2012 年优良天数达标率分级

根据地方环境质量报告书统计，2012年中原经济区 30 个城市中环境空气质量优良天数百分比在 97% 以上的城市有 4 座，占 13%；百分比在 92%～97% 的城市 7 座，占 23%；百分比在 88%～92% 的城市 11 座，占 35%，83%～88% 的城市 8 座，占 26%，优良天数最少的是菏泽，仅 305 天（见表 3-54 和图 3-67）。

中原经济区 31 个省辖市按照新标准评价，鹤壁市 SO_2 年均浓度超标，濮阳、驻马店、济源、聊城占标率达到 90% 以上；郑州、平顶山、新乡、许昌、商丘、菏泽等城市 NO_2 年均浓度超标，占标率 90% 以上的城市占 23%；全部城市 PM_{10} 超标（见表 3-55 和图 3-68）。

表 3-54　中原经济区 2012 年城市环境空气质量优良天数百分比

达标率	城市
97%～100%	长治、运城、宿州、亳州
92%～97%	信阳、邢台、晋城、淮北、阜阳、蚌埠、聊城
88%～92%	开封、洛阳、平顶山、鹤壁、濮阳、漯河、三门峡、商丘、周口、驻马店、邯郸
83%～88%	郑州、安阳、新乡、焦作、许昌、南阳、济源、菏泽

表 3-55　中原经济区 2012 年各地区环境空气质量达标状态（年均值）

占标率	SO_2/（mg/m^3）	NO_2/（mg/m^3）旧标准（0.08）	NO_2/（mg/m^3）新标准（0.04）	PM_{10}/（mg/m^3）旧标准（0.10）	PM_{10}/（mg/m^3）新标准（0.07）
超标	鹤壁	—	郑州、平顶山、新乡、许昌、商丘、菏泽	郑州、开封、菏泽	全部
90% 以上	濮阳、驻马店、济源、聊城	—	安阳	洛阳、平顶山、安阳、鹤壁、新乡、焦作、许昌、漯河、三门峡、南阳、商丘、济源、淮南、聊城	—
80%～90%	郑州、洛阳、安阳、焦作、菏泽	—	洛阳、鹤壁、焦作、濮阳、漯河、济源、宿州	周口、驻马店、长治、运城、淮北、阜阳、亳州、蚌埠	—
80% 以下	其他	全部	其他	濮阳、信阳、邢台、晋城、宿州	—

注：邯郸缺少 2012 年年均浓度数据。

在空间分布上，常规大气污染物重污染区集中在沿黄河城市带，煤烟型大气污染特征依旧突出。郑州、平顶山、新乡、许昌、济源、安阳、邢台、邯郸、菏泽等城市普遍存在城市大气污染，灰霾天气频繁发生（见图 3-69 至图 3-71）。

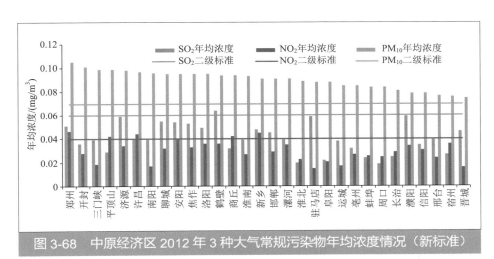

图 3-68　中原经济区 2012 年 3 种大气常规污染物年均浓度情况（新标准）

图 3-69　2012 年 SO_2 年均浓度分布

图 3-70　2012 年 NO_2 年均浓度分布

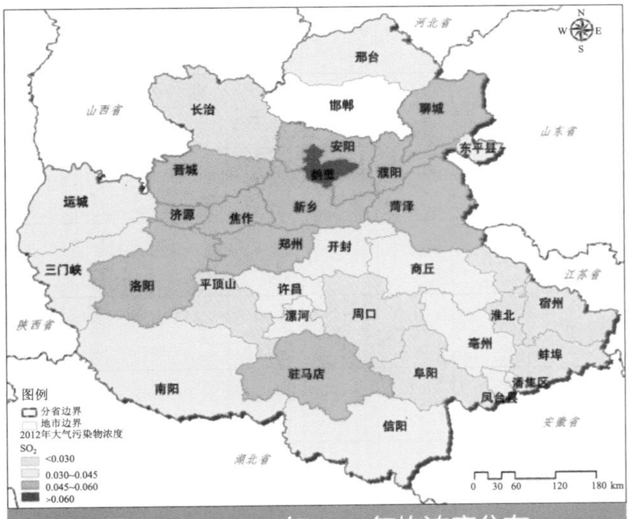

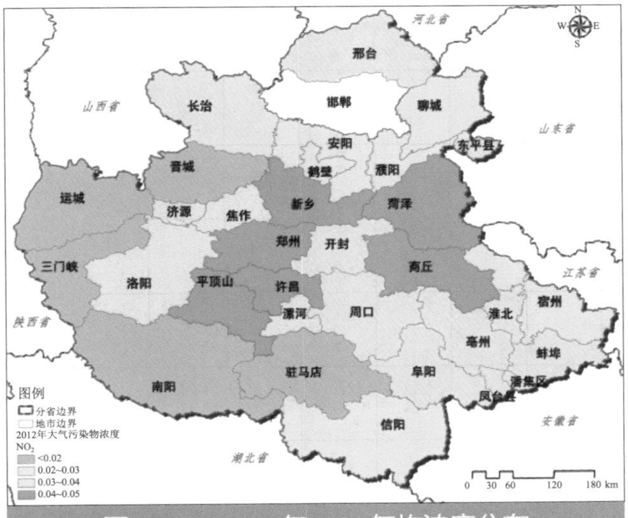

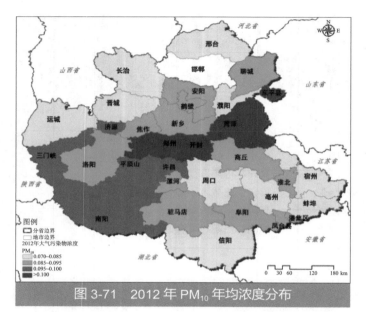

图 3-71 2012 年 PM$_{10}$ 年均浓度分布

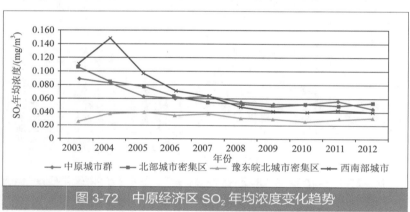

图 3-72 中原经济区 SO$_2$ 年均浓度变化趋势

在 2012 年列入第一批实施新环境空气质量标准的 74 个城市名单中的邢台、邯郸、郑州 3 个城市，2013 年的城市环境空气污染排名均居前列（见表 3-56）。

2. SO$_2$ 和 PM$_{10}$ 浓度整体呈下降趋势，颗粒物浓度达标压力大

2003—2012 年，中原经济区各地市 SO$_2$ 和 PM$_{10}$ 年均浓度总体上呈现下降或者平稳趋势，NO$_2$ 年均浓度呈现平稳态势，总体上在 20～50 μg/m^3 波动（见图 3-72 至图 3-74）。

2003 年 SO$_2$ 呈高浓度的运城、邢台、晋城、济源、三门峡、焦作、长治、安阳等城市，到 2012 年基本达标；2003 年 PM$_{10}$ 浓度较高的洛阳、长治、开封、安阳、平顶山、晋城等城市下降明显。

根据近 3 年 SO$_2$ 的监测数据，鹤壁、新乡、濮阳、南阳、信阳、驻马店、宿州、阜阳等城市 2012 年 SO$_2$ 浓度较 2010 年有所反弹。

可吸入颗粒物 PM$_{10}$ 浓度中，细颗粒物 PM$_{2.5}$ 占比较大，2013 年焦作、邯郸、菏泽、长治等典型城市颗粒物监测表明，大部分时间 PM$_{2.5}$ 浓度占比超过 40% 以上，

表 3-56 邢台、邯郸、郑州 2013 年空气质量综合指数及排名

月份	邢台		邯郸		郑州	
	指数	排名	指数	排名	指数	排名
1月	27.7	1	21.9	4	16.2	10
2月	8.9	2	7.58	5	6.21	10
3月	6.7	5	5.98	8	4.52	19
4月	5.36	2	5.27	4	4.48	10
5月	5.96	3	5.63	4	4.96	7
6月	6.29	3	5.77	4	5.01	9
7月	4.92	5	5.09	2	4.06	9
8月	5.61	1	4.67	5	3.79	14
9月	6.72	1	5.53	4	4.55	11
10月	8.12	2	6.77	4	5.65	11
11月	6.57	3	5.98	4	4.78	15
12月	12.00	1	9.06	3	6.44	12

注：资料引自中国环境监测总站 74 个城市空气质量状况报告。

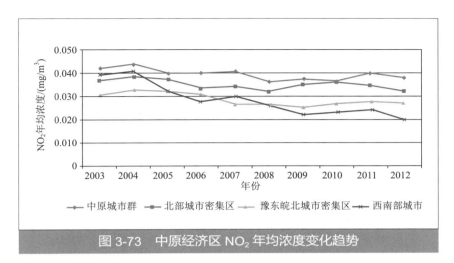

图 3-73　中原经济区 NO_2 年均浓度变化趋势

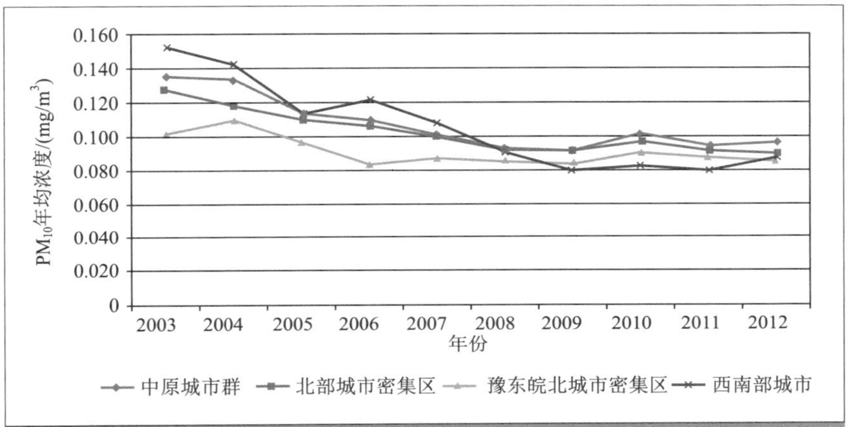

图 3-74　中原经济区 PM_{10} 年均浓度变化趋势

冬季采暖期占比达 60% 以上（见图 3-75）。目前，中原经济区 PM_{10} 年均浓度普遍严重超标，未来 10～20 年区域 PM_{10}、$PM_{2.5}$ 浓度达标压力巨大。

3. 大气复合污染严重

随着中原经济区及毗邻地区重化工业的发展、能源消费和机动车保有量的增长，大量 SO_2、NO_x、颗粒物与 VOCs 排放导致区域 $PM_{2.5}$ 污染呈加剧态势，中原经济区大气污染已经呈现出由常规的煤烟型污染向以灰霾为主的复合污染转变。将中原经济区郑州市、邯郸市、邢台市 2013 年 $PM_{2.5}$ 年均浓度与我国主要省会城市相比较（见图 3-76），郑州市在省会城市中 $PM_{2.5}$ 污染排名第三位，邢台市 $PM_{2.5}$ 年均浓度高于排名第一的石家庄市，高达 160 μg/m³，邯郸市年均浓度也远高于排名第二的济南市。

对中原经济区的郑州、开封、长治、晋城等 4 个城市的复合污染分析表明，$PM_{2.5}$ 已经成为区域的首要污染物，日均浓度频繁超标。$PM_{2.5}$ 浓度具有冬季高夏季低的季节变化，冬季 $PM_{2.5}$ 污染严重，月超标天数在 20 天以上（见表 3-57 和图 3-77）。

中原经济区 $PM_{2.5}$ 严重超标，已经构成长期健康风险。空气中含有的大量细颗粒物，可通过呼吸道进入人体肺泡，对呼吸系统造成影响，导致呼吸道疾病和心肺疾病。

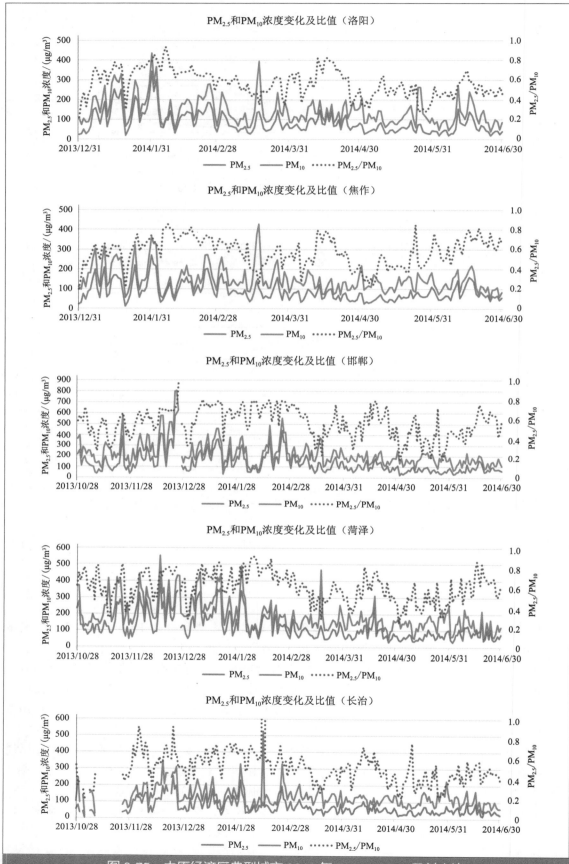

图 3-75　中原经济区典型城市 2013 年 PM_{10}、$PM_{2.5}$ 及其占比

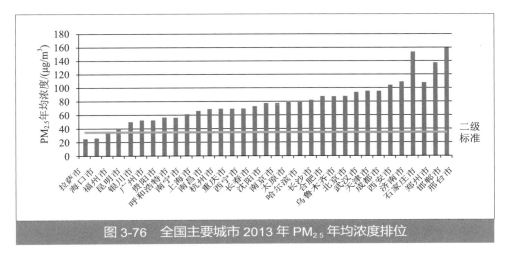

图 3-76　全国主要城市 2013 年 PM$_{2.5}$ 年均浓度排位

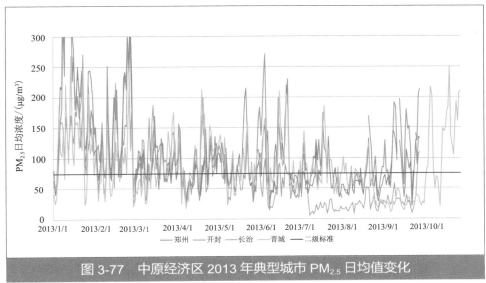

图 3-77　中原经济区 2013 年典型城市 PM$_{2.5}$ 日均值变化

中原经济区臭氧污染问题也已显现，典型城市 2013 年臭氧 8 h 浓度、1 h 浓度均出现超标。郑州、开封等城市臭氧 8 h 浓度平均接近二级标准 75%，超标频繁（见表 3-58、表 3-59 和图 3-78）。

表 3-57　中原经济区典型城市 2013 年 1—10 月 PM$_{2.5}$ 日均浓度达标情况

指标	郑州	开封	长治	晋城
统计数	272	242	273	303
超标个数	150	153	121	143
超标率 /%	55.1	63.2	44.3	47.2
平均值 / (μg/m³)	103	112	75	88
年均值标准 / (μg/m³)	35	35	35	35

表 3-58　中原经济区典型城市 2013 年 1—10 月臭氧 8 h 达标情况

指标	郑州	开封	长治	晋城
总个数	53	121	273	303
超标个数	5	18	88	15
超标率 /%	9.4	14.9	32.2	5.0
平均值 /（μg/m³）	124.5	121.4	133.2	77.3
二级标准 /（μg/m³）	160	160	160	160

表 3-59　中原经济区典型城市 2013 年 1—10 月臭氧 1 h 达标情况

指标	郑州	开封	长治	晋城
总个数	273	272	273	303
超标个数	5	22	72	14
超标率 /%	1.8	8.1	26.4	4.6
平均值 /（μg/m³）	94.1	117.8	161.3	104.8
年均值标准 /（μg/m³）	200	200	200	200

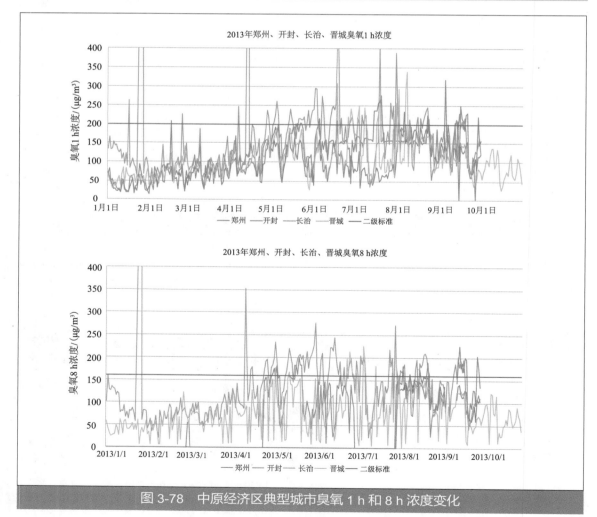

图 3-78　中原经济区典型城市臭氧 1 h 和 8 h 浓度变化

三、土壤与生态环境

1. 自然生态系统较脆弱，西部和西南部生态服务功能重要

中原经济区处于我国第二阶梯向第三阶梯的过渡区域，属于北亚热带和暖温带的过渡地带，自然条件具有明显的东西南北过渡特征。

生态系统类型主要有林地、草地、湿地、农田、城镇等，以农田生态系统为主（见图 3-79）。中原经济区农田生态系统面积 18.2 万 km²，占全区国土面积 63.1%，其中旱地和水田占农田生态系统面积的 99.3%。

2000—2010 年，农田生态系统总面积减少 2.4%，总计 4 395 km²，其中旱地面积缩减 4 063 km²，主要分布在河北、山东和安徽，以及河南的郑州地区，集中在城市和工业区周边以及交通、水利等基础设施区域。农田减少的面积主要转变为城镇，转化面积 4 055.75 km²，超过农田减少面积的 90%，农田增加区域分布很少，仅在西部山地少量分布（见图 3-80）。

森林生态系统呈数量型增长、质量型上升与林龄低龄化并存局面。森林生态系统包括阔叶林、针叶林、针阔混交林和稀疏林四大类，主要分布在太行山余脉、秦岭—伏牛山、桐柏山和大别山区，总面积从 2000 年的 3.03 万 km² 增加到 2010 年的 4.74 万 km²。其中，阔叶林（包括常绿阔叶林和落叶阔叶林）占 87.8%，落叶阔叶林面积占据绝对优势。主要变化区域见图 3-81。

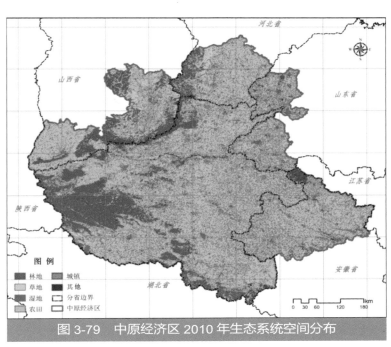

图 3-79　中原经济区 2010 年生态系统空间分布

图 3-80　中原经济区 2000—2010 年农田生态系统变化空间分布

森林质量总体变好。优等和良好质量面积分别增加 4 938.69 km² 和 873.5 km²，增幅为 94.5% 和 20.9%；中等、差等和劣等质量面积分别减少 625.13 km²、1 728 km² 和 3 459.06 km²，变化幅度为 10.7%、29.2% 和 38.4%（见表 3-60）。森林质量变好的区域主要

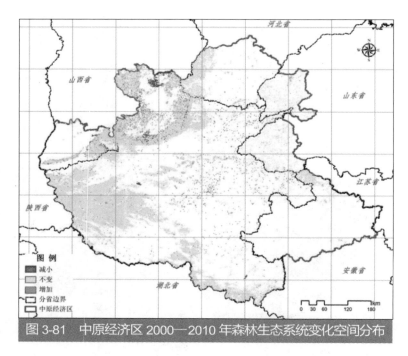

图 3-81　中原经济区 2000—2010 年森林生态系统变化空间分布

分布在伏牛山和桐柏山，森林质量变差的区域主要分布在太行山南麓和秦岭等地。

中原经济区湿地面积 0.56 万 km²，占地区总面积的 1.93%，包括草本沼泽、湖泊、水库 / 坑塘、河流和运河 / 水渠 5 类。其中，水库 / 坑塘和河流的分布较广，分别占湿地面积的 42% 和 37%。湿地生态系统总面积从 2000 年的 0.52 万 km² 增加到 2010 年的 0.56 万 km²。其中，河流面积下降，水库 / 坑塘面积及沼泽湿地相对增幅较大。

生态服务功能重要区主要分布在西部、西南山区。从生物多样性保护、土壤保持和水源涵养 3 个方面，构建中原经济区生态系统服务功能重要性评价指标体系及方法，并将中原经济区生态重要性划分为一般重要、较重要、中等重要、高度重要 4 个级别。高度重要及中等重要区域具体情况见表 3-61。

综合考虑生物多样性保护、水源涵养和土壤保持，得出中原经济区生态重要性综合评价结果（见图 3-82）。从生态服务综合重要性等级空间分布来看，一般重要区的面积为 19.36 km²，占总面积的 67.0%；重要区的面积为 5.68 万 km²，占总面积的 19.6%；中等重要区面积

表 3-60　中原经济区 2000 年和 2010 年森林质量面积构成

类别	2000 年		2010 年	
	面积 /km²	比例 /%	面积 /km²	比例 /%
劣	9 008.63	29.9	5 549.56	18.4
差	5 915.19	19.6	4 187.19	13.9
中	5 828.94	19.3	5 203.81	17.3
良	4 178.44	13.9	5 051.94	16.8
优	5 227.38	17.3	10 166.06	33.7

表 3-61　中原经济区生态功能高度重要和中等重要区统计

生态功能重要性	分级	中原经济区		分布区域
		面积 / 万 km²	比例 /%	
生物多样性保护	高度重要	3.30	11.41	分布于河南西部和山西南部山区，运城、卢氏、固始、郸城、沙河、卫辉等地
	中等重要	1.21	4.19	
土壤保持	高度重要	0.61	2.10	分布于南部桐柏山周边，新县、商城、阳城、泽州等地
	中等重要	1.57	5.44	
水源涵养	高度重要	0.20	0.68	分布于河南西部和山西南部，商城、平顺、壶关等地
	中等重要	4.16	14.40	

为 2.44 万 km²，占总面积的 8.5%；高度重要的面积为 1.43 万 km²，占总面积的 4.9%。

按照生态服务综合重要性分级，将生态服务综合中等重要和高度重要区的并集区域作为重要生态功能区。中原经济区重要生态功能区的面积为 3.87 万 km²，占总面积的 13.4%，主要分布在龙门至三门峡流域中部和南部、三门峡至花园口流域西北部和南部、海河南系西部、汉江流域西部、淮河上游南部以及淮河中游南部。

生物多样性优先区。根据《中国生物多样性保护战略与行动计划》（2011—2030 年），在我国划定的 35 个生物多样性保护优先区域中，中原经济区涉及 3 个生物多样性优先区，分布在太行山区、秦岭区和大别山区，总面积为 1.7 万 km²，占中原经济区总面积的 5.9%（见图 3-83）。

重点保护对象为黄土高原地区次生林、燕山—太行山地的典型温带森林生态系统、黄河中游湿地和华中平原区湖泊湿地，加强对褐马鸡等特有雉类、鹤类、雁鸭类、鹳类及其栖息地的保护。秦岭区属于中南西部山地丘陵区，重点保护我国独特的亚热带常绿阔叶林和喀斯特地区森林等自然植被。大别山区属于华东华中丘陵平原区，本书研究范围中仅涉及较小的区域，主要保护对象为内陆湿地及水生生物和水产资源等。

生物多样性状况分为四级，即高、中、一般和低 4 个等级。目前，中原经济区（山东、河北暂无数据）不存在生物多样性为

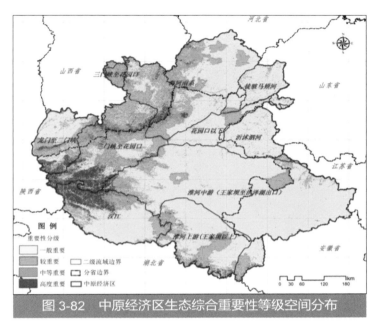

图 3-82 中原经济区生态综合重要性等级空间分布

图 3-83 中原经济区生物多样性优先区空间分布

"低"等级的县区，最丰富的县区在河南南部和西南部山区、山西西南部山区；河南北部黄海平原各县市（安阳、汤阴、滑县、南乐、内黄、濮阳市、范县等）、安徽省整个皖北地区生物多样性最低（见图 3-84）。

受保护区域。中原经济区内自然保护区、风景名胜区、森林公园、地质公园等共 296 个，生态敏感区总面积约 2.34 万 km²，占中原经济区国土面积的 8.1%（见表 3-62）。其中，国家级自然保护区 14 个，占自然保护区面积的 38.5%，省级自然保护区 40 个，占自然保护区面积的 54.9%（见图 3-85）。

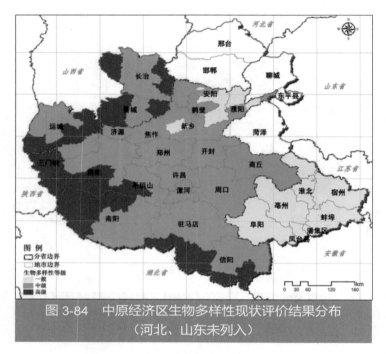

图 3-84　中原经济区生物多样性现状评价结果分布
（河北、山东未列入）

2. 生态环境质量总体呈下降趋势

中原经济区生态环境质量等级空间分布状况及演变情况见图 3-86 和图 3-87。生态环境质量等级为"良"的面积占 38.2%，分布在河南西南部山地丘陵区及东部山东、安徽部分地区；生态环境质量等级为"一般"的面积占 61.8%，主要分布在黄淮海平原区。生态环境质量"一般"的区域人口、GDP 分别占中原经济区总人口和经济总量的 68%、67%。

3. 农业生态面临土壤污染、质量退化困境

区域耕地总体质量偏低。在保障粮食安全的核心区，河南耕地地力三等以上（每年亩产粮 1 400 斤以上）耕地占总耕地的 35.8%；四等及以下耕地占总耕地的 64.2%。中低产田面积约占耕地面积的 55%；高标准基本农田不足耕地面积的 30%。

耕地土壤有机质含量低，土壤肥力不足，中低产田广泛存在。根据全国第二次土壤普查的结果，河南省土壤表层（0～20 cm）有机质含量平均为 12.2 g/kg，处于中下等水平；其中低于五级水平上限 10.0 g/kg 的耕地约占 58.3%，大于三级 20.1 g/kg 以上水平的耕地只有 6%，土壤有机质低值区主要分布在南阳盆地、黄淮海平原、豫西山前平原等农田广布的平原地区（见图 3-88）。

耕地土壤重金属、多环芳烃等污染令人关切。中原经济区范围内河南省济源市、灵宝市、孟州市等 11 个市（县），山西省运城市垣曲县、安徽省界首市田营镇和太和县肖口镇等成为国家和地方规划的重金属污染防控重点区域，主要防控污染物为铅、镉、汞。

根据河南省环境质量报告书（2006—2012）数据，土壤重金属污染集中在工矿业较发达地区，土壤镉污染主要集中在济源、洛阳和新乡，超标面积约为 3 120 km²。土壤铅污染主要集中在济源、洛阳、栾川和嵩县，超标面积为 1 873.3 km²。根据全国第二次土壤普查的结

表 3-62　中原经济区国家级及省级生态敏感区构成

类型	数量/个	面积/km²	面积占比/%
自然保护区	54	7 330	2.54
重要湿地及湿地公园	30	2 000	0.69
森林公园	135	4 490	1.55
世界文化遗产	2	846	0.29
风景名胜区	53	2 030*	0.70
地质公园**	22	6 680	2.31
合计	296	23 376	8.09

注：* 河南和山西风景名胜区面积暂不详；
** 地质公园统计数据含世界级地质公园 4 个。

果，河南省典型农业区域土壤中多环芳烃类（PAHs）检出率为 100%，多环芳烃总量浓度均值在 55.3 ～ 85.2 μg/kg，其中污灌区平均浓度为最高。

四、饮用水水源地安全现状

1. 城市集中式饮用水水源地安全状态总体良好

图 3-85 中原经济区自然保护区空间分布

2012 年，中原经济区 31 个地市对 76 个城市集中式饮用水水源（地表水水源地 23 个，地下水水源地 53 个，以深层水为主）进行了监测，水质总体良好。76 个水源地中 3 个水源地超标，其中菏泽市西城水库水源地受黄河引水影响总氮超标，亳州市三水厂地下水水源地因地质原因出现氟超标，淮南市三水厂地表水水源地高锰酸盐指数、氨氮、总磷及铁超标。

2. 县级及农村水源地水质堪忧

根据《淮河流域综合规划（2012—2030 年）》，淮河流域河南省、安徽省、山东省共有县级以上城镇饮用水水源地 183 个，不安全水源地占 25.7%。其中，地表水源地 49 个，不安全水源地占 14.3%；地下水源地 134 个，不安全水源地占 29.9%。三省中，安徽省水源地水质最差，地表水不安全水源地占 31.6%，地下水不安全水源地占 64.3%（见表 3-63）。

图 3-86 中原经济区 2011 年市域生态环境状况各等级空间分布

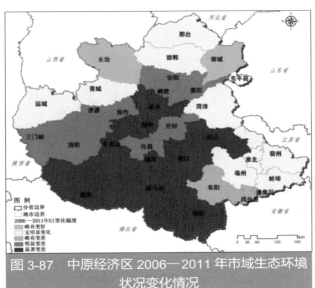

图 3-87 中原经济区 2006—2011 年市域生态环境状况变化情况

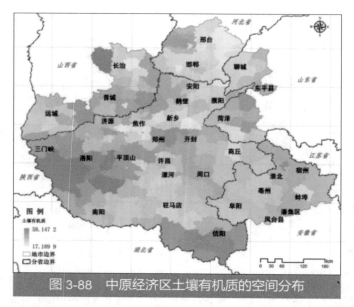

图 3-88　中原经济区土壤有机质的空间分布

河南省 18 个地市 164 个县（市、区）农村普遍存在饮用水不安全问题，主要问题是饮用水氟、砷、盐、细菌学指标超标，饮用未经处理的地表水、地下水，水源保证率低、生活用水量不足、用水方便程度低。

根据《河南省农村饮用水安全工程"十二五"规划》，"十二五"期间河南省待解决饮用水安全的农村人口 2 999.7 万人，占河南省农村人口的 36.7%。其中，待解决氟超标人口为 1 020.8 万人，分布在开封、安阳、濮阳、新乡、周口、许昌、南阳、洛阳、驻马店、信阳等地，涉及 63 个县。待解决砷超标人口为 1.46 万人，存在于个别城市，呈点状分布。待解决苦咸水人口 1 411.81 万人，分布于盆地及地势低洼地带。有 285.3 万人需解决饮用未经处理的IV类及超IV类地表水、细菌超标水以及饮用未经处理的地下水等问题。有 280.33 万人需解决水源保证率低、生活用水量不足、用水方便程度低等问题。

表 3-63　中原经济区淮河流域饮用水水源地水质安全状况评价

省份	水源地类型	水源地数量/个	不同类别水源地数量/个				
			I类	II类	III类	IV类	V类
			安全		基本安全	不安全	
河南省	地表水水源地	24	—	4	19	1	—
	地下水水源地	57	3	21	19	7	7
	小计	81	3	25	38	8	7
安徽省	地表水水源地	19	—	2	11	4	2
	地下水水源地	28	—	1	9	15	3
	小计	47	—	3	20	19	5
山东省	地表水水源地	6	2	1	3	—	—
	地下水水源地	49	2	23	16	1	7
	小计	55	4	24	19	1	7
合计	地表水水源地	49	2	7	33	5	2
	地下水水源地	134	5	45	44	23	17
	小计	183	7	52	77	28	19

第七节 经济社会发展的主要资源环境矛盾

中原经济区人口多、底子薄、基础弱区域发展不平衡，城乡发展不协调。经济增长依赖资源能源消耗，经济发展的结构性矛盾比较突出。同时，区域环境污染状况令人担忧，资源环境约束加剧，发展与环境保护的深层次矛盾突出，传统粗放的增长方式已付出巨大的环境代价，生态环境安全、粮食生产安全、人居环境安全形势严峻。

环境污染长期未根本扭转，水资源短缺，重点流域水污染严重，区域和城市大气环境质量超标，灰霾天气频发，主要污染物排放总量超出环境容量，耕地土壤质量呈下降态势，历年累积的环境污染和生态破坏问题尚未根本解决，生态环境退化趋势未根本扭转，资源环境问题已成为制约经济社会可持续发展的关键"瓶颈"，经济社会的可持续发展面临的资源环境保障难题。

一、经济增长粗放的状况尚未根本改变，战略性资源"瓶颈"突出

结构性污染问题突出。中原经济区主要行业的单位产值能耗、污染物排放量均远高于全国平均值，凸显能源驱动经济发展、产业结构升级滞后、环境保护投入不足。以能源、原材料工业为主的资源型产业比重较大，工业能源消费在地区能源消费总量的占比高于全国平均水平 10 个百分点以上（河南省为 81.6%），能源消费以煤炭为主，煤炭消费比例高于全国平均水平（河南＞83%，河北＞85%，山东、山西约 80%，安徽约 70%，全国平均 68%），单位 GDP 能耗远高于全国平均值。电力、热力的生产和供应业以及石化、化学原料及制品制造业是中原经济区重点耗能、耗水产业，电力、热力的生产和供应业、非金属矿物制品业是主要大气污染物排放行业，造纸和纸制品业、食品加工业和石化、化学原料及制品制造业是重点水污染物排放行业。

战略性资源"瓶颈"突出。中原经济区的水土、矿产资源"瓶颈"突出表现为人口数量多，人均土地少，地均和人均水资源量少，人均矿产资源量少。人均土地、人均水资源占有量、人均矿产占有量分别为全国平均水平的 1/6、1/5、1/4，城镇化水平低于全国平均水平约 10 个百分点，工业化处于中期阶段，土地利用率已超过 85%，水资源利用超载，相当部分地区矿产资源开发步入资源枯竭状态，矿山开采历史遗留问题多，生态恢复治理难度大，矿山生态治理费用投入不足。水土资源、矿产资源刚性制约趋紧。

二、生态环境面临多重压力，粮食生产安全受到威胁

保障粮食生产安全与城镇化、工业化发展的矛盾十分突出。中原经济区的城镇主要分布在平原地区，镶嵌于农业生态系统之中；中原经济区的粮食主产区，也是人口稠密区、城镇化和工业化发展相对滞后的区域，也是未来城镇化、工业化发展的重点地区。中原经济区城市密度为 8 个 / 万 km²，各种门类的工业园区的分布密度约 10 个 / 万 km²，城镇化、工业化发展对土地刚性的需求表现为城市和工业园区周边农业用地被侵占，而平原城市周边都是优

质的农田。城镇化工业化发展导致农业用地"占优补劣"问题普遍存在。

农业生态系统面临土壤质量退化、养分失调等困境。区域耕地总体质量偏低。保障粮食安全的核心区，河南省耕地地力三等以上（每年亩产粮 1 400 斤以上）耕地占总耕地的35.8%；四等及以下耕地占总耕地的 64.2%。中低产田面积约占耕地面积的 55%；高标准基本农田不足耕地面积的 30%。

化肥农药的施用量和施用强度呈上升趋势。化肥施用强度为 805.7 kg/hm²，约为全国平均水平的 1.9 倍，大大超出发达国家 225 kg/hm² 的标准。化肥、农药利用率较低。河南省化肥当季利用率低，氮肥利用率为 30%～35%，磷肥为 10%～20%，钾肥为 35%～50%；农药施用中靶标生物农药利用率为 20%～30%，70%～80% 的农药流失到土壤、水域或飘失到环境。

农用化学品的过度施用和不合理使用，以及由缺水和水污染引发的污水灌溉，使土壤持久性有机污染和重金属污染问题日益突出，成为影响耕地质量的关键性问题，对保障粮食生产安全构成潜在威胁。

农村地区环境堪忧。农村地区环境保护基础设施薄弱，饮水安全问题突出，生活污水、垃圾处置建设滞后，畜牧养殖业废水、粪便处理与资源化利用发展滞后。过量施用化肥、农药导致土壤污染和耕地质量退化，城市近郊、冶金化工园区周边土壤污染逐步显现。农村环境呈现工业污染与生活污染交织、点源污染与面源污染共存的状态。

复合性的水环境问题日趋严重，加剧对粮食生产安全的威胁。农业生产格局和水资源空间分布不均的矛盾、农业用水需求保障与水资源利用效率低下和水污染严重的矛盾，以及地下水资源大量超采导致地下水位大幅降低等问题，加剧了水危机对粮食生产安全的威胁，成为粮食生产安全的重大隐患。

三、大气污染复合化，人居环境安全形势严峻

城市环境空气污染，尤其是以 PM₂.₅ 污染为特征的环境空气污染加剧，人群健康风险不容忽视。省辖城市 SO_2、PM_{10} 年均浓度均呈现西北高、东南低的分布特征，与人均 GDP 和城镇化率的空间分布重叠，2012 年各省辖城市 PM_{10} 年均浓度超出环境空气质量标准。以 $PM_{2.5}$ 污染为主要特征的大气环境污染形势十分严峻。

常规大气污染物重污染区基本集中在黄河沿岸两侧城市，煤烟型大气污染问题依旧突出。河南的郑州、平顶山、新乡、许昌、济源、安阳，河北的邢台、邯郸，山东的菏泽等重点城市和特色资源型城市普遍存在城市大气污染，PM_{10} 达标压力大，改善城市环境空气质量的任务十分艰巨。

已开展 $PM_{2.5}$ 监测的郑州、开封、晋城、运城，$PM_{2.5}$ 日均浓度达标率不足 50%，均出现较为严重的超标。区域性灰霾天气呈频发态势，与中心城市、资源型城市的光化学污染、煤烟污染叠加，呈现复合型污染态势，人口集聚、城市扩张和资源型工业发展带来的环境问题日益突出。

四、水资源超载、水环境污染严重，流域水安全受到胁迫

中原经济区水资源严重短缺、地下水严重超采、水环境污染为特征的水危机未得到根本扭转。水资源短缺与水资源浪费、水资源超载与耗水型产业布局、河道径流季节性断流与水污染治理投入不足等问题多重交织，形成长期未能有效破解的综合性水环境难题，对饮水安全、粮食生产安全以及流域水安全构成巨大威胁。

水资源承载能力严重不足。中原经济区人口稠密、耕地率高，地均、人均水资源占有量少；人均水资源占有量仅为全国平均水平的1/5，水环境承载能力严重不足，地表水、地下水资源各居半壁江山，资源型缺水、工程型缺水和水质型缺水并存。各地市水资源开发利用率均超出40%安全警戒线，2/3以上的省辖市不同程度地出现大范围地下水漏斗。长期超采地下水导致部分地区含水层疏干、地面沉陷、泉水断涌、河水断流、湿地萎缩、土地沙化等问题，对生态环境构成严重危害和威胁。

地表水水环境污染依然十分严重。水环境污染与资源型缺水相伴随行，海河、淮河、黄河、长江四大流域主要支流水污染严重，黄淮海平原区海河和淮河流域支流季节性河流断流、河道干涸十分突出，基本丧失自然河流基本功能，跨省界地表水污染比较频繁。2012年221个国控和省控监测断面中V类和劣V类水质断面占43.9%，河流水环境污染依然十分突出；地下水资源超采呈加剧态势。

水资源空间分布与土地资源和生产力布局不相匹配的矛盾，城镇生活用水、工业用水增长与农业用水的矛盾，以及经济社会发展用水与生态用水的矛盾日益加剧，加上跨省河流多、省界控制断面复杂、流域控制性大工程少，河流断流、湿地萎缩、地表水污染加剧，地下水位大幅下降、土地沙化等一系列生态退化问题依然十分严峻。

水资源严重短缺，水资源过度开发和河流水质严重污染危及粮食生产安全、饮用水安全，成为影响和制约区域经济社会可持续发展的重要因素。

第四章

区域资源环境压力分析

随着工业化、城镇化进程的加速和经济总量的不断增加，资源消耗和主要污染物排放将使区域生态环境依然处于高压或超载状态。当前，经济发展进入转方式、调结构的关键时期，解决长期粗放式经济发展累积的资源环境问题，进入持久攻坚阶段。

第一节　经济发展情景分析

以中原经济区规划为指导，以近 10 年中原经济区经济发展演变趋势为基础，参考区内各省市"十二五"发展规划，结合当前国家宏观经济调控下中原经济区发展态势的总体判断，设计两套情景方案，对未来 5 ～ 10 年中原经济区社会经济和产业发展进行预测。

一、情景方案设计原则

（1）情景一：优先考虑中原经济区地方政府要求发展经济，促进中部崛起的强烈发展愿望。

➤ 中原经济区将保持经济持续高速增长态势。各地市 GDP 增速主要参考地区 2000—2012 年增长速度的平均值，以及地区"十二五"规划。

➤ 产业结构则在考虑 2000—2012 年各产业的经济增长速度基础上，兼顾地区"十二五"规划提出的产业结构调整目标确定。

➤ 地市主要产业产品的发展规模，是综合考虑地方的产业规划和项目设置后确定。

➤ 地区城镇化目标主要是在参考地区"十二五"规划目标，以及各地区 2000—2012 年城镇化率变化情况后确定。

（2）情景二：充分考虑党的十八大后转变经济发展方式、调整产业结构的要求，以及国家和地区主体功能区规划确定的发展定位和生产力空间布局，兼顾产业发展的路径依赖和消化前期经济刺激政策的需求。

➤ 在空间布局上，根据国家和各省主体功能区规划，将中原经济区各县分为重点开发区域、农产品主产区和生态功能区。不同类型区的发展目标和调控目标见表4-1。

➤ 当前国内外经济发展整体进入换挡期，中原经济区经济增长速度适度放缓，在不同主体功能类型区的放缓幅度不同。

➤ 在重点能源原材料产业的空间布局上向重点开发区集聚，通过技术创新和产品创新，提高高附加值和高技术产品比例，降低初级产品比重，压缩粗钢、电解铝、电解锌、电解铜等初级产品产能规模。

➤ 城镇化目标设置参考地区"十二五"规划目标以及各地区2000—2012年城镇化率趋势，根据各地市主体功能区划，适当放缓农产品主产区和生态功能区的城镇化增长水平。

表 4-1　不同主体功能区的情景设计目标

名称	区域特征	首要目标	产业结构	重点产业发展导向	城镇化变化
重点开发区域	具有一定经济基础、资源环境承载能力较强、发展潜力较大的地区	以保持经济持续增长为首要目标	优化结构和提高效益，建立现代产业体系，第二、第三产业并重	能源原材料产业、装备制造业的生产基地，壮大支撑产业和高技术高附加值产业，实现产业集群发展，是城市新区、开发区和产业集聚区的重点部署区域	加快推进城镇化、扩大城市规模
农产品主产区	关系国家农产品供给安全的区域	加强基本农田保护和保障国家粮食基地功能	保障农业的发展速度和在国民经济中的比重基本不变	因地制宜发展农副产品加工业、劳动密集型制造业和服务业以及具有技术含量的制造业，适度开发矿产资源，严格控制高耗水产业的发展	推行县辖市城镇化，使小城镇的城镇化成为主要载体
重点生态功能区	关系国家和地区生态安全的地区	以生态保育为优先，不以GDP发展为优先考核指标	注重第一、第三产业的发展，限制第二产业，尤其是高污染、高能耗的产业发展	鼓励第三产业的发展，逐步形成以环境友好的特色产业和文化旅游等服务业为主的经济格局	引导部分人口转移，降低人口增长，对生态环境的压力减轻

二、经济社会发展预测

1. GDP 与产业结构

中原经济区2000—2012年各地区GDP年增速在11.3% ～ 15.7%，两个情景方案下，到2020年GDP总量将达到8.5万亿 ～ 11.6万亿元，年均增长率为7.7% ～ 12%，到2030年GDP总量将达到14.4万亿 ～ 26.2万亿元，年均增长率为5.5% ～ 8.5%。

在情景一方案下，将保持经济持续高速增长，产业结构维持现有的发展格局。在情景二方案下，区域产业结构不断优化，第一产业比重逐步缩小，第二产业发展放缓，第三产发展迅速，比重不断提高。

两个情景方案下的GDP与三产结构见图4-1至图4-3。

2. 人口规模与城镇化

到 2020 年，预计中原经济区人口总量将达到 16 669 万人，比 2010 年增加 535 万人；到 2030 年，中原经济区人口总量为 17 207 万人，比 2020 年增加 539 万人；

到 2020 年，中原经济区城镇化率预计达到 48%～52%，年均提高 1.5 个百分点；到 2030 年，达到 54%～58%。空间上西北地区的城镇化率仍高于东南地区。

人口规模与城镇化（情景二）见图 4-4。

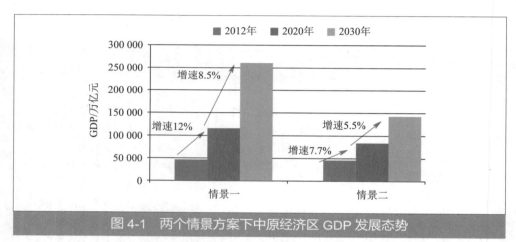

图 4-1　两个情景方案下中原经济区 GDP 发展态势

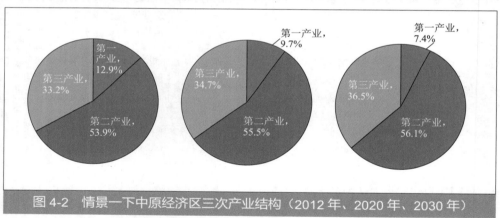

图 4-2　情景一下中原经济区三次产业结构（2012 年、2020 年、2030 年）

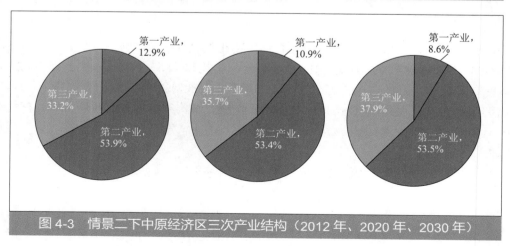

图 4-3　情景二下中原经济区三次产业结构（2012 年、2020 年、2030 年）

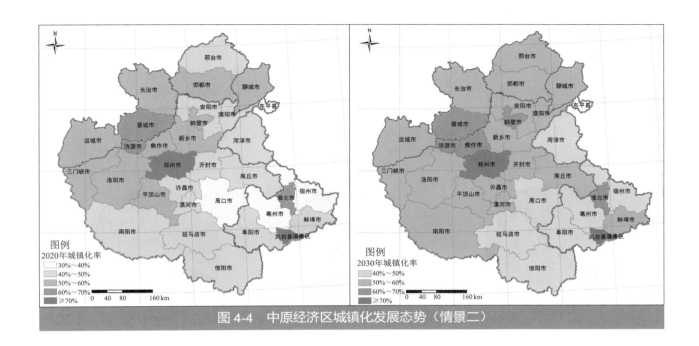

图 4-4　中原经济区城镇化发展态势（情景二）

三、重点产业发展结构

1. 情景一

中原经济区重点产业发展继续按照现状发展惯性布局。重点产业发展结构的变化见图 4-5。重点产业产值、主要产品产量继续按照现状发展惯性呈较快上升趋势，产业结构和空间布局没有发生明显变化，煤炭、电力、钢铁等依然是重点产业。

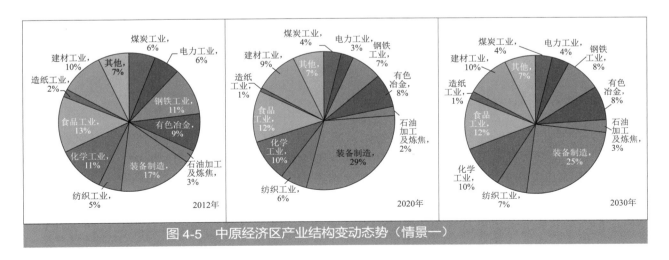

图 4-5　中原经济区产业结构变动态势（情景一）

2. 情景二

调整区域产业结构，鼓励优先发展装备制造、纺织服装、食品等产业，控制发展煤炭、钢铁、有色、石油加工及炼焦、电力、化工、造纸、建材等环境胁迫较大的产业。2020 年装备制造业占区域工业总产值比重提高至 30%，比 2012 年提高 13 个百分点，纺织食品工业占比基本稳定，煤炭、电力、钢铁、有色、建材、石油加工及炼焦、化工、造纸等"两高一资"行业的产值比重降低至 45%，较 2012 年降低 13 个百分点。2030 年装备制造业占比进一步提高至 37%，"两高一资"行业的产值占比降低至 41%；通过调整各重点行业的内部结构、产业升级，提高产品附加值，提高工业增加值率，提升区域工业发展的效益水平（见图 4-6）。

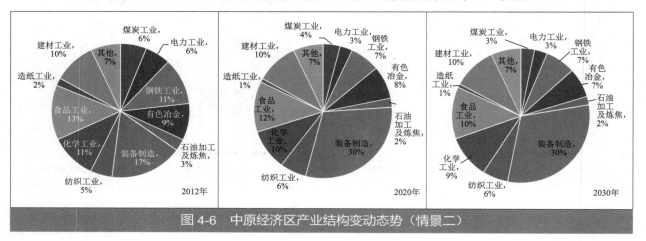

图 4-6　中原经济区产业结构变动态势（情景二）

　　未来装备制造、有色、钢铁、化工、食品、纺织服装等区域支柱产业仍将保持持续增长态势，除装备制造业占比明显提升外，区域产业结构未进行重大调整，重点产业的环境绩效按年均 2% 速度提升。

第二节　经济发展的资源环境压力的主要特征

一、区域经济发展的阶段性特征

1. 经济社会进入发展速度换挡期

　　中国经济经过 30 多年改革开放的快速发展，当前正处在发展速度换挡期、结构调整阵痛期、前期刺激政策消化期三期叠加阶段，GDP 增速进入个位数区间，从 2010 年的 10.4% 下降到 2012 年的 7.7%，预计 2015 年 GDP 增速在 7% ～ 7.5%。

　　转变经济增长方式、加强生态文明建设成为中原经济区中长期发展的主导方向。中共十八届三中全会提出全面加强生态文明建设要求以来，各省都在通过转变经济发展方式、实施主体功能区战略、加强生态环境治理和保护等措施来积极落实。中原经济区各地区已经陆续提出了转变经济发展方式，调整产业结构的新部署，产业发展进入产业结构深度调整，现代装备制造业、战略性新兴产业、高新技术产业等得到快速发展的新阶段。

　　传统资源型产业成为产业结构调整的重点对象。随着国内市场的日益饱和，在"十一五"

时期产能快速增长的钢铁、有色冶金、建材等行业已经陆续进入产能过剩阶段。国家陆续制订出台遏制产能过剩的产业政策与调整规划，势必对中原经济区的传统资源型产业发展形成约束。未来我国投资拉动战略不大可能继续集中在钢铁、能源等基础原材料产业。

中国用几十年时间走过了发达国家过去上百年走过的工业化历程，环境问题也快速积累并集中爆发出来。随着经济社会发展，人民群众对生活品质有了更高要求，对环境污染的敏感度提高，公众环保意识和维权意识不断加强，不断改善环境质量成为公众的共同期待。治理污染、保护生态环境的社会共识促进环保"倒逼"机制发展，推动转变经济增长方式，提高经济发展效率，建设生态文明。

2. 人口城镇化的惯性力较大，战略性资源需求竞争激烈

过去几十年，中国城镇化的发展以"物的城镇化"为主，主要是地理空间的扩张，即土地城镇化和投资城镇化。中原经济区城镇化发展处于快速推进期，未来10年左右，城镇化发展对土地、水资源的刚性增长需求强劲，人口城镇化的巨大惯性力短期内难以扭转。

中原经济区各省（市）现状土地利用率已超过85%，水资源严重超载，相当部分地区矿产资源开发步入资源枯竭阶段。作为我国重要的能源原材料、装备制造业和粮食生产基地，对战略性资源的需求保持持续增长态势，与城镇化对土地资源和水资源的需求将形成明显的资源竞争。

城镇化发展需要一系列的创新和改革机制配套，城镇化率与城镇化速度需要和经济发展的阶段、工业化的程度、资源环境承载力、吸纳人口就业的能力相适应。

3. 资源型城市短期内难以摆脱资源依赖

总体上，传统资源型产业发展的环境欠账较多，生态代价较大，需要相当长时期和巨大努力来消化生态损害后果。

在中部崛起提出的"三基地一枢纽"战略引导下，资源相对丰富的成熟型城市，成长型城市的优势特色资源产业将得到进一步发展。

邢台、邯郸、长治、晋城、运城、淮南、三门峡、鹤壁、平顶山等成熟型城市发展资源型产业经济占比均在65%以上，经济增长对资源开发依赖性强，生态环境压力将继续增大。

在资源衰退型、再生型城市的经济发展中，产业结构将得到调整，但短期内难以摆脱对资源型产业的依赖，煤炭、石油、有色金属等资源开采加工产业依然呈较快增长态势，资源开发加工产业依然是淮北、焦作、濮阳、灵宝等资源衰退型城市主导产业，洛阳、南阳、安阳（县）等资源再生型城市的煤炭、有色金属矿、石油等资源开采加工产业呈进一步增长态势，需要相当长时期消化生态环境压力。

4. 重化产业布局难以规避生态空间约束

煤化工产业发展布局。煤电、焦化和煤化工等煤炭开发综合利用是区域经济发展规划的主导产业，在《中原经济区规划》引导下，将形成煤炭开发综合利用产业分布新格局。

在《中原经济区规划》引导下，河南将建设永城煤化工产业基地、义马煤化工产业基地、豫北煤化工产业基地、豫南煤化工产业基地、济源煤化工产业基地等五大煤化工产业基地。山西规划在晋东南加快能源基地建设，发展煤炭深加工、低热值煤发电，加快煤层气开发利用，构建"煤、电、气、化"综合能源产业基地。安徽实施"两淮"煤气化战略，发展以煤气化

图 4-7　中原经济区煤化工产业园区分布

为基础的电、热、气、醇醚产品多联产和新型煤化工，建设淮南、淮（北）宿（州）、阜亳三大煤化工基地。山东菏泽建设省级煤化工基地，发展煤电、煤化、煤焦、煤质工程材料等加工产业；聊城依托鲁西化工园通过煤气化延伸煤化工产业链。河北冀南地区发展煤炭清洁转化利用，煤化工产业发展煤制甲醇、烯烃等，适时推进煤制油、煤制天然气。

依托煤炭资源发展煤化工产业的意愿强烈，在 21 个地市布局 35 个煤化工园区（见图 4-7），煤化工产业的发展与生态空间和环境承载力约束的矛盾加剧。

5. 高耗水、复合污染产业密集布局态势增强

中原经济区的电力、钢铁、建材、有色冶金等"两高一资"产业沿聊城、郑州、洛阳一线西北部地区布局，变化不大。在具有产业比较优势的三门峡、洛阳、郑州、邯郸、聊城、邢台等地市，这些产业有较大幅度的提升；在安阳、鹤壁、新乡、焦作等地市，其优势地位将下降。

受产业发展政策引导，纺织、食品等产业将有较大发展。在郑州航空港经济综合实验区发展辐射带动、重点建设郑州周边地区航空食品、农产品加工基地的战略下，食品产业的发展将由现状在中原经济区西南部粮食主产区逐步向以郑州为中心的中原城市群转移，并呈现出传统产业区与新兴产业区错位互补、共同发展的态势。纺织产业在聊城、菏泽、南阳、邯郸、周口、许昌等地市将得到发展。在水资源短缺、水污染治理任务依旧严峻的形势下，纺织食品等产业的快速发展将受到水资源和水环境双重约束。

未来石化及装备制造产业将步入持续、快速发展的轨道，以郑州为中心的产业基地在逐步形成，并带动周边城市的发展，形成区域性的产业集群。在推动产业发展的同时，区域也将面临着来自挥发性有机污染物（VOCs）的严峻挑战。

中原经济区重点产业发展的空间布局见图 4-8 至图 4-10。

二、水环境处于高压状态，水系统健康状况依然难以逆转

水资源开发利用程度高，洪涝灾害、干旱缺水和水质恶化三大问题并存。支流污染严重、河湖生态退化和地下水漏斗扩大等是中原经济区面临的突出水环境问题。

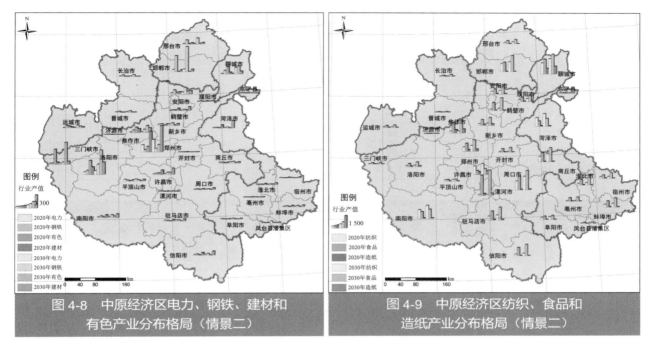

图 4-8　中原经济区电力、钢铁、建材和
有色产业分布格局（情景二）

图 4-9　中原经济区纺织、食品和
造纸产业分布格局（情景二）

1. 水污染物排放现状压力与生态基流

（1）各区域水污染物排放强度高于全国平均水平

2012 年中原经济区地区生产总值（GDP）46 449 亿元，占全国同期 GDP 总量的 9.0%，多年平均水资源总量 645.6 亿 m³，占全国平均水资源总量的 2.3%，COD 排放总量 249 万 t，氨氮排放总量 26.2 万 t，占全国的 10.3%（见表 4-2）。

各水资源分区单位面积、单位水资源的水污染物负荷均远高于全国平均水平。单位面积 COD、氨氮的平均水平值均达到全国平均水平的 3.4 倍，单位水资源的 COD、氨氮的平均水平值达到全国平均水平的 6.3 倍。其中，海河流域单位水资源水污染物负荷达到全国平均水平的 14 倍以上（见表 4-3 至表 4-5）。

图 4-10　中原经济区石化和装备
制造业分布格局（情景二）

表 4-2　中原经济区水污染物排放现状压力概况（Ⅰ）

项目	多年平均水资源 / 亿 m³	地区生产总值 / 亿元	COD 排放总量 / 万 t	氨氮排放总量 / 万 t
中原经济区	645.6	46 449	249	26.2
全国占比 /%	2.3	9.0	10.3	10.3

表 4-3　中原经济区水污染物排放现状压力概况（Ⅱ）

区域/流域	单位面积负荷/（t/km²）		单位水资源负荷/（mg/L）		Ⅴ类及劣Ⅴ类断面比例/%	水质达标率/%
	COD	氨氮	COD	氨氮		
中原经济区	8.61	0.91	57.05	6.00	43.9	47.5
海河流域	10.36	0.95	145.73	13.43	61.0	44.1
淮河流域	5.99	0.68	53.42	6.03	38.8	54.3
黄河流域	9.83	1.06	52.20	5.64	38.5	53.8
长江流域	4.65	0.54	20.27	2.34	14.3	85.7
与全国平均水平比值/倍	3.4	3.4	6.3	6.3	—	—

表 4-4　中原经济区各二级流域分区单位面积的水污染物负荷

二级流域分区	流域面积/万km²	COD		氨氮	
		总量/万t	单位面积负荷/(t/km²)	总量/万t	单位面积负荷/(t/km²)
花园口以下	1.12	11.83	10.57	1.25	1.11
龙门至三门峡	1.64	7.21	4.41	0.88	0.54
三门峡至花园口	3.60	19.06	5.29	2.17	0.60
淮河上游	2.89	18.54	6.42	2.11	0.73
淮河中游	9.47	100.53	10.62	10.96	1.16
沂沭泗河	1.42	16.41	11.53	1.57	1.10
徒骇马颊河	1.08	17.84	16.53	1.27	1.17
海河南系	4.98	44.91	9.02	4.52	0.91
汉江	2.73	12.66	4.65	1.46	0.54
中原经济区	28.92	249.00	8.61	26.19	0.91

表 4-5　中原经济区各二级流域分区单位水资源量的水污染物负荷

二级流域分区	地表水资源量/亿m³	COD		氨氮	
		总量/万t	单位水资源负荷/（mg/L）	总量/万t	单位水资源负荷/（mg/L）
花园口以下	9.75	11.83	121.37	1.25	12.80
龙门至三门峡	12.57	7.21	57.41	0.88	6.99
三门峡至花园口	49.02	19.06	38.89	2.17	4.43
淮河上游	96.35	18.54	19.24	2.11	2.19
淮河中游	154.73	100.53	64.97	10.96	7.09
沂沭泗河	8.49	16.41	193.38	1.57	18.51
徒骇马颊河	3.68	17.84	484.61	1.27	34.39
海河南系	39.37	44.91	114.05	4.52	11.47
汉江	62.49	12.66	20.27	1.46	2.34
中原经济区	436.44	249.00	57.05	26.19	6.00

注：引用 2012 年环境统计数据。

中原经济区各流域分区单位面积点源水污染物负荷量均远高于全国平均水平。单位面积的 COD、氨氮平均负荷量达到全国平均水平的 3 倍左右，单位地表水资源点源 COD、氨氮平均负荷量达到全国平均水平的 5 倍以上（见表 4-6 和表 4-7）。

表 4-6　中原经济区各二级流域分区单位面积的点源水污染物负荷

二级流域分区	流域面积 / 万 km²	COD		氨氮	
		总量 / 万 t	单位面积负荷 /(t/km²)	总量 / 万 t	单位面积负荷 /(t/km²)
花园口以下	1.12	5.04	4.50	0.73	0.65
龙门至三门峡	1.64	5.19	3.17	0.68	0.42
三门峡至花园口	3.60	8.94	2.48	1.43	0.40
淮河上游	2.89	7.16	2.48	1.00	0.35
淮河中游	9.47	46.20	4.88	6.43	0.68
沂沭泗河	1.42	6.81	4.79	0.98	0.69
徒骇马颊河	1.08	3.92	3.63	0.59	0.54
海河南系	4.98	19.80	3.98	2.84	0.57
汉江	2.73	5.75	2.11	0.85	0.31
中原经济区	28.92	108.81	3.76	15.52	0.54

表 4-7　中原经济区各二级流域分区点源水污染物负荷

二级流域分区	地表水资源量 / 亿 m³	COD		氨氮	
		总量 / 万 t	单位水资源负荷 /（mg/L）	总量 / 万 t	单位水资源负荷 /（mg/L）
花园口以下	9.75	5.04	51.74	0.73	7.50
龙门至三门峡	12.57	5.19	41.30	0.68	5.41
三门峡至花园口	49.02	8.94	18.23	1.43	2.91
淮河上游	96.35	7.16	7.43	1.00	1.04
淮河中游	154.73	46.20	29.86	6.43	4.16
沂沭泗河	8.49	6.81	80.29	0.98	11.55
徒骇马颊河	3.68	3.92	106.50	0.59	15.97
海河南系	39.37	19.80	50.29	2.84	7.21
汉江	62.49	5.75	9.20	0.85	1.36
中原经济区	436.44	108.81	24.93	15.52	3.56

（2）生态基流保障率低或无保障

中原经济区的海河流域、淮河流域河湖季节性变化大，水资源开发程度高，河道内生态用水常被挤占，中小河流水生态系统破坏严重，河流生态用水缺乏保障。中原经济区海河流域的河流生态流量基本无保障，淮河流域干流生态流量具有一定保障率，主要支流的生态流量保障率相当低（见表 4-8）。

表 4-8　中原经济区淮河流域重要河流断面生态流量保障率

河流	站名	最小生态流量		适宜生态流量	
		日保证率 /%	月保证率 /%	日保证率 /%	月保证率 /%
淮河	王家坝	96	88	81	61
淮河	蚌埠	95	69	77	51
洪河	班台	78	58	62	36
颍河	界首	56	40	48	29
颍河	阜阳	64	36	51	18
涡河	亳县	65	51	47	33

引自：程储水，等 . 构建生态用水调度体系推进淮河流域水生态文明建设 [J]. 中国水利，2013（13）。

生态基流与河流生态系统的演变过程以及水生生物的生活密切相关。当河流流量低于适宜生态流量时，易导致生物繁殖条件的破坏，生物量减少，进而降低水生生态系统的完整性；若河道流量长期低于最小生态流量，极有可能引发关键物种的消亡，引发河道生态系统严重退化。

2. 水资源压力状态

中原经济区水资源短缺，人均占有土地资源少的区域（人口密度高的地区）也是水资源短缺程度高的区域。在经济社会需水总量增长的发展阶段，水资源过度开发、地下水严重超采的状态难以得到扭转，生态需水的保障程度难以得到全面提高，在相当长时期，水环境依然处于高压状态，水系统健康状况难以扭转。

2013 年起国家实行最严格水资源管理制度，中原经济区用水控制指标逐年有所提高，2020 年经济社会发展用水指标为 491 亿 m³，2030 年用水指标为 526 亿 m³，相当一部分地级市的用水指标有赖于跨流域引水来支撑，其中，2020 年南水北调中线及东线工程配水 42.57 亿 m³。中原经济区多年平均水资源量 645.6 亿 m³，现状水资源开发利用率 65.3%，水资源处于严重超载，过度挤占生态系统用水。未来 20 年，当地水资源严重超载的状况难以改观。

在区域用水总量指标刚性约束下，经济社会发展规模与用水效率提升密切相关，节水型经济、节水型社会建设水平决定性地影响经济发展规模。根据经济发展情景设计，结合最严格水资源管理制度对用水总量指标约束，将水资源水环境承载力及压力预测评价的发展情景设定为：快速发展情景、适度发展Ⅰ情景、适度发展Ⅱ情景。其中，快速发展情景指经济发展情景设置中的情景一；适度发展Ⅰ情景指用水总量控制指标约束下中原经济区可承载的GDP 规模情景；适度发展Ⅱ情景指经济发展情景设置中的情景二。

2012 年中原经济区万元 GDP 用水量为 90.4 m³/ 万元，按 2020 年实现 11.6 万亿元规模（人均 GDP7.0 万元）计，要求万元 GDP 用水量下降至 42.6 m³/ 万元以下；与国内同等发展水平（以人均 GDP 衡量）地区相比，相当于 2012 年山东、京津冀的用水效率。

将 2020 年的经济总量下调至 8.5 万亿元（人均 GDP5.1 万元），要求万元 GDP 用水总量下降至 58.3 m³/ 万元，相当于 2012 年辽宁、浙江的用水效率（见表 4-9）。

中原经济区担负国家粮食主产区的重任，在保证国家粮食安全的战略下，多年来区域农业用水占比 60% 左右，用水结构与其他省份有比较大的差别。人均 GDP 达到相关省市地区水平时，万元 GDP 用水量难以达到同等水平，水资源难以支撑现有用水结构下的经济快速发

指标	2012 年	2020 年		
		快速发展	适度发展 I	适度发展 II
GDP/ 亿元	46 449	116 080	97 077	84 690
人均 GDP/ 万元	2.88	6.96	5.85	5.08
万元 GDP 用水量 /m³	90.43	42.55	50.56	58.27
指标	2012 年	2030 年		
		快速发展	适度发展 I	适度发展 II
GDP/ 亿元	46 449	261 850	156 732	144 090
人均 GDP/ 万元	2.88	15.19	9.15	8.37
万元 GDP 用水量 /m³	90.43	20.23	33.58	36.71

表 4-9 中原经济区不同发展规模的用水效率要求

展（2020 年达到 11.6 万亿元的发展目标）。

相比之下，适当降低发展速度，将 2020 年经济总量控制在 10 万亿元以内（8.6 万亿～ 9.7 万亿元），届时要求万元 GDP 用水量达到 55 m³ 左右，用水总量指标基本可以支撑。

中原经济区水资源超载的历史欠账太多。区域用水总量指标可以支撑不代表水资源不超载，只是说明适度调整发展速度，以时间换用水效率提升，减轻水资源超载压力，缓解水环境恶化趋势。

3. 经济社会发展导致的水污染物排放压力

按农业、城镇生活和工业三大系统判断，未来 20 年，中原经济区农业系统的水污染物排放压力处于减轻的状态，城镇生活系统、工业系统的水污染物排放压力的增或减，取决于环境政策的运用。

中原经济区大部分地区当前水污染物排放量已超过环境容量，污染物排放强度总体超过全国平均水平，未来大幅降低排放强度势在必行。因此，在经济社会发展导致的水污染物排放压力分析中，将中原经济区水污染控制策略设定为强化水污染控制策略和极强水污染控制策略。

其中，强化水污染控制策略指 2020 年城镇生活废水处理率达到 82%，排放标准执行城镇污水处理厂一级 A 排放标准，万元工业增加值水污染物排放量下降 30%～ 40%；2030 年城镇污水处理率达到 92%，万元工业增加值水污染物排放量比现状下降 40%～ 70%。极强水污染控制策略指 2020 年城镇生活废水处理率达到 90%，排放标准执行城镇污水处理厂一级 A 排放标准，万元工业增加值水污染物排放量下降 40%～ 50%；2030 年城镇污水处理率达到 98%，万元工业增加值水污染物排放量比现状下降 50%～ 80%。

（1）城镇生活水污染排放

2012 年中原经济区城镇生活系统水污染物排放的 COD 虚拟浓度为 184 mg/L，氨氮虚拟浓度为 31 mg/L（见表 4-10），总体上与城镇生活污水二级标准相差甚远。由于与城镇污水处理厂配套的市政管网建设滞后，城镇污水处理率处于"虚高"状态。随着市政管网建设的快速推进，城镇污水处理厂正常运营，城镇生活系统水污染物排放的虚拟浓度将明显下降，在相当大程度上抵消城镇化发展带来的水污染排放增量。

在实施强化水污染控制策略，强力推进城市生活污水处理的条件下，可以抵消城镇化发

项目	工业废水虚拟排放浓度		生活污水虚拟排放浓度	
	COD	氨氮	COD	氨氮
中原经济区	134	11	184	31
排放标准	150	25	100	25

表 4-10　中原经济区城镇生活与工业系统水污染物虚拟排放浓度　　单位：mg/L

注：采用 2012 年数据，工业废水排放浓度采用《污水综合排放标准》中二级标准，生活污水污染物排放浓度采用《城镇污水处理厂污水综合排放标准》中二级标准。

展带来的城镇生活水污染排放压力，未来 20 年有望实现城镇生活系统主要水污染物的排放总量削减。

以现状城镇生活污水虚拟排放浓度全部实现达标测算，可削减 COD、氨氮排放总量分别为 30 万 t 和 6 万 t。

在实施强化水污染控制策略下，2020 年中原经济区城镇生活源 COD、氨氮排放可控制在 63 万～ 67 万 t、8 万～ 8.6 万 t 水平。与 2012 年相比，COD 排放量减少 14% 以上，氨氮排放量减少 34% 以上。

在中原经济区 31 个地市中，郑州市、洛阳市、新乡市、焦作市、漯河市城镇生活源水污染物排放总量超过 2012 年排放量，其余地市城镇生活源水污染物排放总量较 2012 年均有不同程度的削减。

（2）工业系统水污染排放

过去 10 年间中原经济区工业水污染控制已见成效，环境统计口径的工业用水量增长进入拐点区间，工业废水主要污染物排放已进入达标排放阶段（见图 4-11）。在跨流域引水战略的支撑下，未来 20 年工业部门的需水量处于增长状态，按现有的产业结构和现行的污水排放标准管理下，工业部门的水污染物排放总量将处于增长状态。工业部门的调结构、严标准将成为中原经济区减轻水污染压力的重要抓手。

在保障区域经济总量一定增长速率的条件下，实施强化或极强化水污染控制，方可实现主要水污染物排放总量减少。

以 2012 年中原经济区现状点源排放量为基数测算，在强化控制水平下，将 2020 年区域经济发展规模调控在 8.5 万亿元水平（人均 GDP 5.1 万元），可实现主要水污染物减排 10%，在极强控制水平下，可实现水污染物减排 20% 以上（见表 4-11 和表 4-12）。

表 4-11　中原经济区不同发展情景下的点源水污染物排放预测

水污染控制力度	发展速度	2020 年			2030 年		
		人均 GDP/万元	COD/万 t	氨氮/万 t	人均 GDP/万元	COD/万 t	氨氮/万 t
强化控制	快速发展	6.96	116.3	12.5	15.22	136.5	13.6
	适度发展 I	5.85	102.8	11.4	9.15	96.8	10.5
	适度发展 II	5.08	97.5	10.8	8.37	92.4	10.0
极强控制	快速发展	6.96	87.8	8.3	15.22	75.5	6.7
	适度发展 I	5.85	77.1	7.5	9.15	55.8	5.2
	适度发展 II	5.08	73.1	7.0	8.37	53.7	4.9

注：中原经济区 2012 年人均 GDP2.88 万元，COD 排放总量 108.8 万 t，氨氮排放总量 15.5 万 t。

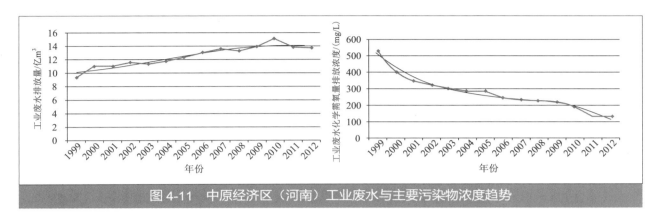

图 4-11 中原经济区（河南）工业废水与主要污染物浓度趋势

水污染控制力度	发展速度	2020 年			
		GDP/ 亿元	人均 GDP/ 万元	COD 增减 /%	氨氮增减 /%
强化控制	快速发展	116 080	6.96	+6.9%	−19.6
	适度发展 I	97 080	5.85	−5.5	−26.8
	适度发展 II	84 690	5.08	−10.4	−30.6
极强控制	快速发展	116 080	6.96	−19.3	−46.8
	适度发展 I	97 080	5.85	−29.1	−52
	适度发展 II	84 690	5.08	−32.8	−55

表 4-12 中原经济区不同发展情景下的点源水污染物排放量增减率

注：以 2012 年污染物排放量为基数测算，中原经济区 2012 年人均 GDP2.88 万元，COD 排放总量 108.8 万 t，氨氮排放总量 15.5 万 t。

在适度发展和强化水污染控制策略下，2020 年中原经济区整体上水污染物排放压力较 2012 年有所减轻，淮河流域水污染物排放压力将削减 15% 以上，海河、黄河流域水污染物排放压力将依然居高不下（见表 4-13）。

以人均 GDP 衡量，人均 GDP 与水污染物排放强度呈现比较明确的关联性，人均 GDP 越高的地区水污染物排放强度越低。当前，中原经济区人均 GDP 处于低位，水污染物排放强度处于高位（见图 4-12 和图 4-13）。

由图中规律可以推断，在中原经济区未来人均 GDP 达到 6 万元水平时，水污染物排放强度低于当前东部地区和长三角地区平均排放水平，与京津冀地区排放水平相当；在未来人均 GDP 达到 9 万元水平时，水污染物排放强度低于当前津、沪两地的排放强度，与当前北京的排放强度相当。

依区域经济和环境治理的惯性发展，可以期望随着人均 GDP 的增长，中原经济区的水污染物排放强度依循"散点"趋势逐渐下降。实施强化或极强化水污染控制策略，可以期望中原经济区的水污染物排放强度依循实线逐渐下降。

4. 区域水系统健康依然难以扭转

根据联合国政府间气候变化专门委员会（IPCC）报告中 16 个 GCM 集合预报的成果，在极枯年的情况下（p=25%），未来 50 年（2040—2069 年）中原经济区年平均降水总量会有明显减少，其中北部海河流域及黄河花园口以下降水减少幅度较大，南部的淮河和长江流域降

表 4-13 中原经济区 2020 年各流域分区单位面积的点源排放压力指数

流域分区	快速发展 / 强化控制		适度发展 I / 强化控制		适度发展 II / 强化控制	
	COD	氨氮	COD	氨氮	COD	氨氮
花园口以下	152	101	124	88	123	85
龙门至三门峡	111	81	99	74	88	68
三门峡至花园口	145	94	128	85	122	82
淮河上游	94	74	82	66	82	66
淮河中游	91	77	84	72	78	66
沂沭泗河	72	57	60	50	60	50
徒骇马颊河	127	92	106	80	106	80
海河南系	127	81	107	71	102	69
汉江	110	89	106	87	97	79
中原经济区	107	81	94	73	90	69

注：现状点源水污染物压力指数为 100。

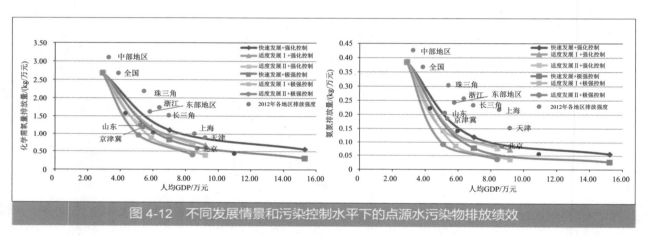

图 4-12 不同发展情景和污染控制水平下的点源水污染物排放绩效

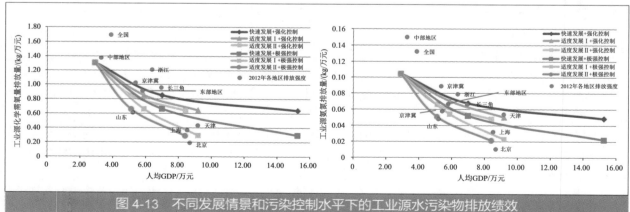

图 4-13 不同发展情景和污染控制水平下的工业源水污染物排放绩效

注："红虚线"为中原经济区水污染物排放总量增减分界线，水污染物排放强度落在"红虚线"下部，可实现水污染物排放总量削减，落在"红虚线"上部，不能实现水污染物排放总量削减。

水减少幅度较小，地表水产水模数也会随之减少，水资源短缺状况可能进一步加剧。

在最严格水资源管理制度用水总量指标约束及南水北调工程实施的情况下，2020 年中原经济区 9 个二级流域分区中，仅海河南系水资源开发利用率有所下降，其他分区水资源开发利用率仍有不同程度的提高，短期内被挤占的生态用水难以补偿，生态系统用水依然处于缺乏保障的状况，流域常年断流或季节性断流的状况不会出现大的改观。

在适度发展和强化水污染控制策略下，2020 年中原经济区整体上水污染物排放压力较 2012 年有所减轻，但除淮河流域外，海河、黄河、长江流域水污染物排放压力仍居高不下，污染水体水质改善难度较大。同时，跨流域调水会导致受水区域排水量相应的增加，海河流域、淮河流域相当部分河流径污比将进一步降低，地表水环境超载进一步加剧；常年或季节性断流河流"有水皆污"的状况将会加剧。

总体上，未来中原经济区各二级流域分区水系统健康状态堪忧。

三、大气污染物排放压力状态

1. 大气污染物排放的现状压力

2012 年中原经济区地区生产总值（GDP）46 449 亿元，占全国同期 GDP 总量的 9.0%，能源消费总量 45 018 万 t 标煤，占全国能源消费总量的 12.4%。二氧化硫排放总量为 238.08 万 t、氮氧化物排放总量为 294.76 万 t、烟粉尘排放总量 154.04 万 t，分别占全国的 11.2%、12.6%、12.5%（见表 4-14）。

表 4-14　中原经济区大气污染物排放现状压力概况（I）

项目	地区生产总值 / 亿元	能源消费总量万 t 标煤	大气污染物排放总量 / 万 t		
			SO_2	NO_x	烟粉尘
中原经济区	46 449	45 018	238.08	294.76	154.04
全国占比	9.0%	12.4%	11.2%	12.6%	12.5%

"十一五"期间，中原经济区每增加 1 亿元 GDP，能源消费增长 0.98 万 t 标煤。经济增长很大程度上依赖能源消费，以高耗能为代价。

整体上，中原经济区单位面积大气污染物排放强度高于同期东部平均水平，远高于中部和全国平均水平。其中，中原城市群和北部城市密集区单位面积大气污染物排放强度最为突出，高出全国平均水平 2 倍左右（见表 4-15）。

2. 不同发展情景下的大气污染物排放压力状态预测

根据中国环境科学研究院开展的《中原经济区发展战略环境评价大气环境影响评价专题报告》预测的快速发展和适度发展情景，测算中原经济区大气污染物排放压力状态变化见表 4-16。

在适度发展情景下，2020 年、2030 年中原经济区 SO_2、NO_x、烟粉尘排放压力总体呈现下降态势。与当前全国平均水平相比，大气污染物排放压力在当前全国平均水平 1.5 倍以上，依然处于高压状态。

表 4-15　中原经济区大气污染物排放现状压力概况（Ⅱ）

项目	单位面积负荷 / (t/km²)		
	SO₂	NOₓ	烟粉尘
中原经济区	8.25	10.22	5.34
中原城市群	12.47	16.04	5.77
北部城市密集区	11.87	13.66	8.70
豫东皖北城市密集区	3.75	6.64	2.13
西南部城市	7.84	7.48	6.45
全国平均	4.45	4.91	2.59
东部地区	7.19	9.55	3.86
中部地区	5.05	5.75	3.26
西部地区	3.57	3.11	1.84
中原经济区与全国相比 / 倍	1.9	2.1	2.1
与东部相比 / 倍	1.2	1.1	1.4
与中部相比 / 倍	1.6	1.8	1.6

表 4-16　中原经济区适度和快速发展情景下的大气污染物排放压力

发展情景	区域	2020 年			2030 年		
		SO₂	NOₓ	烟粉尘	SO₂	NOₓ	烟粉尘
适度发展	中原经济区	−13.7	−30.0	−10.3	−17.8	−30.0	−16.8
	中原城市群	−10.8	−20.9	28.8	−4.7	−20.9	23.7
	北部城市密集区	−3.5	−21.5	−18.6	−15.2	−21.5	−28.9
	豫东皖北城市密集区	−10.0	−26.0	48.8	−10.8	−26.0	46.8
	西南部城市	−32.0	−46.7	−53.2	−41.7	−46.7	−58.8
快速发展	中原经济区	27.3	47.3	25.4	63.3	47.3	58.8
	中原城市群	29.4	54.7	73.3	77.7	54.7	121.0
	北部城市密集区	46.1	62.3	19.3	82.4	62.3	48.4
	豫东皖北城市密集区	33.6	54.3	102.4	74.9	54.3	168.8
	西南部城市	−1.9	17.6	−33.2	15.3	17.6	−19.1

在快速发展情景下，2020 年、2030 年中原经济区的 SO₂、NOₓ 排放压力呈现增加态势。与当前全国平均水平相比，2030 年中原经济区大气污染物排放压力由现状的 2 倍增加到 3 倍以上（见表 4-17）。

3. 能源消费增长下的大气污染物排放压力

根据中国科学院地理科学与资源研究所开展的《中原经济区发展战略环境评价重点区域和产业发展战略评价专题报告》及中国环境科学研究院开展的《中原经济区发展战略环境评价大气环境影响评价专题报告》，本书采用区域能源消费总量优化模型，以经济区能源消费总量最小化为目标，将经济发展速度、产业结构调整与升级力度、能源绩效水平、能源结构调整、技术进步（科技进步、纯技术效率、规模效率、能源专有技术进步）以及人口规模、城镇化

区域	适度发展情景								
	2012 年			2020 年			2030 年		
	SO₂	NOₓ	烟粉尘	SO₂	NOₓ	烟粉尘	SO₂	NOₓ	烟粉尘
中原经济区 /（t/km²）	8.18	10.01	5.24	7.06	8.00	4.70	6.72	7.01	4.36
与全国相比 / 倍	1.9	2.1	2.1	1.6	1.5	1.8	1.5	1.5	1.7
与东部相比 / 倍	1.2	1.1	1.4	1.0	0.9	1.2	0.9	0.7	1.1
与中部相比 / 倍	1.6	1.8	1.6	1.4	1.4	1.5	1.3	1.2	1.4

表 4-17　中原经济区不同发展情景的大气污染物排放压力与全国比较

区域	快速发展情景								
	2012 年			2020 年			2030 年		
	SO₂	NOₓ	烟粉尘	SO₂	NOₓ	烟粉尘	SO₂	NOₓ	烟粉尘
中原经济区 /（t/km²）	8.18	10.01	5.24	10.41	11.91	6.57	13.36	14.74	8.32
与全国相比 / 倍	1.9	2.1	2.1	2.4	2.2	2.6	3.0	3.1	3.3
与东部相比 / 倍	1.2	1.1	1.4	1.5	1.3	1.7	1.9	1.6	2.2
与中部相比 / 倍	1.6	1.8	1.6	2.1	2.1	2.1	2.7	2.6	2.6

发展等作为能源消费变化的主要驱动因素，以不同情景下 GDP 总量预期值为约束，对 2020 年区域能源消费总量发展趋势设置了 3 种情景。

情景 1（快速发展）：基于经济发展惯性和地方发展意愿的经济导向情景。中原经济区将保持经济持续高速增长态势，各地市 GDP 年均增长保持在 12% 以上的高速度；产业结构从 13：54：33 调整到 10：56：35；区域总体单位 GDP 能耗比 2012 年下降约 20%；煤炭占比由 2012 年的 77.3% 下降到 75.6%（以河南省 2000—2012 年以来煤炭占比年均下降速率 0.73% 计）。

情景 2（适度发展 I）：中原经济区经济增长速度适度放缓，各地市 GDP 年均增长保持在 11% 左右的水平；有效推进现代产业结构的演进；区域总体单位 GDP 能耗下降约 35%；煤炭占比由 2012 年的 77.3% 下降到 67.3%（以河南省蓝天工程行动计划中能源结构调整速度计算，即 2000 年以来煤炭占比年均下降 1.31% 计）。

情景 3（适度发展 II）：基于空间和产业结构调整及技术进步的效率导向情景。中原经济区经济增长速度在情景 2 基础上再放缓，各地市年均增长保持在 8% 左右的水平；进一步加大调整产业结构的力度，三次产业调整到 11：53：36；区域总体单位 GDP 能耗比 2012 年下降约 40%；煤炭占比由 2012 年的 77.3% 下降到 66.6%（煤炭占比达到全国 2012 年平均水平）。

情景 1 至情景 3 中区域总体单位 GDP 能耗下降幅度包括能源消费领域节能空间和能源供给领域节能空间（即能源结构调整节能潜力）两方面节能潜力。

模型的方程如下：

目标函数：

$$\min E_t = \sum_{i=1}^{N} \left(\mathrm{GDP}_{t_i} \times \mathrm{EPG}_{t_i} \right)$$

约束条件：

（1）GDP_t 约束

$$\mathrm{GDP}_{t\min_i} \leqslant \mathrm{GDP}_{t_i} \leqslant \mathrm{GDP}_{t\max_i}$$

（2）EPG_t 约束

$$EDP_{tmin_i} \leqslant EDP_{t_i} \leqslant EDP_{tmax_i}$$

（3）TGDP 约束

$$\sum_{i=1}^{N} GDP_{t_i} \geqslant TGDP$$

（4）TEPG 约束

$$\frac{\sum_{i=1}^{N}(GDP_{t_i} \times EPG_{t_i})}{\sum_{i=1}^{N} GDP_{t_i}} \geqslant TEPG$$

式中：E_t——预测年 t 的区域能源消费总量（未考虑能源消费结构调整的值），万 t 标煤；

　　　　GDP_{t_i}——预测年 t 第 i 控制单元的 GDP，亿元（2012 年不变价），决策变量；

　　　　EPG_{t_i}——预测年 t 第 i 控制单元的单位 GDP 能耗，t 标煤 / 万元 GDP，决策变量；

　　　　TGDP——预测年 t 区域 GDP 总量，亿元（2012 年不变价），约束值；

　　　　TEPG——预测年 t 区域总体单位 GDP 能耗，t 标煤 / 万元 GDP，约束值；

　　　　N——区域控制单元数。

本次研究在模型预测的基础上，采用霍宗杰、刘晓逸等研究成果发现能源结构中煤炭的消费占比每减少 1%，能源消费总量将下降 1.415% ～ 1.8%，并根据情景方案设置中的能源消费结构优化数据，对模型能源消费总量预测结果进行了修正。

2020 年不同情景方案下中原经济区能源消费总量将比 2012 年增加 8.5% ～ 93.1%（见表 4-18），增长幅度取决于经济发展速度调控、能源消费结构和节能减排力度。不难看出，中原经济区未来一段时间内，经济的发展仍旧依赖于能源驱动，若实施能源发展战略性调整和能源消费模式的革命性转变后，可实现能源消费总量略有增长或维持现状的目标。

2020 年，区域 GDP 总量的不同预期下，可实现的单位 GDP 能耗水平在 0.581 ～ 0.785 t 标煤 / 万元。区域 GDP 总量达到 11.08 万亿元预期，单位 GDP 能耗强度将落入第 Ⅰ 象限，表现出以高能耗为代价的增长（见图 4-14）。

区域 GDP 总量达到 8.09 万亿元和 10.8 万亿元预期，单位 GDP 能耗强度均可进入图中第 Ⅳ 象限，依现有技术水平评估，可实现相对低能耗的经济增长。

按三种情景测算，适度 Ⅰ 和快速发展情景煤炭消费总量将比 2012 年增加 1.2 亿 t 标煤和 3.1 亿 t 标煤；在适度 Ⅱ 情景下，2020 年中原经济区整体煤炭占比由 2012 年的 77.3% 降至 66.6%（达到全国 2012 年平均水平），煤炭消费总量将比 2012 年下降约 0.3 亿 t 标煤。并考虑大气污染物排放控制水平提高的情况，按此计算，在区域 GDP 总量 10.8 万亿元和 11.1 万亿元预期下，2020 年区域大气污染物排放压力将比 2012 年增加 30% ～ 50%；在区域 GDP 总量 8.09 万亿元预期，2020 年区域大气污染物排放压力将比 2012 年降低约 10%。

以区域大气污染物排放总量削减 10% 为约束，按区域 GDP 总量 10.8 万亿元和 11.1 万亿元预期，2020 年单位 GDP 大气污染物排放强度需要实现 40% ～ 60% 削减；按区域 GDP 总量 8.09 万亿元预期，单位 GDP 大气污染物排放强度可实现削减目标。

因此，如果完全按照地方发展愿景（快速发展情景）或经济增长速度适度放缓情景（适度 Ⅰ 情景）发展，实现其经济发展目标，中原经济区能源消费与资源环境承载之间的矛盾将面临进一步激化的态势，大气环境严重恶化的趋势将难以逆转。

水平年	情景设置	能源消费总量 / 万 t 标煤	GDP/ 亿元	煤炭消费占比 /%	单位 GDP 能耗 / (t 标煤 / 万元)	GDP 年均增长 /%	能源消费年均增长 /%	能源消费弹性系数
表 4-18　中原经济区 2020 年能源消费总量与 GDP 预测								
2012 年	现状	45 018	46 719	77.3	0.97	8.062	6.05	0.46
2020 年	情景 1：快速	86 940	110 797	75.6	0.785	12.03	8.57	0.71
	情景 2：适度Ⅰ	69 074	108 000	67.3	0.640	11.67	5.50	0.47
	情景 3：适度Ⅱ	46 993	80 863	66.6	0.581	7.71	0.54	0.07

在现有的能源资源禀赋和技术条件下，中原经济区应放弃追求 GDP 总量快速增长的策略，选择适度发展Ⅱ策略，2020 年区域 GDP 总量调控至 8 万亿～9 万亿元水平，能源消费总量控制在 5 亿～6 亿 t，煤炭消费总量实现"零增长"或"负增长"，即情景 3 为最优情景。

4. 机动车增长的大气污染物排放压力

2012 年中原经济区各地市机动车保有量为 2 007.0 万辆，汽车保有量约为 1 043.1 万辆。中原经济区汽车保有量与人口、GDP 的关系见图 4-15，汽车保有量与人口和 GDP 的相关系数平方为 0.982。

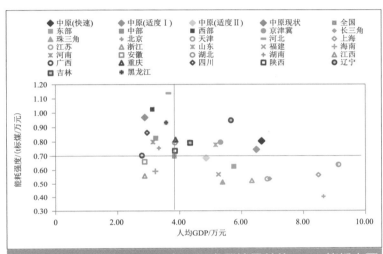

图 4-14　中原经济区 2020 年不同发展情景单位 GDP 能耗水平

按照中原经济区各省的平均排放水平估算，2012 年中原经济区机动车排放 NO_x 约为 83.05 万 t，排放颗粒物约为 8.36 万 t。按照大气污染防治计划，2020 年前，中原经济区黄标车淘汰可实现削减 NO_x 排放量 35.63 万 t，颗粒物排放量 5.1 万 t，分别占 2012 年机动车排放量的 43% 和 61%。

采用 2012 年中原经济区汽车保有量与人口、GDP 的回归关系预测，在适度发展（GDP8.09 万亿元）情景下，2020 年中原经济区机动车 NO_x 排放量为 100.5 万 t，颗粒物排放量为 6.6 万 t，2030 年分别为 172.8 万 t 和 11.4 万 t。与 2012 年相比，2020 年机动车 NO_x 排放量增加 20%，颗粒物排放量减少 21%。

在空间分布上，机动车 NO_x、颗粒物排放主要集中在中原经济区的中北部的郑州、平顶山、洛阳、焦作、

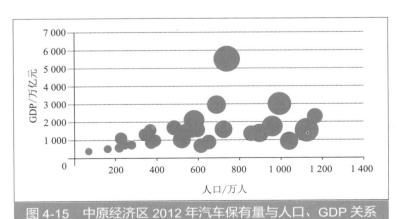

图 4-15　中原经济区 2012 年汽车保有量与人口、GDP 关系

注：气泡大小表示汽车保有量。

新乡、安阳、邯郸等地市及南阳市（见图4-16）。

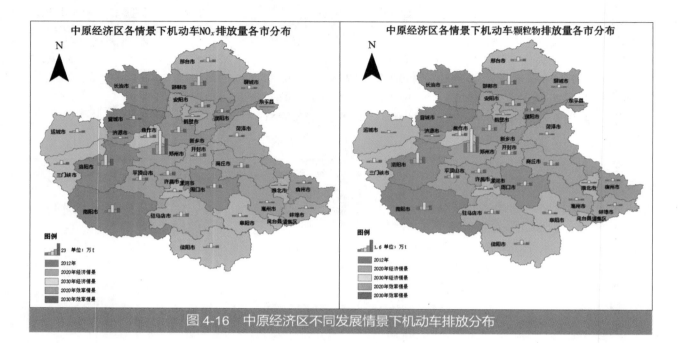

图4-16　中原经济区不同发展情景下机动车排放分布

5. 煤炭为主的能源消费结构导致碳排放强度

（1）中原经济区现状碳排放

温室气体增加的主要来源是化石燃料燃烧，而其中化石燃料燃烧所导致的 CO_2 排放占总碳排放将近95%，中原经济区能源消费结构中以煤炭为主，其次为原油，2012年中原经济区煤炭消费比例高达80%左右，原油消费比例约占10%。根据一次能源消费量计算区域碳排放强度及人均碳排放水平（见表4-19、图4-17和图4-18）。

由表4-19可知，2012年中原经济区碳排放总量约占全国的12%；碳排放强度略高于全国平均水平，其中山西、河北片区的碳排放强度约相当于全国1997—2000年的平均水平；人均碳排放量略低于全国平均水平，其中山西、河北片区远高于全国平均水平。数据也印证了山西、河北这两个片区产业以煤炭、煤化工、钢铁、建材等高耗能产业为主，且能源消费结构也以煤炭为主，由此导致该区域碳排放水平偏高。

中原地区	GDP/亿元	人口/万人	能耗/万t标煤	碳排放总量/万t	碳排放强度/（t/万元）	人均碳排放量/（t/人）
河南片区	29 663	9 370.56	23 193.88	45 899.15	1.55	4.90
河北片区	4 556	1 711.96	6 642.95	13 136.89	2.88	7.67
山西片区	3 411	1 085.60	5 776.88	11 521.94	3.38	10.61
山东片区	4 204	1 631.12	4 073.49	8 777.28	2.09	5.38
安徽片区	4 887	3 133.90	3 396.50	6 916.69	1.42	2.21
中原经济区	46 719	16 933.14	43 536.94	86 250.03	1.85	5.09
全国	415 369	135 404	361 732.00	737 872.44	1.78	5.45

表4-19　中原经济区2012年碳排放情况

根据世界资源研究所（WRI）发布的世界各国碳排放量排行表，2012年我国人均碳排放量 5.5 t，中原经济区人均碳排放低于全国平均水平，作为能源大省的山西省，其人均碳排放也不到发达国家的一半（人均碳排放澳洲 26.9 t，美国 23.5 t，加拿大 22.6 t）（见图 4-19）。

（2）未来碳排放变化趋势

根据中原经济区预测的未来煤炭消费量，碳排放量估算结果见表 4-20。按能源消费结构预测结果，2020 年煤炭消费比例降至 66.6% 时，其碳排放量为 10.18 亿 t，2030 年煤炭消费比例降至 60% 时其碳排放量 13.98 亿 t，仅煤炭利用的碳排放量已远高于现状全社会碳排放总量（8.63 亿 t）。

2009 年 11 月我国公布了碳减排目标——到 2020 年，单位国内生产总值二氧化碳排放比 2005 年下降 40% ～ 45%。中原经济区受其资源禀赋及现状经济技术水平约束，若要达到预期的 GDP 目标，就必须使用丰富的煤炭资源，煤炭消费比例削减潜力有限，碳排放总量增加的压力将在短期内难以扭转。而中国作为发展中国家，人均碳排放量远低于发达国家水平，随着经济社会发展，人均碳排放量增加将是必然趋势。

四、生态系统的多重压力

中原经济区是全国重要的产粮区和粮食输出区域，也是国家未来粮食增产的主要区域，农业生态系统的安全与否直接关系到国家的粮食安全。农业生态系统面临着耕地面积稳定和耕地质量提升的双重任务。中原经济区农业生态系统面临城镇建设用地挤占耕地、农业生产废弃物累积、重金属及有机物污染和畜禽养殖面源污染等多重威胁。

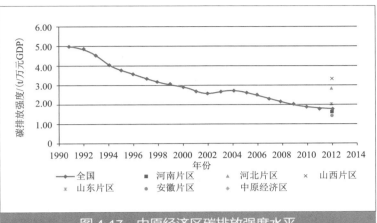

图 4-17　中原经济区碳排放强度水平

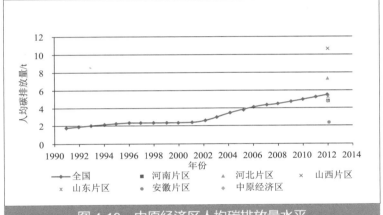

图 4-18　中原经济区人均碳排放量水平

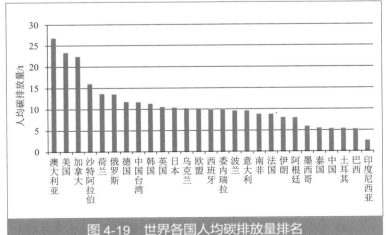

图 4-19　世界各国人均碳排放量排名

表 4-20 中原经济区煤炭消费碳排放量

项目 片区	煤炭消费量 / 万 t 标煤	煤炭比例 /%	碳排放量 / 万 t	人均碳排放量 /（t/ 人）	碳排放强度 / （t/ 万元）
2012 年					
河南片区	18 601.49	80.2	35 348.39	3.77	1.19
河北片区	5 898.94	88.8	11 209.75	6.55	2.46
山西片区	4 474.20	77.5	8 502.32	7.83	2.49
山东片区	3 063.26	75.2	5 821.11	3.57	1.38
安徽片区	2 749.13	80.9	5 224.17	1.67	1.07
中原经济区	34 787.02	79.9	66 105.73	3.90	1.41
2020 年					
河南片区	27 908.42	66.3	53 034.34	5.43	0.73
河北片区	8 620.77	73.4	16 382.04	9.54	1.49
山西片区	7 579.04	64.0	14 402.44	12.61	1.67
山东片区	4 946.84	62.1	9 400.47	6.15	0.82
安徽片区	4 531.22	66.9	8 610.67	3.43	0.70
中原经济区	53 586.29	66.6	101 829.97	6.11	0.88
2030 年					
河南片区	38 744.13	59.6	73 625.43	7.26	0.46
河北片区	13 214.81	65.9	25 112.09	13.91	1.04
山西片区	9 761.15	57.5	18 549.10	15.41	0.94
山东片区	6 493.48	55.8	12 339.55	7.88	0.44
安徽片区	5 330.12	60.1	10 128.82	4.07	0.36
中原经济区	73 543.69	60.0	139 754.99	8.12	0.53

注：煤炭消费量数据来自《中原经济区发展战略环境评价大气环境影响评价专题报告》。

1. 化肥的粮食增产效应与耕地土壤质量"双下降"

近 10 年来，中原经济区化肥施用量基本上呈直线上升趋势，年均增施化肥约 28 万 t（见图 4-20）。2012 年平均化肥施用强度为 769 kg/hm²，约为全国平均水平的 1.8 倍。其中，河南省化肥投入占全国总量的 11%，亩均约 50 kg，比全国平均 28 kg 高出 22 kg，居全国第 4 位。

但随着施肥量的增加，近年来，化肥增产的边际效应呈现递减的趋势。2006—2012 年，单位化肥粮食产量从 9.89 kg/kg 下降至 9.38 kg/kg（见图 4-21），如果考虑良种良法、农田基础设施改进、科技进步等，则化肥施用的实际增产效果可能更低。

化肥施用强度的空间分布上，平原区总体上较山地丘陵区化肥施用强度高，至 2010 年基本形成了以周口和濮阳为中心的两大化肥施用强度高值区。

与 2000 年相比，平原区化肥施用量呈增加趋势，山地丘陵区化肥施用量呈减少趋势；化肥施用量增加明显的区域包括邯郸、商丘、漯河等，化肥施用量减少较明显区域包括聊城、安阳和濮阳等（见图 4-22）。

农药、农膜使用量及单位面积农药农膜使用量呈逐年增加趋势。以河南为例，2007—2011 年，农药施用量增加 9.8%，单位播种面积农药施用量增加 7.8%；农膜使用量增加 19.7%，单位播种面积农膜使用量增加 18.3%。中原经济区农药中，杀虫剂约占 60%，其中

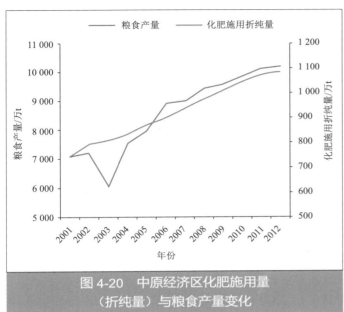

图 4-20　中原经济区化肥施用量
（折纯量）与粮食产量变化

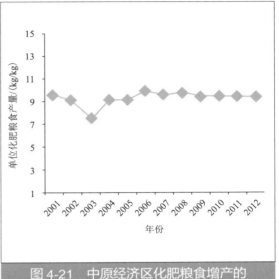

图 4-21　中原经济区化肥粮食增产的
边际效应

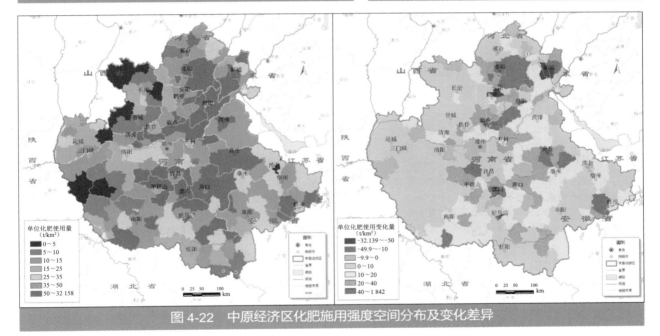

图 4-22　中原经济区化肥施用强度空间分布及变化差异

70% 为毒性高、用量大的有机磷类及其混配制剂,过量施用或施用不当造成在农产品中的残留,影响农产品品质。

中原经济区耕种历史悠久, 耕地种养失调, 耕地质量呈现下降态势, 土壤有机质含量总体偏低, 大多数区域农田肥力处于中等或较弱水平, 大量四等及以下耕地和中低产田, 制约粮食增产。

根据全国第二次土壤普查的结果, 河南省土壤表层（0～20 cm）有机质含量平均为 12.2 g/kg, 属于中下等水平；其中低于五级水平上限 10.0 g/kg 的耕地约占 58.3%, 大于三级 20.1 g/kg 以上水平的耕地只有 6%。

按照农业部《全国耕地类型区耕地地力分等定级划分》标准，河南省质量较好的三等以上［1 400 斤以上地力／（亩·a）］耕地 4 252.72 万亩，占总耕地的 35.8%；四等及以下耕地 7 636.33 万亩，占总耕地的 64.2%。

2. 土壤重金属污染风险压力加剧

中原经济区土壤重金属污染风险呈现区域性土壤重金属累积持续与局部土壤重金属污染加剧的特征，未来土壤重金属污染压力将进一步加剧。

（1）在大范围的农业生产区受化肥施用影响，土壤表现出不同程度的重金属累积效应，随着未来化肥施用的持续，这种重金属累积也将持续存在

中原经济区近 10 年农业生产的化肥施用量年均增长 6% 以上，过量施用化肥的问题突出，化肥中的无效或有害成分在土壤中的累积速率较高，按 2012 年化肥施用强度计，仅化肥施用进入耕地土壤的重金属总量约为 1 592 t/a，土壤重金属累积速率 0.15 kg/（hm^2·a）左右。中原经济区作为我国重要的粮食生产基地，为了保证粮食稳产高产，施用化肥不可避免，由于化肥持续施用导致的农业生产区土壤重金属累积将持续存在。

根据 2006 年郑州市郊区表层土壤 Pb、Cr、Cd、Hg、As 含量进行评价，耕地表层土壤中各种重金属均超过背景值。土壤中 Cr 累积明显，远远高于背景值（见表 4-21）。

表 4-21　郑州市郊区某蔬菜生产基地土壤耕作层重金属含量（井灌区）

指标	Cu	Mn	Zn	Ni	Cr	Pb	Cd
最大值／（mg/kg）	24.05	580.8	79.03	31.00	66.19	23.18	0.222
最小值／（mg/kg）	6.12	500.4	10.97	22.82	47.51	8.54	0.112
平均值／（mg/kg）	19.12	544.5	51.70	27.74	57.99	18.50	0.156
标准差	6.02	25.43	26.98	2.72	6.05	5.19	0.03
变异系数 /%	31.46	4.67	52.19	9.79	10.44	28.03	19.54

注：1. 重金属含量差异较大，变异系数在 4.67% ～ 52.19%，属于分异型，受人类活动影响显著。
2. 菜地耕作层土壤重金属污染 Cd > Ni > Mn > Cu > Cr > Pb > Zn，单因子污染指数（参照河南省土壤环境背景值）分别为 2.44、1.02、0.97、0.96、0.92、0.85 和 0.83。综合污染指数 1.9，处于轻污染状态。
3. 城郊菜地土壤镉超过河南省土壤背景值 1.44 倍，镉的累积效应比较明显，主要来自长期大量施用磷肥。土样有机磷含量范围 3.65 ～ 52.74 g/kg，平均值为 30.76g/kg，处于较高水平。

南阳市无公害农产品生产基地占全市耕地面积的 33%（2007 年认定）。对粮食、蔬菜、林果和特种经济作物四大生产基地的连续 3 年监测表明，5 种重金属（Hg、Cd、Pb、As、Cr）含量均表现出不同程度的逐年增加趋势，Cd、Pb 的累积效应更加明显。蔬菜基地土壤重金属含量普遍高于粮食等其他基地。

2006 年对以农业为主的豫北 5 县（滑县、武陟、安阳、新乡和延津）优势农产品区土壤重金属污染评价结果显示，采样点附近均无工矿企业，按照土壤环境质量二级标准，新乡县和安阳县土壤重金属污染处于尚清洁水平，其他 3 县处于清洁水平。按照 Hǒkanson 潜在生态风险评价，5 县的土壤重金属 Hg 污染风险偏高，延津土壤 Hg 含量为一般风险，其他 4 县土壤 Hg 含量均处于高风险状态。总体上，滑县土壤重金属潜在风险为高风险，安阳、武陟、新乡土壤潜在风险处于中等，接近高风险。农业化肥、有机肥施用带来的土壤重金属污染值得高度重视。

（2）在污灌区和涉重工矿企业周边局部的土壤重金属严重污染情况将进一步加剧

目前，中原经济区的引黄灌区、井灌区的土壤重金属的富集明显低于渠灌，特别是污灌区土壤重金属的富集。在污灌区，尤其是从流经涉重产业集聚地区的河渠引水的灌区，耕地土壤重金属累积污染风险已经十分突出。

收集的个案研究资料表明，污灌区土壤 Cd 污染十分突出。位于海河流域的新乡市污水灌区，引用涉重企业污染的水灌溉，耕地土壤中 Cd、Ni、Zn、Cu 等重金属累积已达到重度生态危害状态（见表 4-22）。聊城的污水灌溉区个案研究表明，在 40 份土壤样品中，35 份样品重金属 Cd 为中等生态危害，3 份样品为强生态危害，仅有 2 份样品为轻微生态危害。3 份样品重金属 Hg 中等生态危害，其余为轻微生态危害。

表 4-22 新乡污灌土壤中的重金属含量					单位：mg/kg
	Pb	Zn	Cd	Cr	Cu	Ni
污灌区 1	6.46	220.58	94.54	61.41	32.30	254.5
寺庄顶灌区		2 799.25	65.31		145.78	1 196.6
标准	300	250	1.0	200	100	50

数据来源：皮运清，王学峰，陈勇华，等 . 新乡市污灌土壤中重金属含量及植物质量评价 [J]. 安徽农业科学，2007,35（12）：3634-3635。

在许昌市东南部开展的土壤重金属污染研究表明，土壤重金属累积的状态是比较明显的，与土壤二级标准比较，单项污染指数和综合污染指数均小于 0.5，属于"清洁"水平（见表 4-23）。

表 4-23 许昌（东南部）农田土壤耕作层重金属含量						单位：mg/kg
监测点	pH	Pb	Zn	Cd	Cr	As	Hg
1#	7.5	22.7	61.5	0.050	54.4	10.5	0.031
2#	7.4	20.1	56.2	0.046	51.1	9.6	0.021
3#	7.5	24.1	60.7	0.048	56.8	11.2	0.028
标准		300	250	1.0	200	25	0.5

数据来源：韩双成，周天键 . 许昌县农田土壤重金属污染质量评价 [J]. 河南科学，2011，29（2）：240-242.

矿区与工业区周边耕地土壤重金属污染呈现加剧状态。根据河南省环境质量报告书（2006—2012），土壤中 Cd 超标面积约为 3 120 km²，主要集中在济源、洛阳和新乡，以山前地带的表层土壤为主，沿宜阳、伊川—洛阳—偃师—荥阳一带的伊洛河流域大面积 Cd 含量较高；土壤中 Pb 超标面积 1 873.3 km²，主要集中在济源、洛阳、栾川和嵩县，铅冶炼企业周边一定范围内大气、土壤中 Pb 含量均出现超标，表现出与区域矿业开采及冶炼加工产业布局的关联性。

河南济源的 3 个冶炼加工企业的 5 km 范围内的 102 个土壤重金属样品表明，土壤重金属 Cd、As、Ni、Cu、Pb 等累积明显，土壤重金属污染程度横跨重、中、轻 3 个等级，全部超过安全警戒线；土壤中 Cd 污染严重，50% 土壤样品中 Cd 超过河南省土壤环境背景值，在 0.5～1.0 km 范围，往往出现 Cd 含量最大值。

煤炭矿区的煤矸石和粉煤灰场是周边土壤主要的重金属污染源。将土壤重金属污染按重污染、中污染、轻污染、警戒线、安全五级划分，目前，中原经济区煤炭矿区的耕地土壤重金属横跨重污染、中度污染、轻污染 3 个等级（见表 4-24 至表 4-27）。

表 4-24　矿区耕地土壤重金属污染评价（焦作煤田古汉矿区）

指标	Pb	Cr	Cd	As	Hg	pH
样本数 / 份	57	57	57	57	57	57
平均值 / (mg/kg)	57.6	38.4	1.47	8.87	66.49	8.06
最小值 / (mg/kg)	18.0	8.0	0.2	5.3	22.2	7.7
最大值 / (mg/kg)	566.1	76.0	18.7	24.6	262.9	8.4
标准差	93.81	14.68	3.23	3.26	45.48	0.2
变异系数 /%	1.63	0.38	2.20	0.37	0.68	0.02
单项污染指数（平均）	0.16	0.15	2.45	0.35	0.07	
单项污染指数范围	0.05 ～ 1.62	0.03 ～ 0.3	0.34 ～ 31.19	0.21 ～ 0.98	0.02 ～ 0.26	
综合污染指数	4.88（严重污染）					

表 4-25　矿区耕地土壤重金属污染评价（焦作煤田九里山矿区）

指标	Pb	Cr	Cd	As	Hg	pH
样本数 / 份	60	60	60	60	60	
平均值 / (mg/kg)	47.5	64.1	0.8	10.7	65.7	8.1
最小值 / (mg/kg)	27.2	39.0	0.1	4.4	37.4	7.8
最大值 / (mg/kg)	178.6	75.0	3.9	15.0	200.3	8.6
标准差	21.82	6.68	0.52	1.87	35.18	0.14
变异系数 /%	0.46	0.10	0.67	0.18	0.53	0.02
单项污染指数（平均）	0.14	0.26	1.29	0.43	0.66	
单项污染指数范围	0.078 ～ 0.51	0.16 ～ 0.30	0.22 ～ 6.54	0.18 ～ 0.60	0.04 ～ 0.20	
综合污染指数	1.19（轻度污染）					

表 4-26　矿区耕地土壤重金属污染评价（平顶山七矿、八矿塌陷区 - 未复垦区）　单位：mg/kg

样品号	Cd	Pb	Cu	Zn	Ni	Cr
T1	1.97	53.56	47.91	129.73	38.38	720.57
T2	0.54	68.35	39.91	3.43	73.21	449.00
平均	1.26	60.96	43.91	66.58	55.80	584.79
对照区 D1	0.99	66.85	17.26	34.00	13.29	711.58
D2	0.61	112.12	29.57	16.01	49.65	446.06
平均	0.80	89.49	23.42	25.01	31.47	578.82

表 4-27　矿区耕地土壤重金属污染（淮南矿区）　单位：mg/kg

样品号	Co	Cr	Cu	Pb	Zn
报废矿井区（大通区）	22.22±2.47	71.68±6.01	75.36±5.72	40.29±3.94	128±64
老矿井区（谢家集区）	24.94±2.41	59.15±14.7	32.14±3.65	30.86±6.28	67.88±28.6
新矿井区（新集区）	22.33±1.47	25.86±10.7	34.24±2.34	19.59±1.95	37.98±5.41
中国土壤背景值	12.7±6.40	61±31.1	22.6±11.4	26±12.4	74.2±32.8
淮南土壤背景值	10.74	64.93	24.16	30.47	80.81
土壤环境质量标准（二级）	—	200	100	300	250
土壤环境质量标准（一级）	—	90	35	35	100
（pH=6.5 ～ 7.5）	平原区煤矿的矸石中重金属的淋溶和迁移过程缓慢				

（3）畜禽养殖粪便还田的重金属污染不容忽视

由于大量含重金属（Cd、Pb、Zn、Cu 等）元素的饲料添加剂和抗生素类兽药的使用，畜禽粪便中含有一定量的重金属，以及农药、抗生素、多氯联苯等有机污染物，畜禽有机肥成分已发生质的变化。

据文献报道，在集约化养殖场，饲料添加剂中常有高含量的 Cu 和 Zn。猪饲料中 Cu 和 Zn 超标率可达 80% 以上，饲料中 Cu、Zn、Cd 等在猪粪中累积，使得猪粪中 Cu、Zn、Cd 含量是饲料中的几倍到十几倍。加上畜禽养殖大量使用含 As 兽药，畜禽粪便为主要原料的有机肥料 Cu、Cd、Zn 和 As 含量过高。过量施用重金属含量高的畜禽粪便有机肥的耕地，土壤重金属累积将加速，土壤安全隐患加剧。

在黄淮海地区（禹城市）有关畜禽粪便施用的土壤重金属污染研究表明，长期施用（持续施用有机肥≥ 10 年）猪粪、鸡粪、牛粪的土壤剖面中重金属 Cu、Zn、Pb、Cr、As 的含量要高于未施用畜禽粪便的对照土壤剖面，长期施猪粪土壤中的 Zn 元素含量超过土壤环境质量二级标准，长期施牛粪土壤中 Zn、As、Hg 超过当地潮土背景值（见图4-23）。偶尔施用（10 年中有 2 ～ 3 年施用有机肥）畜禽粪便土壤剖面中绝大多数重金属元素的含量低于长期施用畜禽粪便土壤剖面，且与未施用畜禽粪便的对照土壤剖面中这些元素污染程度相当。

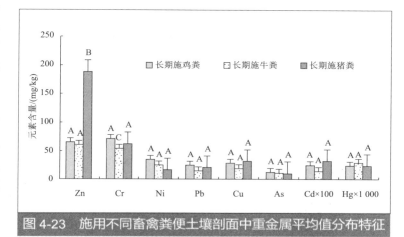

图4-23 施用不同畜禽粪便土壤剖面中重金属平均值分布特征

资料来源：叶必雄，刘圆，虞江萍，等. 施用不同畜禽粪便土壤剖面中重金属分布特征 [J]. 地理科学进展，2012，31（12）：1708-1714。

城市生活垃圾和污水处理厂污泥中的重金属含量也比较高。在城镇化发展进程中，生活垃圾和污水处理厂污泥总量将呈现持续增长趋势，城镇生活垃圾和污泥的合理综合利用，对减缓农业用地土壤重金属累积具有重要意义。

3. 农业面源污染控制压力巨大

中原经济区秸秆总量大，各地市秸秆综合利用发展不平衡，综合利用的压力较大。按照单位粮食产量的秸秆产生系数，2012 年中原经济区秸秆产生量约 1.65 亿 t，约占全国产生量的 19.6%。未实现综合利用的秸秆总量约 0.36 亿 t，单位耕地面积的未利用秸秆量 2.55 t/hm²。未被综合利用的秸秆被风吹雨淋、腐烂，对农村环境和水环境造成不良影响。

根据《河南省"十二五"农作物秸秆综合利用规划》，河南省秸秆综合利用的压力较大的地市包括驻马店、焦作、信阳、三门峡市、南阳、平顶山、新乡、济源、郑州、商丘、开封、洛阳、周口等。驻马店、焦作、信阳、三门峡市、南阳秸秆综合利用率在 60% 左右，平顶山、新乡、济源、郑州、商丘、开封、洛阳、周口地市秸秆综合利用率在 70% 水平（见表4-28）。

畜禽养殖污染是中原经济区面源污染的重要来源，中小规模养殖区成为畜禽粪便污染的重灾区。

畜禽养殖业在全国具有一定地位，2012 年中原经济区禽蛋、肉类和牛奶总量分别为

表 4-28　中原经济区（河南）秸秆利用状况（2010 年数据）

	中原经济区（河南）	全国（平均）	占全国比例
综合利用秸秆总量	0.59 亿 t	5 亿 t	11.8%
秸秆综合利用率	70.1%	70.6%	—
饲料化利用占比	32.9%	31.9%	—
肥料化利用占比	47.8%	15.6%	—
原料化利用	8.5%	5.2%	—
能源化利用	6.6%	17.8%	—

数据来源：《河南省"十二五"农作物秸秆综合利用规划》。

468.6 万 t、1 162.24 万 t 和 481.88 万 t，占全国总量分别为 16.4%、13.9% 和 12.4%。中原经济区畜禽养殖业主要集中在平原地区。生猪养殖主要集中在漯河、驻马店、菏泽等地，肉牛、奶牛养殖主要集中在许昌、泌阳、新蔡等地（见图 4-24）。

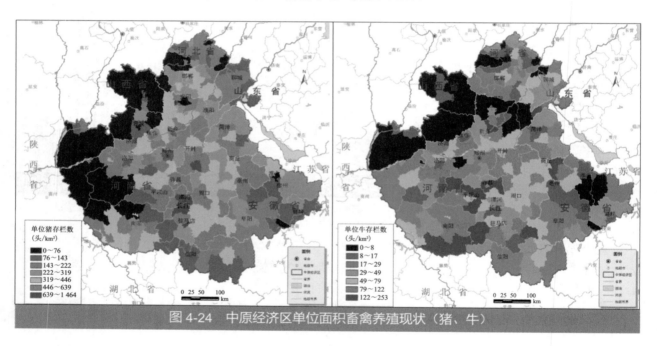

图 4-24　中原经济区单位面积畜禽养殖现状（猪、牛）

粗略估算，畜禽养殖粪便产生量约为 17 972.8 万 t，污水产生量 19 201.5 万 t，COD 产生量 20 707.2 万 t，氨氮产生量 255.9 万 t。

目前，畜禽养殖以规模以下养殖为主，如河南省规模以下养殖约占养殖总量的 2/3。规模以下养殖基本没有配套污染处理设施，畜禽粪便综合利用率低，畜禽养殖区的农业环境污染十分严重。

4. 矿产资源开发与生态服务功能重要区高度重叠

根据生态功能评价，中原经济区水源涵养功能的高度重要、中等重要区域主要分布在南部山地丘陵地区，生物多样性高度重要、中等重要区域主要分布在西部和南部山地丘陵地区，土壤侵蚀敏感性高的区域主要分布在西部、西南部和东南部的山地丘陵区。

矿产资源开发利用的重点区域与生态服务功能高度重要及中等重要区域分布高度重叠（见图4-25）。

山地丘陵生态系统的保护面临着矿产资源开发利用与水源涵养、生物多样性保护和土壤保持多方面协调的压力。矿产资源开发利用在一定程度上对林草植被造成一定的破坏，对水源涵养功能的维护和提升、生物生境和生物多样性保护带来负面影响。

2011年，中原经济区土壤侵蚀总面积为5.4万 km^2，占中原经济区国土总面积的18%，其中，轻度1.93万 km^2，中度1.85万 km^2，强度1.61万 km^2，99% 为水力侵蚀。

重度水土流失区主要分布在浅山丘陵区和黄土丘陵区，太行山、大别山区及黄土高原丘陵沟壑区水土流失较为严重。在全国745个水土流失严重县中，中原经济区占有33个。

矿产资源开发利用带来的生态破坏、水土保持十分突出。实现绿色矿山开发，生态建设与修复压力巨大。

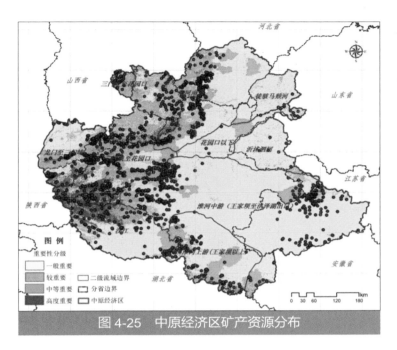

图 4-25　中原经济区矿产资源分布

第五章

资源环境承载状况分析评估

第一节　区域水资源与水环境承载力分析

在最严格的用水制度下，中原经济区的经济社会发展用水压力将得到缓解，生态需水依然缺乏保障，扭转水资源严重超载的状况还需要长期努力。在水资源处于严重超载的条件下，水体自净能力低下，虽然水污染物排放压力下降，未来 10～15 年依然难以实现中原经济区水环境质量全面达标的目标，水系统长期处于亚健康或不健康状态。

一、水资源承载压力持续增加

根据国务院《实行最严格水资源管理制度考核办法》（国办发〔2013〕2 号），中原经济区相关的五省制定了各省最严格水资源管理制度考核办法，确定所辖地市 2015 年、2020 年、2030 年用水总量控制指标。

中原经济区 2015 年用水总量比现状用水量增长 28.3 亿 m^3，计入南水北调东线工程及中线工程分水指标 42.57 亿 m^3，2015 年水资源开发利用率为 63.1%，略低于现状水资源开发利用率 65.3%。

2020 年中原经济区的用水总量 490.8 亿 m^3，比 2012 年增加 71 亿 m^3，南水北调东线及中线工程受水 42.57 亿 m^3，境内水源供水总量增加超过 28.5 亿 m^3，水资源开发利用率 69.8%（未考虑再生水回用），较现状水资源利用率提高 4.5 个百分点，水资源超载状态有所加剧。

2030 年各地市用水总量依然呈增加态势，扣除跨流域引水带来的可供水总量因素，中原经济区内的水资源开发利用率仍然处于高位，水资源超载状态虽得到遏制但难以扭转。

在实施最严格用水制度的条件下，水资源开发利用率依然在上升，经济社会发展需水压力全部转嫁到地下水开采或农业系统，农业用水安全受到威胁（见表 5-1 和图 5-1）。

根据中国环境科学研究院开展的《中原经济区发展战略环境评价水资源与水环境影响评价专题报告》在经济发展情景二下需水预测结果，预测中原经济区 2020 年、2030 年需水量分别为 507.97 亿 m³、536.72 亿 m³，均超过最严格用水管理制度用水总量指标。在考虑南水北调工程的情况下，中原经济区 2020 年、2030 年水资源开发利用率分别达到 72.1% 和 76%，较 2012 年分别提高 6.8 个百分点和 11.2 个百分点，水资源超载将进一步加剧（见图 5-2）。

表 5-1 最严格用水制度下的水资源开发利用率			单位：%
地市	2012 年水资源开发利用率	最严格用水指标约束下的水资源开发利用率		
		2015 年	2020 年	2030 年
郑州市	157.2	132.9	144.9	167.9
开封市	121.3	145.0	156.0	169.1
洛阳市	52.0	59.3	63.2	64.8
平顶山	71.5	52.1	63.6	69.1
安阳市	106.2	106.7	107.5	116.9
鹤壁市	116.1	108.6	109.2	120.8
新乡市	120.4	115.1	118.2	124.3
焦作市	173.2	159.1	161.2	171.8
濮阳市	288.6	262.5	266.9	280.3
许昌市	91.5	81.6	95.8	106.7
漯河市	74.8	59.8	71.1	78.4
三门峡市	28.9	30.2	31.5	32.4
南阳市	33.1	33.8	37.3	39.5
商丘市	79.1	75.9	82.5	88.7
信阳市	20.7	20.7	24.5	27.6
周口市	74.6	72.3	79.5	84.5
驻马店	28.2	22.4	26.1	28.4
济源市	85.1	90.0	95.2	96.5
邢台市	144.1	131.8	134.9	153.6
邯郸市	124.0	103.6	106.6	121.2
聊城市	150.2	152.0	159.2	179.6
菏泽市	116.1	116.4	116.4	118.1
长治市	33.5	29.7	35.1	35.3
晋城市	37.0	33.9	37.4	38.6
运城市	108.2	124.9	144.1	156.1
淮北市	57.1	62.8	79.9	83.8
亳州市	37.3	46.0	54.8	60.1
宿州市	31.5	32.9	38.1	41.3
蚌埠市	75.9	67.6	75.4	81
阜阳市	45.4	53.4	61.4	64.6
淮南市	239.8	184.9	275.7	294.2
中原经济区	65.3	63.1	69.8	75.3

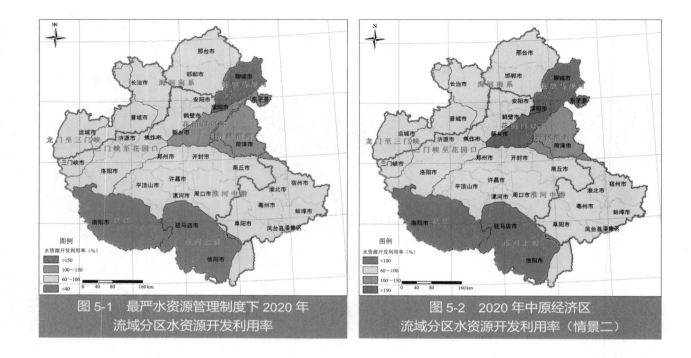

图 5-1　最严水资源管理制度下 2020 年
流域分区水资源开发利用率

图 5-2　2020 年中原经济区
流域分区水资源开发利用率（情景二）

二、水环境进入改善阶段，部分水体超载状态将长期持续

1. 水环境现状严重超载

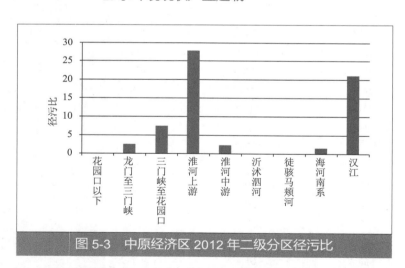

图 5-3　中原经济区 2012 年二级分区径污比

采用径污比表征地表水环境承载状态，中原经济区二级流域分区径污比见图 5-3。花园口以下、沂沭泗河、徒骇马颊河 3 个分区径污比为 0，地表水体已丧失污水承载能力；龙门至三门峡、三门峡至花园口、淮河中游、海河南系 4 个分区地表水体的污水承载能力较小。

地表水环境承载状态：以单位地表水资源承载的水污染物表征地表水环境承载状态，参照地表水环境质量类别进行承载状态分级（见表 5-2）。

表 5-2　地表水环境承载状态分级

分级	绿色	黄色	橙色	红色
COD/（mg/L）	15	15～20	20～30	≥30
氨氮/（mg/L）	0.5	0.5～1.0	1.0～1.5	≥1.5

根据 2012 年点源水污染物排放量，各二级流域分区 COD 虚拟排放浓度均超过 120 mg/L，氨氮虚拟排放浓度均超过 18 mg/L（见表 5-3）。

表 5-3 中原经济区二级流域分区水环境承载现状

二级流域分区	虚拟排放浓度 /（mg/L）		径污比	可承载条件
	COD	氨氮		
花园口以下	139	20	0～1	废水处理达地表水标准
龙门至三门峡	240	31	1～5	废水处理提标
三门峡至花园口	114	18	1～5	废水处理提标
淮河上游	211	29	20～25	废水达标排放
淮河中游	173	24	1～5	废水处理提标
沂沭泗河	223	32	0～1	废水处理达地表水标准
徒骇马颊河	130	19	0～1	废水处理达地表水标准
海河南系	158	23	1～5	废水处理提标
汉江	186	28	15～20	废水达标排放

2. 地表水环境超载的状态无法根本性转变

南水北调工程跨流域引水能够一定程度缓解、减轻受水城市经济社会需水压力，由于这些区域河道径流并没有增加，跨流域引水后用水增加导致排水量也相应增加，对于海河流域、淮河流域相当部分河流（如海河流域的共产主义渠，淮河流域的涡河、惠济河、贾鲁河等）而言，其径污比进一步降低，地表水环境超载进一步加剧；对于常年性或季节性断流的河流（如海河流域的子牙河、滏阳河、马颊河、卫河等）而言，"有水皆污"的状况将会加剧。各河流分区水环境承载状况见表 5-4，不同年份水环境承载状态预测结果见表 5-5。

在适度发展 II 情景和强化水污染控制策略下，中原经济区的水环境依然处于高压状态，地表水环境超载的状态没有根本性转变，水环境质量改善呈现"量"的变化，没有"质"的变化。有关水污染控制规划中确定的优先控制单元中，2020 年前大部分水质改善型优先控制单元的水环境质量将仅有水污染浓度"量"的变化，不会有水质类别"质"的改善。

表 5-4 中原经济区各流域分区水环境承载状况

二级流域分区	水污染负荷增减 /%		径污比		可承载条件
	COD	氨氮	现状	趋势	
花园口以下	+23	−15	0～1	—	废水处理达地表水标准
龙门至三门峡	−12	−32	1～5	—	废水处理提标
三门峡至花园口	+22	−18	1～5	—	废水处理提标
淮河上游	−18	−34	20～25	—	废水达标排放
淮河中游	−22	−34	1～5	—	废水处理提标
沂沭泗河	−40	−50	0～1	—	废水处理达地表水标准
徒骇马颊河	+6	−20	0～1	—	废水处理达地表水标准
海河南系	+2	−31	1～5	—	废水处理提标
汉江	−3	−21	15～20	▲ —	废水达标排放
中原经济区	−10	−31			

注：水污染负荷变化数据对应适度发展情景 II 和强化水污染控制策略。

二级流域分区	2012 年		2020 年		2030 年	
	COD	氨氮	COD	氨氮	COD	氨氮
花园口以下	51.7	7.5	63.6	6.37	69.1	6.78
龙门至三门峡	41.3	5.4	36.2	3.66	31.0	3.10
三门峡至花园口	18.2	2.9	22.2	2.38	21.5	2.22
淮河上游	7.4	1.0	6.1	0.69	5.8	0.64
淮河中游	29.9	4.2	23.3	2.76	21.6	2.57
沂沭泗河	80.3	11.6	48.1	5.78	38.7	4.83
徒骇马颊河	106.5	16.0	112.8	12.72	99.2	11.10
海河南系	50.3	7.2	51.2	4.98	51.3	4.60
汉江	9.2	1.4	8.9	1.07	8.1	1.01
中原经济区	24.9	3.6	22.3	2.47	21.2	2.29

表 5-5　中原经济区二级分区水环境承载状态（点源负荷）　　　单位：mg/L

第二节　大气环境承载力分析

一、容量质量法与大气环境承载率

1. 大气环境容量与承载力

大气环境容量是指某一区域内满足维护生态系统平衡和保护人群健康的条件下大气环境所能承纳污染物的最大能力，或所能允许排放的污染物的总量。

环境容量通常以法规环境容量表示。法规环境容量（SEC）是指达到法律或标准所规定的环境容量，又称为标准或基准环境容量。法规环境容量非真实环境容量（TEC），大于真实环境容量。绝对环境容量（ASEC）是指环境背景和外部影响均为零时的法规环境容量，背景环境容量（BSEC）是指因环境背景值、外部影响和本地未知源影响所消耗的环境容量，剩余环境容量（RSEC）是指考虑环境背景值、外部影响和本地未知源影响后剩余的法规环境容量。

法规环境容量（SEC）是一个动态的环境容量，随着法规或标准的加严而减少，真实环境容量（TEC）在相对平静的地质历史时期可以认为是一个定值。

大气环境承载能力是指在一定时期内，在维持相对稳定的前提下，大气环境对人类社会、经济活动的支撑能力的阈值。大气环境承载能力研究多局限于大气环境对污染物的消纳能力，是指"在满足一定环境标准条件下，某一大气环境单元所能承纳的污染物最大排放量"。这个概念与大气环境容量基本相同。

2. 容量质量法大气承载率

采用大气环境承载率表征大气环境承载状态。大气环境承载率指数计算公式如下：

$$AELRI = \max(AELRI_i, i-1, n)$$

$$AELRI_i = \frac{ET_i}{ASEC_i}$$

$$ET_i = E_i + E_{C_{0i}}$$

式中：AELRI——大气环境承载率指数，量纲一；

AELRI$_i$——第 i 种污染物大气环境承载率，量纲一；

ET$_i$——控制区第 i 种污染物空气质量浓度 C_i 对应的排放量，t/a；

ASEC$_i$——控制区第 i 种污染物的绝对环境容量，t/a；

n——大气污染物的种类数；

E_i——本地已知（统计）污染源排放 i 种污染物的排放量，t/a；

$E_{C_{0i}}$——将背景浓度 C_0 转化为本地污染源排放 i 种污染物的当量排放量，t/a。

3. 大气环境超载预警分级

采用大气环境承载率指数（AELRI）表征大气环境承载状态。大气环境承载率指数即大气污染物排放量与环境容量的比值见表 5-6。

表 5-6 区域大气环境承载率分级

级别	AELRI	承载能力	预警调控	发展对策
1	＞0.6	有较大的环境承载能力	优先发展	—
2	0.6～0.8	有一定的环境承载能力	适度发展	增产不增污
3	0.8～1.0	环境承载力已趋于饱和	优化发展	增产不增污，1.5～2.0 倍减排替代
4	1.0～2.0	已超过环境承载能力	控制发展	增产减污，2.0 倍以上减排替代
5	＞2.0	严重超过环境承载能力	限制发展	增产大减污，2.0 倍以上减排替代

二、大气环境超载预警区域

1. 现状大气环境超载预警区域

2012 年中原经济区大气污染物排放量分别为 SO$_2$ 238.08 万 t、NO$_x$ 294.76 万 t、PM$_{10}$ 154.04 万 t，以单位面积承载大气污染物量表征的环境压力是全国平均值的 2 倍左右。

以地级市为评估单元，2012 年中原经济区所有城市的 PM$_{10}$ 全面超载，其中，凤台县、东平县、菏泽市、郑州市、开封市、潘集区、平顶山市、许昌市、周口市、济源市、漯河市、邯郸市、安阳市、焦作市、洛阳市、聊城市等 16 个地市（县）严重超载；近 1/4 城市 NO$_x$ 已经饱和或超载，相当一部分城市 SO$_2$ 承载率进入预警区域，需要采取适度发展、优化发展战略控制区域性大气环境污染。

中原经济区现状大气环境承载状态见表 5-7 和图 5-4。

表 5-7 中原经济区现状大气环境承载状态

大气环境承载率	地市级地区		
	SO₂	NOₓ	PM₁₀
> 2.0	—	—	郑州、开封、洛阳、平顶山、安阳、焦作、许昌、漯河、周口、济源、潘集区、凤台县、邯郸、东平、聊城、菏泽
1.0 ～ 2.0	鹤壁、周口	郑州、平顶山、新乡、三门峡、济源、菏泽、安阳	鹤壁、新乡、濮阳、三门峡、南阳、商丘、信阳、驻马店、蚌埠、淮北、阜阳、宿州、亳州、长治、晋城、运城、邢台
0.8 ～ 1.0	信阳、驻马店、潘集区	洛阳、鹤壁	—
0.6 ～ 0.8	洛阳、安阳、焦作、济源、凤台县、晋城、聊城、菏泽	焦作、凤台县、宿州、长治、邯郸	—
< 0.6	郑州、开封、平顶山、新乡、濮阳、许昌、漯河、三门峡、南阳、商丘、蚌埠、淮北、阜阳、宿州、亳州、长治、运城、邯郸、邢台、东平	开封、濮阳、许昌、漯河、南阳、商丘、信阳、周口、驻马店、蚌埠、潘集区、淮北、阜阳、亳州、晋城、运城、邢台、东平、聊城	—

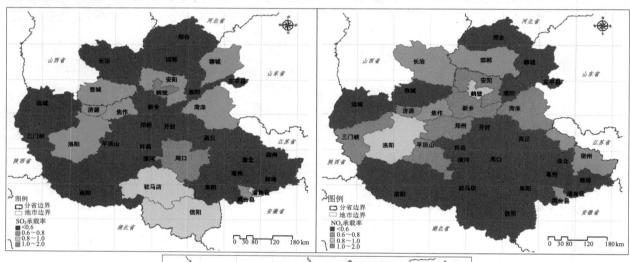

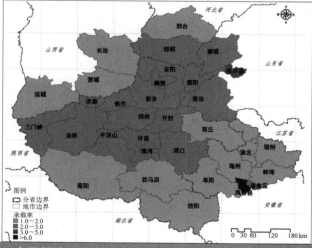

图 5-4 中原经济区现状大气环境承载率分布（SO₂、NOₓ、PM₁₀）

2. 2020—2030 年大气环境超载预警区域

根据适度发展情景 II 下 2020 年、2030 年大气污染物排放量预测结果，以地级城市为单元利用容量质量法测算大气环境承载率（见表 5-8）。

污染物	水平年	GDP/ 万亿元	环境承载率（AELRI）				
			≤ 0.6	0.6 ~ 0.8	0.8 ~ 1.0	1.0 ~ 2.0	> 2.0
SO_2	2012	4.645	22	6	3	2	0
	2020	8.47	27	2	3	1	0
	2030	14.41	26	3	3	1	0
NO_x	2012	4.645	20	4	2	7	0
	2020	8.47	22	7	0	4	0
	2030	14.41	24	5	1	3	0
PM	2012	4.645	0	0	0	17	16
	2020	8.47	0	0	3	20	10
	2030	14.41	0	2	2	19	10

表 5-8　中原经济区大气环境承载率分级的城市统计

2020 年，中原经济区鹤壁 SO_2 环境承载率大于 1.0，周口、驻马店和信阳等 3 个城市的 SO_2 环境承载率达到警戒线，在 0.8 ~ 1.0；聊城和菏泽 SO_2 环境承载率在 0.6 ~ 0.8，其余 27 个地市 SO_2 环境承载率在 0.6 以下。安阳、新乡、郑州和菏泽等 4 个城市 NO_x 环境承载率在 1.0 ~ 2.0；邯郸、东平、濮阳、济源、三门峡、洛阳和平顶山等 7 个城市 NO_x 环境承载率在 0.8 ~ 1.0；其他地区的 NO_x 环境容量尚有较大空间。聊城、东平、菏泽、郑州、开封、许昌、漯河、周口和凤台等 9 个城市（区县）颗粒物环境承载率大于 2.0，长治、晋城和运城等 3 个城市的颗粒物环境承载率在 0.8 ~ 1.0；其余 21 个城市（区县）的颗粒物环境承载率在 1.0 ~ 2.0。

2030 年，鹤壁 SO_2 环境承载率在 1.0 ~ 2.0，周口、驻马店和信阳等 3 个城市在 0.8 ~ 1.0，聊城、菏泽和郑州等 3 个城市 SO_2 环境承载率在 0.6 ~ 0.8；其余 26 个地区的 SO_2 环境容量尚有较大空间。新乡、郑州和菏泽等 3 个城市 NO_x 承载率在 1.0 ~ 2.0；安阳环境承载率在 0.8 ~ 1.0；济源、洛阳、平顶山、濮阳和东平等 5 个城市承载率在 0.6 ~ 0.8；其余 24 个地区的 NO_x 环境容量尚有较大空间。聊城、东平、菏泽、郑州、开封、漯河、许昌、周口和凤台等 9 个城市（区县）的颗粒物环境承载率大于 2.0；邢台和运城颗粒物环境承载率在 0.8 ~ 1.0；长治和晋城颗粒物环境承载率在 0.6 ~ 0.8；其余 20 个城市（区县）颗粒物环境承载率在 1.0 ~ 2.0。

依大气环境承载率划分红、橙、黄大气环境污染控制预警等级，在适度发展情景下，2020—2030 年中原经济区进入大气环境承载预警的地市见表 5-9 和图 5-5。

2012 年，中原经济区 16 个地市（县）处于 PM_{10} 红色预警，涉及人口 7 600 万人，占中原经济区总人口的 47%，其余地市处于橙色预警。2020 年，预计 9 个地市（县）处于 PM_{10} 红色预警，涉及人口占中原经济区总人口的 27%；有 21 个地市（县）处于橙色预警，涉及人口占中原经济区总人口的 66%。

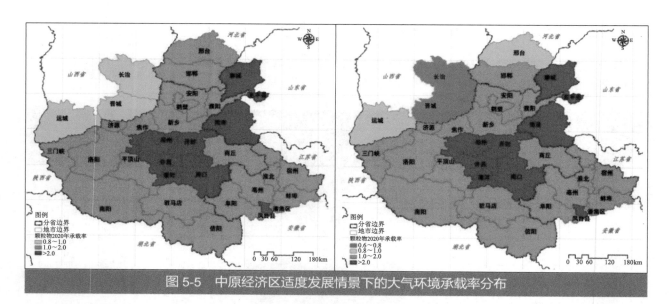

图 5-5　中原经济区适度发展情景下的大气环境承载率分布

表 5-9　中原经济区 2020—2030 年各地市大气环境承载预警情况

预警等级	大气环境承载预警地市		
	2012 年	2020 年	2030 年
红（＞2.0）	郑州、开封、洛阳、平顶山、安阳、焦作、许昌、漯河、周口、济源、潘集区、凤台县、邯郸、东平、聊城、菏泽	聊城、东平、菏泽、郑州、开封、许昌、漯河、周口、凤台	聊城、东平、菏泽、郑州、开封、漯河、许昌、周口、凤台
橙（1.0～2.0）	鹤壁、新乡、濮阳、三门峡、南阳、商丘、信阳、驻马店、蚌埠、淮北、阜阳、宿州、亳州、长治、晋城、运城、邯郸、邢台	洛阳、平顶山、安阳、鹤壁、新乡、焦作、濮阳、三门峡、南阳、商丘、信阳、驻马店、济源、蚌埠、潘集区、淮北、阜阳、宿州、亳州、邯郸、邢台	洛阳、平顶山、安阳、鹤壁、新乡、焦作、濮阳、三门峡、南阳、商丘、信阳、驻马店、济源、蚌埠、潘集区、淮北、阜阳、宿州、亳州、邯郸
黄（0.8～1.0）	—	长治、晋城、运城	邢台、运城

第三节　生态安全格局与空间管控

一、生态服务重要性和生态敏感性

1. 生态服务重要性

生态重要性评价是评价生态系统服务功能的重要性。生态系统服务功能是指生态系统与生态过程所形成及所维持的人类赖以生存的自然环境条件与效用。生态系统服务功能评价的目的是要明确回答区域各类生态系统的生态服务功能及其对区域可持续发展的作用与重要性，并依据其重要性分级，明确其空间分布。生态系统服务功能评价是针对区域典型生态系统，评价生态系统服务功能的综合特征，根据区域典型生态系统服务功能的能力，按照一定的分区原则和指标，将区域划分成不同的单元，以反映生态服务功能的区域分异规律，并用具体数据和图件支持评价结果。根据中原经济区的特点，按照土壤保持、水源涵养、生物多样性保护 3 类进行生态系统服务功能重要性评价，重要性由低到高依次划分为一般重要、较重要、中等重要、高度重要 4 个级别。

（1）生物多样性

主要从区域生境质量、生境稀缺性两个方面评价区域生物多样性维持功能。计算方法：

①生境质量：采用生境质量指数评价生境质量

$$Q_{xj} = H_j \left[1 - \left(D_{xj}^z \middle/ D_{xj}^z + k^z \right) \right]$$

$$D_{xj} = \sum_{r=1}^{R} \sum_{y=1}^{Y_r} \left(w_r \middle/ \sum_{r=1}^{R} w_r \right) r_y i_{rxy} \beta_x S_{jr}$$

式中：Q_{xj}——土地利用与土地覆盖 j 中栅格 x 的生境质量；

D_{xj}——土地利用与土地覆盖或生境类型 j 栅格 x 的生境胁迫水平；

w_r——胁迫因子的权重，表明某一胁迫因子对所有生境的相对破坏力；

β_x——栅格 x 的可达性水平，1 表示极容易达到；

S_{jr}——土地利用与土地覆盖（或生境类型）j 对胁迫因子 r 的敏感性，该值越接近 1 表示越敏感；

k——半饱和常数，当 $1 - \left(D_{xj}^z \middle/ D_{xj}^z + k^z \right) = 0.5$ 时，k 值等于生境胁迫水平值；

H_j——土地利用与土地覆盖 j 的生境适合性。

栅格 y 中胁迫因子 r（r_y）对栅格 x 中生境的胁迫作用为 i_{rxy}，计算公式如下：

$$i_{rxy} = 1 - \left(\frac{d_{xy}}{d_{r\max}} \right) \quad \text{（线性）}$$

$$i_{rxy} = \exp \left[-\left(\frac{2.99}{d_{r\max}} \right) d_{xy} \right] \quad \text{（指数）}$$

式中：d_{xy}——栅格 x 与栅格 y 之间的直线距离；

$d_{r\max}$——胁迫因子 r 的最大影响距离。

② 生境稀缺性

$$R_x = \sum_{x=1}^{X} \sigma_{xj} R_j$$

式中：R_x——栅格 x 的稀缺性；

σ_{xj}——栅格 x 的土地覆盖类型是否为类型 j，若是，则 $\sigma_{xj}=1$，反之，为 0；

R_j——土地覆盖类型 j 的变化指数。

$$R_j = 1 - \frac{N_j}{N_{j,\text{baseline}}}$$

土地利用与土地覆盖 R_j 值越接近 1，土地利用与土地覆盖受到保护的可能性越大，如果土地利用与土地覆盖 j 在基线景观格局下消失，则 $R_j=0$；

N_j——当前土地利用与土地覆盖 j 的栅格数；

$N_{j,\text{baseline}}$——基线景观格局下土地利用与土地覆盖 j 栅格数。

（2）土壤保持

根据降雨、土壤、坡长坡度、植被和土地管理等因素获取潜在和实际土壤侵蚀量，以两者的差值即土壤保持量来评价生态系统土壤保持功能的强弱。

采用通用土壤流失方程 USLE 进行评价，包括自然因子和管理因子两类。在具体计算时，需要利用已有的土壤侵蚀实测数据对模型模拟结果进行验证，并且修正参数。

土壤侵蚀量 USLE：

$$\text{USLE} = R \cdot K \cdot LS \cdot C \cdot P$$

式中：R——降雨和径流因子；

K——土壤可蚀性因子；

LS——坡度坡长因子；

C——植被与经营管理因子；

P——水土保持因子。

土壤保持量 SC：

$$\text{SC} = R \cdot K \cdot LS \cdot (1 - C \cdot P)$$

① 降雨侵蚀力因子

$$\overline{R} = \sum_{k=1}^{24} \overline{R}_{\text{半月}k} \qquad \overline{R}_{\text{半月}k} = \frac{1}{n} \sum_{i=1}^{N} \left(\alpha \sum_{j=1}^{m} P_{d_{ij}}^{\beta} \right)$$

$$\alpha = 21.239 \beta^{-7.3967}$$

$$\beta = 0.6243 + \frac{27.346}{\overline{P}_{d_{12}}}$$

$$\overline{P}_{d_{12}} = \frac{1}{n} \sum_{l=1}^{n} P_{d_l}$$

式中：R——多年平均年降雨侵蚀力，$\text{MJ} \cdot \text{mm}/(\text{hm}^2 \cdot \text{h} \cdot \text{a})$；

$R_{\text{半月}k}$——第 k 半月的多年平均降雨侵蚀力，$\text{MJ} \cdot \text{mm}/(\text{hm}^2 \cdot \text{h})$；

$P_{d_{ij}}$——第 i 年第 k 半月第 j 日大于等于 12 mm 的日雨量；

α、β——回归系数；

$P_{d_{12}}$——日雨量大于等于 12 mm 的日平均值，mm；

P_{d_1}——统计时段内第 1 日大于或等于 12 mm 的日雨量；

k——1 年 24 个半月，$k=1, 2, \cdots, 24$；

i——年数，$i=1, 2, \cdots, n$；

j——第 i 年第 k 半月日雨量大于或等于 12 mm 的日数，$j=1, 2, \cdots, m$；

l——统计时段内所有日雨量大于或等于 12 mm 的日数，$l=1, 2, \cdots, n$。

由各雨量站的多年日雨量数据计算站点 $\overline{R}$ 后，通过 Kriging 插值法进行空间内插，得到降雨侵蚀力栅格图层，精度与其他图层一致。

② 土壤可蚀性因子

$$K_0 = \left\{ 0.2 + 0.3 \exp \left[-0.0256 m_{\text{s}} (1 - m_{\text{silt}}/100) \right] \right\} \times \left[m_{\text{silt}} / (m_{\text{c}} + m_{\text{silt}}) \right]^{0.3}$$

$$\times\left\{1-0.25\text{orgC}/\left[\text{orgC}+\exp\left(3.72-2.95\text{orgC}\right)\right]\right\}$$

$$\times\left\{1-0.7\left(1-m_s/100\right)/\left\{\left(1-m_s/100\right)+\exp\left[-5.51+22.9\left(1-m_s/100\right)\right]\right\}\right\}$$

$$K=\left(-0.013\,83+0.515\,75\times K_0\right)\times0.131\,7$$

式中：K_0——土壤可蚀性因子；

K——修正后的土壤可蚀性因子，$\text{t}\cdot\text{hm}^2\cdot\text{h}/\left(\text{hm}^2\cdot\text{MJ}\cdot\text{mm}\right)$；

m_s——土壤砂粒百分含量；

m_{silt}——土壤粉粒百分含量；

m_c——土壤黏粒百分含量；

orgC——有机碳百分含量。

根据各土壤亚类的属性信息计算得到相应 K 值（见表 5-10），再使用 ArcGIS 中的 Polygon to Raster 工具将该字段进行矢量栅格转换，得到土壤可蚀性栅格图层。

表 5-10　部分土壤类型 K 值

土壤类型	K 值	土壤类型	K 值	土壤类型	K 值
草褐土	0.362 6	湿潮土	0.353 7	淋溶棕壤	0.240 2
潮土	0.340 1	石灰性褐土	0.349 6	沙姜潮土	0.340 1
粗草棕壤	0.240 2	山地草甸土	0.213 7	盐潮土	0.411 6
褐土	0.322 1	沼泽草甸土	0.213 6	生草棕壤	0.240 2
棕土	0.215 7				

③ 坡长 - 坡度因子

$$\begin{cases} S=10.8\sin\theta+0.03 & \theta<5° \\ S=16.8\sin\theta-0.5 & 5°\leqslant\theta<10° \\ S=21.91\sin\theta-0.96 & \theta\geqslant10° \end{cases}$$

$$L=\left(\frac{\lambda}{22.13}\right)^m$$

$$m=\beta/(1+\beta)$$

$$\beta=(\sin\theta/0.089)/\left[3.0\times(\sin\theta)^{0.8}+0.56\right]$$

式中：θ——坡度，°；

λ——坡长，m。

坡度可通过 ArcGIS 中的 Slope 工具实现，坡长则可通过 ArcGIS 中的 Flow Accumulation 计算汇流量，以汇流量与栅格分辨率的乘积近似表示。

④ 植被覆盖与管理因子

通过文献或专家咨询获取。

⑤ 水土保持措施因子

通过文献或专家咨询获取。

（3）水源涵养

采用降水贮存量法，即用生态系统的蓄水效应来衡量其涵养水分的功能：

<table>
<tr><th colspan="10">表 5-11　区域 C、P 值</th></tr>
<tr><th></th><th>森林</th><th>灌丛</th><th>园地</th><th>水田</th><th>旱地</th><th>水域</th><th>城市及建设用地</th><th>裸地</th><th>草地</th></tr>
<tr><td>C</td><td>0.005</td><td>0.099</td><td>0.18</td><td>0.18</td><td>0.228</td><td>0</td><td>0</td><td>1</td><td>0.112</td></tr>
<tr><td>P</td><td>1</td><td>1</td><td>0.69</td><td>0.15</td><td>0.352</td><td>0</td><td>0.01</td><td>1</td><td>1</td></tr>
</table>

$$Q = A \cdot J \cdot R$$
$$J = J_0 \cdot K$$
$$R = R_0 - R_g$$

式中：Q——与裸地相比，森林、草地、湿地、耕地、荒漠等生态系统涵养水分的增加量，mm/（hm^2·a）；

A——生态系统面积，hm^2；

J——计算区多年均产流降雨量，$P > 20$ mm；

J_0——计算区多年均降雨总量，mm；

K——计算区产流降雨量占降雨总量的比例；

R——与裸地（或皆伐迹地）相比，生态系统减少径流的效益系数；

R_0——产流降雨条件下裸地降雨径流率；

R_g——产流降雨条件下生态系统降雨径流率。

参照赵同谦等以秦岭—淮河一线为界限将全国划分为北方区和南方区。而北方降雨较少，降雨主要集中于 6—9 月，甚至一年的降雨量主要集中于一两次降雨中。南方区降雨次数多、强度大，主要集中于 4—9 月。因此，建议北方区 K 取 0.4，南方区 K 取 0.6。

根据已有的实测和研究成果，结合各种生态系统的分布、植被指数、土壤、地形特征以及对应裸地的相关数据，可确定全国主要生态系统类型的 R 值，表 5-12 是主要森林生态系统的 R 值。其他草地、灌木林、沼泽等生态系统的 R 值有待进一步确定。

<table>
<tr><th colspan="10">表 5-12　中国主要森林生态系统类型 R 值</th></tr>
<tr><th>森林类型</th><th>寒温带落叶松林</th><th>温带针叶林</th><th>温带亚、热带落叶阔叶林</th><th>温带落叶小叶疏林</th><th>亚热带常绿落叶阔叶混交林林</th><th>亚热带常绿阔叶林</th><th>亚热带、热带针叶林</th><th>亚热带热带竹林</th><th>热带雨林、季雨林</th></tr>
<tr><td>R 值</td><td>0.21</td><td>0.24</td><td>0.28</td><td>0.16</td><td>0.34</td><td>0.39</td><td>0.36</td><td>0.22</td><td>0.55</td></tr>
</table>

生态服务综合重要性则由土壤保持、水源涵养、生物多样性保护服务重要性叠加构成。通过计算，可得到各个服务的生态服务重要性分布图（见图 5-6）。

从生态服务综合重要性图来看，一般重要区的面积为 19.36 万 km^2，占总面积的 66.99%；较重要区的面积为 5.68 万 km^2，占总面积的 19.65%；中等重要区面积为 2.44 万 km^2，占总面积的 8.45%；高度重要的面积为 1.43 万 km^2，占总面积的 4.93%。中等重要和高度重要区情况见表 5-13。

按照生态服务综合重要性分级，将生态服务综合中等重要和高度重要区的并集区域作为重要生态功能区。中原经济区重要生态功能区的面积为 3.87 万 km^2，占总面积的 13.38%（见图 5-7）。主要分布在龙门至三门峡流域中部和南部、三门峡至花园口流域西北部和南部、海河南系西部、汉江流域西部、淮河上游南部以及淮河中游南部。

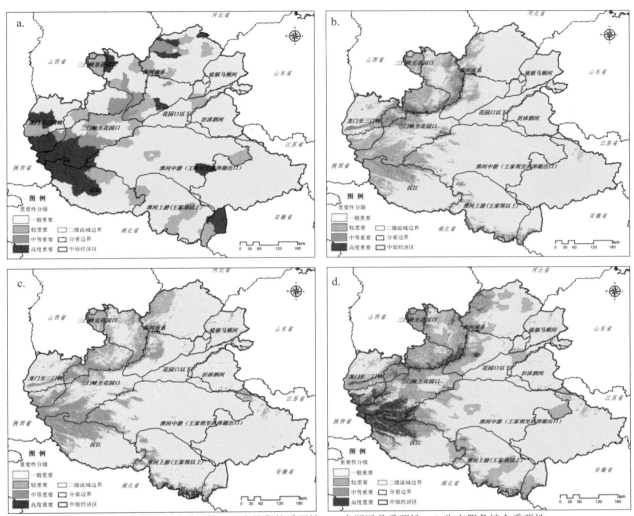

a. 生物多样性保护重要性；b. 土壤保持重要性；c. 水源涵养重要性；d. 生态服务综合重要性

图 5-6 中原经济区生态服务重要性

表 5-13 中原经济区生态服务功能高度重要和中等重要区

生态服务功能	重要性等级	总面积 / 万 km²	占中原经济区面积比例 /%
生物多样性保护	高度重要	3.30	11.41
	中等重要	1.21	4.19
土壤保持	高度重要	0.61	2.10
	中等重要	1.57	5.44
水源涵养	高度重要	0.20	0.68
	中等重要	4.16	14.40
生态服务综合	高度重要	1.43	4.93
	中等重要	2.44	8.45

图 5-7　中原经济区重要生态功能区空间分布

2. 生态敏感性

生态敏感性是指生态系统对区域中各种自然和人类活动干扰的敏感程度，它反映的是区域生态系统在遇到干扰时，发生生态环境问题的难易程度和可能性的大小，也就是在同样的干扰强度或外力作用下，各类生态系统出现区域生态环境问题的可能性的大小。生态环境敏感性评价可以应用定性与定量相结合的方法进行，利用遥感数据、地理信息系统技术及空间模拟等先进的方法与技术手段来绘制区域生态环境敏感性空间分布图。分布图包括单个生态环境问题的敏感性分区图，也包括在各种生态环境问题敏感性分布的基础上，进行区域生态环境敏感性综合分区图。其中，每个生态环境问题的敏感

性往往由许多因子综合影响而成，对每个因子赋值，最后得出总值。根据中原经济区生态系统特征和生态环境主要影响因子，选择土壤侵蚀、荒漠化、酸雨、盐渍化 4 个方面进行敏感性评价。生态敏感性分为一般敏感、较敏感、敏感、极敏感 4 级。将 4 个评价结果叠加得到生态系统敏感性综合评价结果。

（1）土壤侵蚀敏感

土壤侵蚀敏感性评价是为了识别容易形成土壤侵蚀的区域，评价土壤侵蚀对人类活动的敏感程度。根据《生态功能区划暂行规则》推荐的方法，主要考虑降水侵蚀力（R）、土壤质地因子（K）、坡度因子（S）与地表覆盖因子（C）4 个方面因素的影响（见表 5-14）。

表 5-14　中原经济区生态敏感性评价指标体系

生态问题	影响因子	一般敏感	较敏感	敏感	极敏感
土壤侵蚀	年平均降雨量 /（mm/ 月）	≤ 25	25 ～ 100	100 ～ 500	≥ 500
	土壤质地（土壤类型或 K 值）	石砾、沙	粗砂土、细砂土、黏土	面砂土、壤土	砂壤土、粉黏土、壤黏土
	坡度 /（°）	＜ 8	8 ～ 15	15 ～ 25	＞ 25
	地表覆盖物类型	水域、沼泽水田、城市	阔叶林、针叶林、灌丛	草地	旱地、裸地

① 降水侵蚀力（R）值：与土壤侵蚀关系比较密切的降雨特征参数较多，在实际工作中，一般采用综合参数 R 值——降雨冲蚀潜力（降水侵蚀力）来反映降雨对土壤流失的影响。

② 土壤质地因子（K）：土壤质地组成主要包括砂粒、粉粒和黏粒这三类组分，根据国际制土壤质地分类系统，＜ 0.002 mm 的土粒为黏粒，0.002 ～ 0.02 mm 的土粒为粉粒，0.02 ～ 2 mm 为砂粒。根据这三类粒级组分的不同含量（%），可以把土壤质地进一步细分为砂土、壤质砂土、砂质壤土、壤土、砂质黏壤土、砂质黏土、黏壤土和黏土等。

③ 坡度因子（S）：地形起伏度是影响土壤侵蚀的一个重要因素，它反映了坡长、坡度等

地形因子对土壤侵蚀的综合影响。

④地表覆盖因子（C）：植被覆盖是防止土壤侵蚀的一个重要因子，其防止侵蚀的作用主要包括对降雨能量的削减作用、保水作用和抗侵蚀作用。不同的地表植被类型，防止侵蚀的作用差别较大，由森林到草地到荒漠，其防止侵蚀的作用依次减小。

⑤土壤侵蚀敏感性综合评价

结合以上4种因子的评价结果，利用地理信息系统软件中的空间叠加分析功能，计算土壤侵蚀敏感性指数，分级后得到土壤侵蚀综合敏感性评价结果。

$$SS_j = \sqrt[4]{\prod_{i=1}^{4} C_i}$$

式中：SS_j——j 空间单元土壤侵蚀敏感性指数；

C_i——i 因素敏感性等级值。

（2）土壤沙化敏感

根据《生态功能区划暂行规则》提供的方法，土地沙漠化可以用湿润指数、植被覆盖、水资源等来评价区域沙漠化敏感性程度，具体指标与分级标准见表5-15。

表5-15 中原经济区生态敏感性评价指标体系

生态问题	影响因子	一般敏感	较敏感	敏感	极敏感
土壤沙化	湿润指数（干燥度）	＞0.65	0.50～0.65	0.20～0.50	≤0.20
	植被覆盖	森林、水域、城市	灌木	草地	农田、裸地
	单位面积地表水资源量/（万 m³/km²）	9.8～12.5	8.0～9.8	5.1～8.0	≤5.1

沙漠化敏感性指数计算方法如下：

$$DS_j = \sqrt[3]{\prod_{i=1}^{3} D_i}$$

式中：DS_j——j 空间单元沙漠化敏感性指数；

D_i——i 因素敏感性等级值。

（3）土壤盐渍化敏感

土壤盐渍化敏感性是指旱地灌溉土壤发生盐渍化的可能性。可根据地下水位来划分敏感区域，再采用蒸发量、降雨量、地下水矿化度与地形等因素划分敏感性等级。本书根据区域蒸发量、地下水矿化度和地形因素，评价土壤盐渍化敏感性程度，具体指标与分级标准见表5-16。

表5-16 中原经济区生态敏感性评价指标体系

生态问题	影响因子	一般敏感	较敏感	敏感	极敏感
盐渍化	蒸发量	＜1	1～3	3～10	＞10
	地下水矿化度	＜1	1～5	5～10	＞10
	地形	山区	冲积平原、三角洲	泛滥冲积平原	河谷平原、闭流盆地

土壤盐渍化敏感性指数计算方法如下：

$$DS_j = \sqrt[3]{\prod_{i=1}^{3} D_i}$$

式中：DS_j——j 空间单元土壤盐渍化敏感性指数；

D_i——i 因素敏感性等级值。

（4）酸雨敏感

生态系统对酸雨的敏感性，是整个生态系统对酸雨的反应程度，是指生态系统对酸雨间接影响的相对敏感性，即酸雨的间接影响使生态系统的结构和功能改变的相对难易程度，它主要依赖于与生态系统的结构和功能变化有关的土壤物理化学特性，与地区的气候、土壤、母质、植被及土地利用方式等自然条件都有关系。生态系统的敏感性特征可由生态系统的气候特性、土壤特性、地质特性以及植被与土地利用特性来综合描述（见表 5-17）。

表 5-17　生态系统对酸沉降的相对敏感性分级指标

因子	贡献率	Ⅰ级		Ⅱ级		Ⅲ级	
		特征	权重	特征	权重	特征	权重
岩石类型	1	A 组岩石	1	B 组岩石	0		
土壤类型	1	A 组土壤	1	B 组土壤	0		
植被与土地利用	2	针叶林	1	灌丛、草地、阔叶林、山地植被	0.5	农耕地	0
水分盈亏量（P－PE）	2	＞600 mm/a	1	300～600 mm/a	0.5	＜300 mm/a	0

注：1. P 为降水量，PE 为最大可蒸发量。

2. A 组岩石：花岗岩、正长岩、花岗片麻岩（及其变质岩）和其他硅质岩、粗砂岩、正石英砾岩、去钙砂岩、某些第四纪砂/漂积物；B 组岩石：砂岩、页岩、碎屑岩、高度变质长英岩到中性火成岩、不含游离碳酸盐的钙硅片麻岩、含游离碳酸盐的沉积岩、煤系、弱钙质岩、轻度中性盐到超基性火山岩、玻璃体火山岩、基性和超基性岩石、石灰砂岩、多数湖相漂积沉积物、泥石岩、灰泥岩、含大量化石的沉积物（及其同质变质地层）、石灰岩、白云石。

3. A 组土壤：砖红壤、褐色砖红壤、黄棕壤（黄褐土）、暗棕壤、暗色草甸土、红壤、黄壤、黄红壤、褐红壤、棕红壤；B 组土壤：褐土、棕壤、草甸土、灰色草甸土、棕色针叶林土、沼泽土、白浆土、黑钙土、黑色土灰土、栗钙土、淡栗钙土、暗栗钙土、草甸碱土、棕钙土、灰钙土、淡棕钙土、灰漠土、灰棕漠土、棕漠土、草甸盐土、沼泽盐土、干旱盐土、砂姜黑土、草甸黑土。

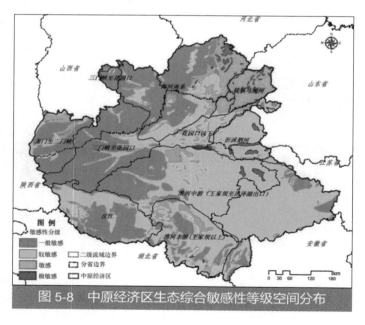

图 5-8　中原经济区生态综合敏感性等级空间分布

中原经济区生态系统生态敏感性不高。生态系统极敏感区域面积为 0.53 万 km²，占总面积的 1.82%；敏感区域面积为 3.61 万 km²，占总面积的 12.48%；较敏感区域面积为 14.00 万 km²，占总面积的 48.45%；一般敏感的区域面积为 10.76 万 km²，占总面积的 37.24%（见表 5-18）。

生态系统极敏感的区域在海河区的海河南系流域东部和徒骇马颊河流域、黄河区的花园口以下流域、淮河区的沂沭泗河及淮河中游北部。另外，在龙门至三门峡流域北部、淮河上游流域东北部也有分布，在其他流域零星分布（见图 5-8）。

表 5-18　中原经济区生态系统敏感性等级比例

生态服务功能	重要性等级	总面积 / 万 km²	占中原经济区面积比例 /%
敏感性	极敏感	0.53	1.82
	敏感	3.61	12.48
	较敏感	14.00	48.45
	一般敏感	10.76	37.24

二、生态安全管控

1. 生态管控区

中原经济区受保护地区面积占国土面积的比例为 15.6%，在一定区域内划定生态管控区，确保具有重要生态功能的区域、重要生态系统以及主要物种得到有效保护，实现生态环境质量改善、生态功能提升。

生态管控区按照重要生态功能区、生态敏感区和禁止开发区 3 种类型划分：

——重要生态功能区：具有水源涵养、水土保持、生物多样性保护和洪水调蓄等重要生态服务功能的区域。

——生态敏感区、脆弱区：水土流失敏感区、石漠化敏感区、河岸带生物多样性敏感区等。

——禁止开发区：包括国家级、省市县级自然保护区、世界文化自然遗产、风景名胜区、森林公园、地址遗迹、湿地公园、饮用水水源保护区等。

将重要生态功能区、生态极敏感区、禁止开发区（国家级自然保护区）的并集区域划入生态管控区，由于中原经济区的生态极敏感区主要是在东部平原区，土地类型是农田，极敏感的原因主要是盐渍化和沙化，对于这些地区应该改良，因此不划入管控范围。

中原经济区生态管控区面积为 4.50 万 km²，占总面积的 15.57%。国家级自然保护区总面积 0.63 万 km²，占生态管控区面积比例为 14.10%；其中重要生态功能区面积为 3.87 万 km²，占生态管控区面积比例为 85.90%；既是自然保护区又是重要功能区的面积是 0.38 万 km²，占生态管控区面积比例为 1.33%（见图 5-9）。

从生态管控区在各省的分布来看，中原经济区河南省生态管控区面积占国土面积的 17.77%，山西（长治市、晋城市、运城市）生态管控区面积占其国土面积的 31.08%，河北（邢台市、邯郸市）生态管控区面积占国土面积的 13.29%，中原经济区山东（聊城市、菏泽市、泰安市的东平县）生态管控区面积占国土面积的 1.30%，安徽（阜阳市、亳州市、

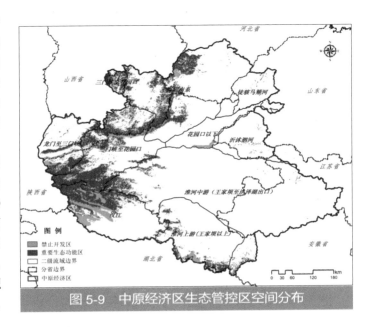

图 5-9　中原经济区生态管控区空间分布

宿州市、蚌埠市、淮南市的凤台区和潘集区）生态管控区面积占国土面积的0.18%（见表5-19）。

表5-19　中原经济区生态管控区的面积构成

分省	国土面积/km²	生态管控区	
		面积/km²	占国土面积比例/%
河南	167 000	29 679.53	17.77
山西	37 655	11 703.84	31.08
河北	24 503	3 256.98	13.29
山东	22 141	288.33	1.30
安徽	39 847	71.33	0.18

在生态管控区内部，从土地利用类型来看，主要有林地、草地、湿地3种类型。针对不同的类型，提出空间差异化的发展方向与管制对策。

中原经济区生态管控区主要由林地生态系统构成，面积为38 291.14 km²，占生态红线区总面积的85.09%。此外，草地生态系统面积为5 911.19 km²，占生态红线区总面积的13.14%；湿地生态系统面积为797.67 km²，占生态红线区总面积的1.77%（见表5-20和图5-10）。

表5-20　中原经济区生态管控区土地利用构成

土地利用类型	管控区土地类型面积/km²	占管控区比例/%	中原经济区土地类型面积/km²	占该土地类型比例/%
林地生态系统	38 291.14	85.09	47 400	80.78
草地生态系统	5 911.19	13.14	12 340.3	47.90
湿地生态系统	797.67	1.77	5 600	14.24

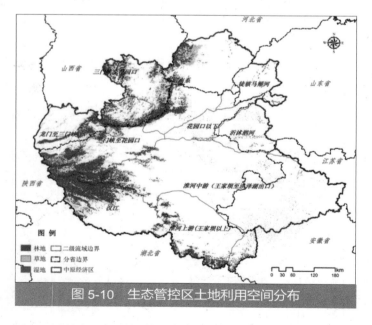

图5-10　生态管控区土地利用空间分布

2. 区域生态安全的空间管控

区域生态安全的空间管控的基本目标：自然保护区面积不减少、天然林和公益林面积不减少、重要河湖湿地面积不减少、耕地面积不减少；生态环境质量不下降、森林质量不下降、耕地质量不下降。

（1）"储水于山"与"储水于平原"并重

在加强水源涵养重要区保护的同时，将恢复平原区地下水水位置于生态安全管控的最优先位置。

严格封山育林，促进灌丛和草地向林地的自然演替过程，维护森林生态服务功能。

海河、淮河流域平原地区优先发展现代节水灌溉农业，严格限制并压减地下水超采，结合跨流域引水战略，替换地下水开采量，逐步恢复地下水水位。

海河流域基本实现卫河、马颊河、共产主义渠畅流，子牙河、滏阳河由常年断流转化为季节性断流。

（2）农田生态系统保护

保护农田生态系统要数量保障与质量提升并重。

对坡度大于15°的农田，实施退耕还林还草政策，对退耕还林还草的农田进行合理的补偿；对还没有进行退耕还林的区域，禁止新建农田水利设施；对已有的设施，严格限制其规模。

对农田进行等级划分，对于不同等级的农田实行不同的保护措施，一方面要加强基本农田保护，另一方面对于劣质农田要运用科学的手段进行改良。

完善耕地保护经济机制，提升耕地资源的占用成本，减轻建设占用耕地压力。

完善耕地与基本农田保护标准体系建设，实现基本农田建设标准化、基础工作规范化。

探索多途径、多渠道增加投入的激励机制，积极推进土地开发整理，提高土地质量，改善土地生态环境，提高耕地农业综合生产能力。

对于中原经济区东部平原区的生态管控区主要是土壤盐渍化和沙化问题，应该针对其进行土壤改良，提高土壤质量和该区域粮食产量。

（3）探讨与建立适宜的生态补偿机制

生态补偿机制是以保护生态环境、促进人与自然和谐为目的，根据生态系统服务价值、生态保护成本、发展机会成本，综合运用行政和市场手段，调整生态环境保护和建设相关各方之间利益关系的环境经济政策。主要针对区域性生态保护和环境污染防治领域，是一项具有经济激励作用、与"污染者付费"原则并存、基于"受益者付费和破坏者付费"原则的环境经济政策。

建立多维补偿机制。从法律制度、流域管理体制、横向转移支付制度等方面建设和优化生态补偿制度，从资金补偿、实物补偿、能力补偿、政策补偿等方面有机结合建立多维长效的补偿方式，并以此设立生态补偿专项基金。在水源涵养生态保护区和水资源利用受益区政府间建立生态工作平台，开展森林、湿地生态补偿试点，双方研究、协商、确定具体的生态建设和资源保护的补偿标准和补偿方式。

①建立水源涵养区与水资源利用区的生态补偿机制

水资源是中原经济区发展的关键制约要素，保护水源涵养区的生态功能是关系中原经济区可持续发展的根本。在中原经济区建立水源涵养区与水资源利用区的生态补偿机制，要打破目前行政格局的局限，从区域层面建立政策机制，形成长效机制。应以保护和提升中原经济区水源涵养区服务功能为基础，在国家现行生态补偿的基础上，探索建立河北、河南对山西太行山水源涵养区、南水北调中线用水区对丹江口水库周边水源涵养区、淮河中下游用水区对桐柏山水源涵养区的生态建设和保护稳定长效的生态补偿机制，以弥补上游地区生态建设与经营管护投资不足。

②将粮食主产区纳入重点生态功能区，探索建立粮食主产区生态补偿机制

中原经济区是我国重要的粮食主产区，对于保障国家粮食安全具有举足轻重的作用。同时在粮食主产区产量大县也面临着贫困县的窘境。对粮食主产区实行特殊的保护政策，事关国计民生，有利于国家长治久安。

粮食主产区具有生产粮食产品和生态产品的双重功能。在国家主体功能区划中，将粮食

主产区划为限制开发区,对于保证耕地面积起到了积极作用。国家自 2006 年以来,从取消"农业税"到种粮补贴,对耕地保护、扶持粮食生产政策力度逐年加大,但同重点生态功能区实施的补偿政策尚有差距。因此,建议将粮食主产区纳入国家重点生态功能区,实行特殊的保护政策和财政转移支付政策,实现谁产粮给谁补偿、谁调粮给谁补贴的体制机制。

划定粮食生产区耕地红线,按实际粮食种植面积实行生产补贴,按当年粮食外调数量实行商品粮调出挂钩补贴,谁种粮谁得补贴,谁调出粮食谁得实惠。

建立健全有利于切实保护粮食生产、生态环境的奖惩机制。鼓励探索建立地区间横向援助机制,探索建立粮食主销区或粮食调入区补偿粮食主产区和调出区的利益机制,粮食调入或生态环境受益地区应采取资金补助、定向援助、对口支援等多种形式,对重点粮食、生态功能区因加强粮食生产和流通及生态环境保护的投入以及造成的利益损失进行补偿。

在农业经营模式上,支持和鼓励农村粮食耕地集约经营、规模经营。在坚持农村土地家庭承包经营基本制度和切实维护农民土地权益的前提下,国家实行优惠扶持政策,引导和鼓励土地向优势生产要素集中,培育和推广具有中国特色的集体农庄经营模式,实行与主体功能区建设要求相吻合的现代粮食生产方式,促进粮食生产走上节水、省地、低耗、优质、高产、生态的良性循环发展轨道。

第六章

重大环境影响与生态风险的
预测预警分析

现有的流域性水污染与地下水过度开采的局面将延续相当长时期；日渐凸显的区域性环境空气污染将波及或涵盖中原城市群人口稠密区；生态空间受到挤压的风险加剧，耕地质量下降的趋势难以避免。

第一节　区域水环境风险预测与分析

经济社会需水与水环境恢复的冲突，重污染河流流域与经济发展布局空间的冲突、经济社会发展需求与水环境危机的进一步深化，在短时期内不可能发生根本性变化。在多目标的严重冲突下，2020 年实现四大流域全面消除劣 V 类水质的目标十分困难。距离实现四大流域各河流水质全面达到水功能区要求的战略目标还有相当长的路要走。

一、部分河流生态受损加深，河流健康状况改善与恶化并存

中原经济区主要重污染河流分布在海河流域、淮河流域北部和黄河流域支流。

按重污染河流相关控制单元计，涉及海河流域 25 个控制单元，淮河流域 16 个控制单元，黄河流域 5 个控制单元（见表 6-1）。

在实施最严格水资源管理制度下，短期内被挤占的生态用水无法全面补偿，生态系统用水依然处于缺乏保障的状况。流域常年断流或季节性断流的状况不会出现大的改观。

以河流生态需水、连通性、水环境质量、河道沉积物、河岸带 5 项指标判别，中原经济区海河流域、淮河流域、黄河流域支流远远不能达到河流生态系统整体性改善的基本要求。

未来 20 年，中原经济区经济社会发展需水增长基本上依靠跨流域引水来支撑，河道生态需水依然缺乏保障。在淮河流域，维持河流生态系统生物基本生存条件的枯季基流能维持现状，河道洪水过程（维护鱼类产卵和河道稳定的河道平滩流量）将进一步削弱；河道持久性有机物和重金属污染物的累积效应将进一步凸显。

按照地方产业发展规划（见图 6-1），海河流域纺织、造纸、石化、食品等涉水污染产业发展将进一步加强。在海河流域，河道生态缺水将进一步加剧，河道沉积物中的重金属和持久性有机物向河床下层和侧向迁移，子牙河、滏阳河、卫河、共产主义渠等沿河流地下水重金属污染，以及马颊河沿河地下水有机污染将进一步加剧。

流域	劣Ⅴ类污染河段	对应的控制单元	对应城市
海河流域	卫河（卫运河）	漳卫河平原邯郸市控制单元；黑龙港及运东平原邯郸市控制单元；黑龙港及运东平原邢台市控制单元；卫河安阳濮阳控制单元；卫河新乡市控制单元；卫河鹤壁市控制单元；大沙河焦作市控制单元；共产主义渠新乡市控制单元，马颊河濮阳市控制单元；马颊河山东控制单元	新乡市、鹤壁市、安阳市、邯郸市、聊城市
	共产主义渠	卫河新乡市控制单元；卫河鹤壁市控制单元；共产主义渠新乡市控制单元；共产主义渠焦作市控制单元	新乡市、鹤壁市、安阳市
	浊漳南源、石子河	浊漳南源漳泽水库以上长治控制单元；浊漳河襄垣潞城控制单元	长治市
	滏阳河、牛尾河、洨河	子牙河平原（滏阳河）邯郸市控制单元；子牙河平原邢台市控制单元；漳卫河平原邯郸市控制单元；黑龙港及运东平原邯郸市控制单元；黑龙港及运东平原邢台市控制单元	邯郸市、邢台市
	马颊河	徒骇河山东控制单元；马颊河濮阳市控制单元；马颊河山东控制单元；徒骇马颊河邯郸市控制单元	聊城市
黄河流域	汾河	汾河临汾市运城市控制单元	运城市
	涑水河	黄河运城市控制单元	运城市
	丹河、白水河	沁河长治市晋城市控制单元	晋城市
	蟒河	沁河长治市晋城市控制单元；沁河焦作市济源市控制单元	晋城市、济源市、焦作市
淮河流域	双洎河、贾鲁河	清潩河许昌漯河控制单元；贾鲁河郑州周口控制单元；颍河周口控制单元	郑州市、许昌市、开封市、周口市
	黑泥泉河	颍河谷河阜阳控制单元；泉河漯河周口控制单元	漯河市、驻马店市、周口市
	惠济河	惠济河开封周口控制单元	开封市、商丘市、周口市
	大小洪河	颍河谷河阜阳控制单元；洪汝河驻马店控制单元	驻马店市、信阳市、阜阳市
	大沙河、浍河（包河）	大沙河商丘周口控制单元；包浍河商丘控制单元	商丘市
	涡河、武家河、赵王河、油河	涡河亳州控制单元	周口市、亳州市
	黑茨河	颍河谷河阜阳控制单元	阜阳市
	济河	颍河谷河阜阳控制单元；西淝河淮南控制单元	阜阳市
	老濉河、新濉河、奎河	沱河淮北宿州控制单元；怀洪新河宿州蚌埠控制单元	淮北市、宿州市

表 6-1　中原经济区重污染河流分布情况

总体上，海河流域、淮河流域、黄河流域（支流）河流生态受损的状况不会发生根本性变化，部分河流生态受损程度还在加深，河流健康状况改善与恶化并存。

二、区域浅层地下水污染的风险

地下水自净非常缓慢，一旦污染，往往长时间难以逆转。人类还没有找到一个十分有效的治理地下水污染的技术，无法承受的治理成本也使得地下水污染治理陷入困局。

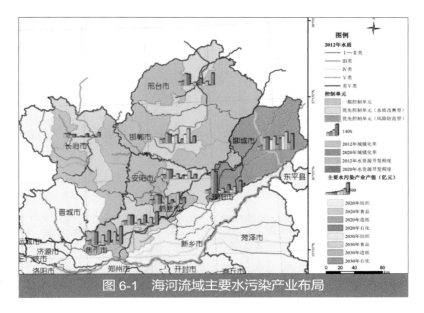

图 6-1　海河流域主要水污染产业布局

中原经济区，尤其是平原区是传统农业区，浅层地下水长期受过度施用农药化肥、污水灌溉、畜禽养殖废弃物以及农村生活污染等面源污染的影响明显，河流严重水污染、工业固体废物和生活垃圾堆存填埋场等也对地下水环境产生影响。根据《全国地下水资源和环境图集》，中原经济区平原区不宜直接利用的地下水面积占平原区面积的 31.0%，占中原经济区不宜直接利用地下水面积的 84.5%。但地下水又在区域经济社会发展和居民生活中占据重要地位，是重要的饮用水水源和战略资源，地下水资源的保护至关重要。

地下水脆弱性反映了地下水系统遭受污染的潜在可能性，它是指由于自然条件变化或人类活动影响，地下水遭受破坏的趋向和可能性，它反映了地下水对自然和（或）人类活动影响的应付能力。地下水脆弱性一般分为固有脆弱性和特殊脆弱性，其中固有脆弱性代表天然状态下含水层对污染所表现出的内部固有的敏感属性，特殊脆弱性是含水层对特定的污染物或人类活动所表现出的敏感属性。

根据中原经济区平原区具体状况及资料的可获取性，本书分别对中原经济区平原区浅层地下水进行固有脆弱性评价和特殊脆弱性评价，在此基础上对综合脆弱性进行评价。其中，固有脆弱性评价以美国环保局（EPA）的 DRASTIC 模型为基础,特殊脆弱性则采用地表水质、化肥施用强度、污染物排放强度、人均水资源量等指标进行评价。

1. 固有脆弱性评价

DRASTIC 方法是迭置指数法中一种被普遍采用的标准化方法，适用于大面积的浅层地下水脆弱性评价。它主要考虑了影响地下水脆弱性的含水层埋深（D）、净补给量（R）、含水层组介质类型（A）、土壤介质类型（S）、地形坡度（T）、渗流区介质类型（I）、含水层渗透系数（C）。根据每个影响因子对地下水脆弱性影响的相对重要程度给予一个合理的权重，构成权重评判体系；根据每个影响因子的变化范围或其内在属性划分为若干范围，进而构建评分评价体系。各因子评分的加权和为地下水脆弱性综合指数。综合指数越大，相应区域的地下水脆弱性越高，越容易遭受污染。

本书采用的固有脆弱性评价指标包括地下水埋深、降水净补给量、含水层介质类型、土壤介质类型、水利传导系数等。各指标权重及分级见表 6-2 和表 6-3。

表 6-2　各指标权重分级

指标	权重	分级									
		1	2	3	4	5	6	7	8	9	10
含水层埋深 /m	5	30.5	26.7	22.9	15.2	12.1	9.1	6.8	4.6	1.5	0
降水净补给量 /mm	4	0	51	71.4	91.8	117.2	147.6	178	216	235	254
含水层介质类型	3	10	9	8	7	6	5	4	3	2	1
土壤介质类型	2	10	9	8	7	6	5	4	3	2	1
水力传导系数 /（m/d）	3	0	4.1	12.2	20.3	28.5	34.6	40.7	61.1	71.5	81.5

表 6-3　含水层组介质与土壤介质类型的级别与特征值

含水层介质类型	土壤介质类型	级别	特征值
块状页岩、黏土	非胀缩和非凝聚性黏土	1	10
裂隙发育非常轻微变质岩或火成岩、亚黏土	垃圾	2	9
裂隙中等发育变质岩或火成岩、亚砂土	黏土质亚黏土	3	8
风化变质岩或火成岩、粉砂	粉砾质亚黏土	4	7
裂隙非常发育变质岩或火成岩、冰碛层、粉细砂	亚黏土	5	6
块状砂岩、块状灰岩、细砂	砾质亚黏土	6	5
层状砂岩、灰岩及页岩序列、中砂	胀缩或凝聚性黏土	7	4
砂砾岩、粗砂	泥炭	8	3
玄武岩、砂砾石	砂砾石	9	2
岩溶灰岩、卵砾石	卵砾石	10	1

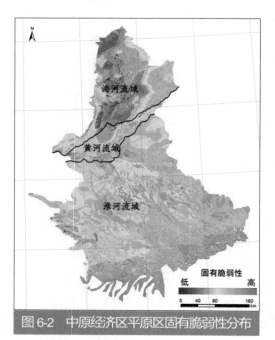

图 6-2　中原经济区平原区固有脆弱性分布

中原经济区平原区浅层地下水固有脆弱性分布见图 6-2。总体上，浅层地下水固有脆弱性由南向北逐渐降低，淮河流域平原区浅层地下水脆弱性较高，其次为黄河流域平原区，海河流域地下水固有脆弱性较低。

海河流域根据水文地质情况可分为太行山山前平原、海河冲积平原和黄泛冲积平原。其中，太行山山前平原和海河冲积平原同属海河南系水资源分区，自西向东含水层岩性由砂砾石、中粗砂过渡为中细砂，厚度由厚变薄，地下水埋深一般在 20 m 以上，局部在 50 m 以上，包气带厚度大，且以黏砂 - 砂黏土或黏土 - 黏砂土为主，地下水固有脆弱性低。黄泛冲积平原含水层岩性以中砂、细砂、粉细砂为主，补给条件较好，以垂直补给和黄河侧渗为主，除西部地下水漏斗区外，大部分地区地下水埋深小于 8 m，包气带岩性以亚砂土、亚黏土、细砂为主，透水性好，固有脆弱性较高；冠县、莘县、南乐、清丰、临清一带固有脆弱性较低。

黄河流域冲积平原土壤介质类型以亚砂土、粉细砂为主，易于降水等各种水体入渗补给，含水层由中粗砂、中细砂、细砂和粉砂组成，局部有亚黏土裂隙孔含水层，除安阳东南部外，其余地区浅层地下水埋深普遍小于 8 m，固有脆弱性较高。

淮河流域冲洪湖积倾斜平原表层土主要是亚砂土、粉细砂，局部地区为黏土、亚黏土，地表入渗条件较好。含水层介质颗粒自上游向下游由粗变细，淮河及洪汝河等支流上游、河谷地带含水层岩性以砂砾石、泥质砂砾石为主，中游过渡为中细砂、细砂，淮北地区为细砂、粉细砂、亚砂土和亚黏土，透水性好，大部分地区为中到强富水区。区域降水净补给量自东南向西北逐渐减少，地下水埋深自东南向西北逐渐加大，由不到 2 m 变为 8 m，地下水固有脆弱性尤其是淮北平原区普遍较高。沂沭泗河流域以黄泛冲积平原为主，含水层岩性以细砂、粉细砂为主，局部地区为粗砂、中砂，包气带岩性以粉砂、粉砂-粉质黏土为主，有利于大气降水入渗，地下水埋深普遍小于 6 m，靠近黄河附近常年受河流侧向补给埋深小于 2 m，地下水固有脆弱性高。

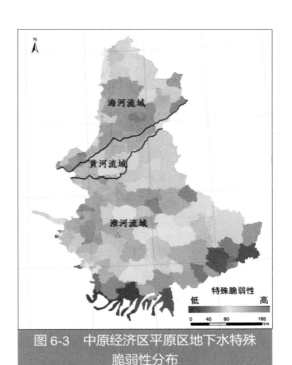

图 6-3　中原经济区平原区地下水特殊脆弱性分布

2. 特殊脆弱性评价

特殊脆弱性是根据污染物对地下水系统的危害来评价的。在人为影响下的农业、工业、居住区及天然状态下的林地、未开垦的草场、无人山区区域存在着重要的差异。人类活动越密集、污染物排放强度越高、地下水资源越贫乏的地区，地下水遭受污染的可能性越大。

本书采用的特殊脆弱性评价因子包括地表水水质、化肥施用强度、畜禽养殖密度、COD 排放强度、氨氮排放强度、人均地下水资源量、地下水开发利用率等，以 2012 年环境统计数据、水资源公报数据及统计年鉴数据为基础、区县（地市）为单位进行计算。各因子权重及等级划分见表 6-4。评价结果见图 6-3。

表 6-4　特殊脆弱性评价指标权重及其评分

指标	权重	评分									
		1	2	3	4	5	6	7	8	9	10
化肥施用强度 /（t/km²）	2	0	10	12	20	30	50	60	70	80	100
畜禽养殖密度 /（头标猪 /km²）	2	0	100	200	300	400	500	600	700	800	1 000
COD 排放强度 /（t/km²）	1	0	2.5	5	8	10	15	20	25	30	40
氨氮排放强度 /（t/km²）	1	0	0.25	0.3	0.5	0.8	1	1.2	1.5	1.8	2
地下水开发利用率 /%	1	0	0.1	0.3	0.4	0.5	0.6	0.7	0.8	0.9	1
人均地下水资源量 /m³	1								150	180	250	300
地表水水质	2	I～II类	III类			IV类			V类		劣V类

由图 6-3 可知，除淮河干流部分区县外，中原经济区平原区大部分区县地下水特殊脆弱性均较高，说明绝大部分区域已受到强烈的人为干扰。中原经济区平原区人口稠密、工农业活动密集，污染物排放强度、化肥施用强度及畜禽养殖密度均远高于全国平均水平。2012 年

平原区各区县 COD 和氨氮地均排放强度分别为 2.08 ～ 80.28 t/km²、0.28 ～ 8.74 t/km²，均高于全国平均水平，大部分区县 2012 年化肥施用强度均远超 25 t/km² 的国家生态县的化肥施用强度指标，其中邯郸市曲周县化肥施用强度达生态县化肥施用强度指标的 14 倍、全国平均水平的 8 倍。高强度的水污染物及畜禽养殖废物排放、化肥施用与严重的地表水污染相互叠加，将会带来显著的地下水污染风险。同时，中原经济区平原区地下水资源短缺，抵御污染物干扰的能力低，而长期高强度的地下水开采也会导致含水层中污染物浓度浓缩，进一步加剧地下水污染风险。

3. 综合脆弱性评价

考虑中原经济区平原区人为活动已经对浅层地下水系统造成较大扰动，对固有脆弱性和特殊脆弱性按照 0.4 和 0.6 的权重进行地下水综合脆弱性评价，结果见图 6-4。由图 6-4 可以看出，中原经济区平原区地下水综合脆弱性高的区域集中在海河流域焦作—新乡—鹤壁—安阳—濮阳—邯郸—聊城一线及淮河中上游的郑州—开封—商丘—漯河—许昌—周口一线，这些区域化肥农药施用强度、畜禽养殖密度和污染物排放强度高，地下水资源短缺、地下水开发利用程度高，地下水污染防护面临较大的压力。

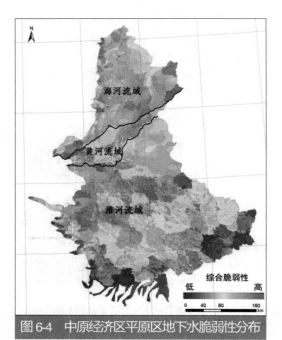

图 6-4　中原经济区平原区地下水脆弱性分布

值得注意的是，与淮河流域相比，海河流域地表水污染、污水灌溉与地下水超采等问题更为突出，因此地下水面临的污染风险也将更为复杂。同时，虽然海河流域邢台市地下水埋深大，综合脆弱性较低，但是该地区生产、生活废水长期不合理的排放及污水灌溉可能导致土壤和包气带中含有大量污染物，是区域地下水不容忽视的潜在污染源，地下水污染防治过程中应注意地下水水位不可恢复得过快。

未来相当长时期内，中原经济区平原区，尤其是海河流域地表水污染和水资源短缺状态难以扭转，污水灌溉仍然难以避免。同时，化肥农药、畜禽养殖废弃物等面源污染在土壤中的累积效应也将逐渐显现，区域地下水污染的风险将进一步加剧。

三、饮用水水源地安全风险呈现复杂化

未来 5 ～ 15 年，饮用水水源地安全风险呈现复杂化，集中表现在以下几个方面：

饮用水水源地布局性风险加剧。地下水是中原经济区极其重要的饮用水水源。中原经济区城市密集（8 个 / 万 km²），在城镇化发展进程中，城镇集中式饮用水水源地建设需求将不断增长，到 2030 年需要通过集中式饮用水水源供给的新增城镇人口累计超过 2 000 万人，集中式饮用水水源地也将十分密集。目前，工业园区密度 10 个 / 万 km²，按"一区多园"的工业园个数计算，工业园区密度更高。在城镇和工业园区密集环境下，加上缺乏对重要地下水

补给径流区的产业布局约束性要求，城镇集中式饮用水水源地的补给径流区与工业园区、工业固废填埋场、垃圾填埋场、危险废物处置场、危险废物贮存仓库或场所交织、重叠，饮用水水源地水安全风险处于加剧状态。

地下水污染具有多源复杂性、隐蔽性、累积性，饮用水水源地水污染往往可能是数年前造成的。未来 5 ～ 15 年，历史与现实造成的补给径流区地下水污染将在集中开采区逐步凸显出来。总体上，石油化工、化学原料及化学品制造、皮革皮毛加工、制药、电镀加工等产业主要分布区的集中式地下水饮用水水源地安全风险等级将高于其他产业分布区。

城市饮用水水源地普遍处于超采状态，地下水漏斗范围依然处于扩大趋势，饮用水水源地保护难度不断加大。南水北调中线工程建成通水后，将减缓流域内饮用水水源供水压力，在一定时期内遏制地下水超采发展趋势。2020 年以后，南水北调引水带来的受水区城市地下水压采效应将被持续增长的用水需求所抵消，地下水漏斗范围扩大态势将难以避免。

饮用水水源地地下水超采导致局部地下水含水层的补给、径流发生变化，饮用水水源保护区周边重点污染源对水源地水质影响将逐渐突出，饮用水水源地保护难度加大，简单地停留在关闭一二级保护区内的排污口及违法建设项目将不能满足饮用水水源地保护的需求。

有效控制地下水污染源的难度继续加大。地下水饮用水水源地基础信息缺乏系统性、地下水污染治理实用技术发展滞后的局面将有所改善，距离全面有效控制地下水污染源，根本切断污染途径的目标还有相当长的路要走。固体废物堆存量依然逐年增加，生活垃圾处理以填埋为主，污水收集处理能力不足，均将加剧地下水污染的风险，威胁饮用水水源地安全。

中原经济区水环境承载能力弱，更难以承受突发性水污染事故的冲击。一旦发生重大突发性水污染事件，或上游地区或企业蓄积的废水突然大量排放极易转化为跨界的水污染事件或饮用水水源地安全风险，造成的生态损失难以估量。

在淮河、海河流域平原区，严重的水污染、突发性水污染事件极易转化为地下水污染事件或跨界水污染事件，危及饮用水水源地安全。

在山前丘陵地区，大中型水库上游地区缺乏水污染风险事故防范的控制性工程，将严重影响水库和下游地区用水安全。在国家层面上，需要解决丹江口水库上游地区发展与南水北调水源安全的冲突，岳城水库上游地区（山西境内）重化工业发展布局与岳城水库水污染风险管控。

四、需要制定分流域的水环境管理政策

要实现河流水环境质量改善的战略目标，需要制定分流域的水环境管理政策。在海河流域和淮河流域的部分子流域，实行更严格的工业废水和城镇生活污水排放标准，在"花园口以下"、"沂沭泗河"和"徒骇马颊河"二级流域分区，废水处理排放达到地表水环境质量V类标准。2020 年主要水污染优先控制单元的目标可达性见表 6-5。

表6-5 中原经济区主要水污染优先控制单元2020年的目标可达性

流域	优先控制单元	名称	现状	水质改善目标可达性
海河流域	水质改善	子牙河平原邯郸市	常年断流状态	难
		子牙河平原邢台市	常年断流状态	难
		浊漳河襄垣潞城	自然径流少，污染严重	较易
		共产主义渠新乡市	季节性断流	压力大
		卫河安阳	季节性断流	压力大
	风险防范	马颊河山东	季节性断流	压力大
淮河流域	水质改善	贾鲁河郑州—周口	水污染严重	压力大
		惠济河开封—周口	水污染严重/缺乏稀释水量	难
		涡河亳州	上游污染严重	难
		颍河—谷河阜阳	上游水污染严重	难
		洪汝河驻马店	水污染严重	压力大
		沱河淮北—宿州	上游水污染严重	压力大
		怀洪新河宿州—蚌埠		压力大
	风险防范	颍河周口	水污染严重	压力大
		大沙河商丘周口	水污染严重/缺乏稀释水量	难
		包浍河商丘	水污染严重/缺乏稀释水量	难
黄河流域	水质改善	汾河临汾—运城	上游污染严重	较难
		黄河运城	水污染严重/缺乏稀释水量	难
		沁河长治—晋城	自然径流少，缺乏容量	较易
		沁河焦作—济源	自然径流少，缺乏容量	压力大

第二节　大气环境风险预测与分析

一、区域污染气象模拟与输送特征分析

1. 数据来源

本书中的高程数据来源于国际科学数据服务平台的 SRTM（Shuttle Radar Topography Mission）90 m 分辨率原始高程数据，由美国航空航天局（NASA）和国防部国家测绘局（NIMA）联合测量。气象数据来源于中国气象科学数据共享服务网的中国地面气候资料年值数据集（SURF_CLI_CHN_MUL_YER）和中国地面气候资料月值数据集（SURF_CLI_CHN_MUL_MON），从中选取山西、河南、山东、安徽、江苏、河北、天津和湖北等省市共 125 个站点 1963—2012 年的 50 年年均和月均风速、气温和降水量等气象要素。

为了进一步分析中原经济区污染扩散能力，以 2012 年为参考年，用 WRF 模式模拟了区内全年的气象形势，并加密近地面模式层，模式物理参数见表 6-6，相关区域如图 6-5 所示。

表 6-6　WRF 模式模拟相关参数

方案设计	参数
中心	35.5°N，114°E
区域范围	网格格距 15 km，网格数 100×100
垂直层设置	1.000, 0.996, 0.994, 0.991, 0.987, 0.983, 0.978, 0.972, 0.967, 0.960, 0.955, 0.945, 0.924, 0.904, 0.880, 0.828, 0.747, 0.678, 0.626, 0.545, 0.444, 0.343, 0.242, 0.141, 0.101, 0.061, 0.020, 0
微物理方案	Ferrier (new Eta) microphysics
积云对流	Betts-Miller-Janjic scheme
短波辐射	Dudhia scheme
长波辐射	rrtm scheme
陆面过程	Noah-MP land-surface model
边界层	YSU scheme
表面层	MM5 Monin-Obukhov scheme

2. 大气稀释扩散条件较差

近 50 年气候资料统计显示，以平原为主的中东部地区平均风速 2.7～3.0 m/s，西北和西南山区地面平均风速较小，为 1.5～2.1 m/s。因地形高度、开阔度以及上层梯度风速、风向的变化，西北、西南山区的气象场差异较大。

冬季中东部为东北风，西北、西南山区受地形影响，整体上风速较小；春、夏季受季风影响，大部分地区为南风，风速较大；秋季受副热带高压影响，东南地区为东南风，北部为西南风，东部风速较大。

近地面静小风频繁出现，部分地区（如邢台）达到 50% 以上，且静小风连续出现，易出现污染物持续累积。近地层大气输送季节性变化较为明显，冬季最弱（混合层厚度 300～400 m、通风量 1 000～2 000 m²/s），不利于污染物稀释扩散；秋季大气输送次之（混合层厚度 400～500 m、通风量约 4 500 m²/s），春季、夏季大气输送相对较强（混合层厚度 700～900 m、通风量 5 000～7 000 m²/s），具体见图 6-6 至图 6-9。

总体上，中东部水平大气扩散条件略优于西北、西南山区；垂直扰动能力方面，西部优于东部。

图 6-5　模拟计算区域示意

注：图中黑点是河南郑州，红点是北京。

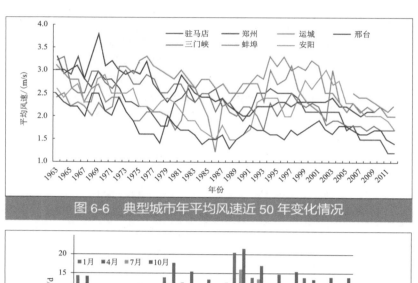

图 6-6　典型城市年平均风速近 50 年变化情况

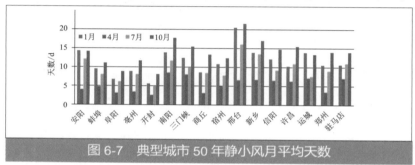

图 6-7　典型城市 50 年静小风月平均天数

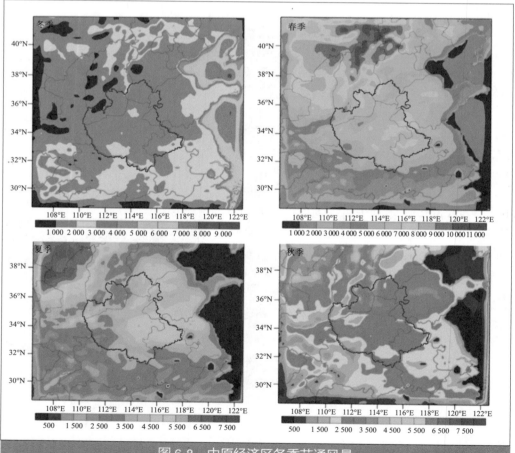

图 6-8　中原经济区各季节通风量

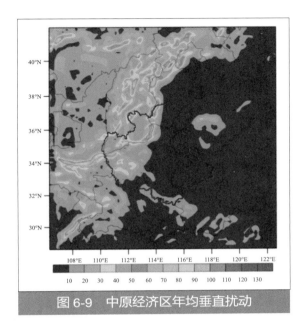

图 6-9 中原经济区年均垂直扰动

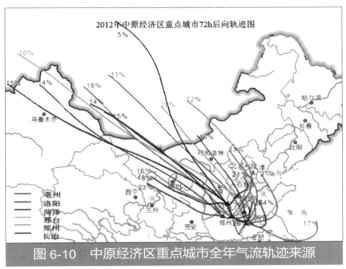

图 6-10 中原经济区重点城市全年气流轨迹来源

3. 大气污染物跨界传输影响较为突出

水平输送能力方面,运用 HYSPLIT 4.9 模式计算郑州、洛阳、长治和邢台 2012 年 1 月、4 月、7 月、10 月及全年每日 2 次(6 时和 12 时)的 72 h 后向气流轨迹,分析外部污染物传输对中原经济区的影响,典型地区全年气流轨迹见图 6-10。

2012 年全年到达上述城市的路径主要分为 3 大类:来自蒙古、俄罗斯等地区的远距离气团占 5% ~ 23%,来自甘肃中部、内蒙古西部的中远距离气团占 16% ~ 23%,来自蒙古中东部、内蒙古中部、京津冀地区的反气旋式气团占 12% ~ 54%。全年气流轨迹统计见表 6-7。

表 6-7 中原经济区典型地区全年气流轨迹统计

地区	路径 1		路径 2		路径 3		路径 4	
	来源	比例 /%	来源	比例 /%	来源	比例 /%	来源	比例 /%
郑州	山东西部	56	内蒙古阿拉善地区	16	蒙古乌布苏	16	蒙古中北部	12
洛阳	山东西部	49	甘肃河西地区	23	内蒙古西部	14	俄罗斯阿尔泰	14
长治	山东西南	26	河北中部	21	内蒙古阿拉善	18	蒙古西部	15
邢台	河北中部	65	蒙古中部	25	俄罗斯托木斯克	10		

运用 HYSPLIT 4.9 模式计算平顶山、开封、许昌、洛阳、焦作和新乡 6 城市 2012 年 1 月、4 月、7 月、10 月及全年每日 2 次(6 时和 12 时)的 24 h 前向气流轨迹,分析其对郑州的污染物传输影响。

2012 年全年前向聚类轨迹统计显示,来自焦作、新乡的西南气团分别占 15% 和 10%,洛阳的东北偏东气团占 19%,许昌的西北气团占 28%,平顶山的东北气团占 22%。大气传输对郑州影响较大的是郑州以南地区,包括许昌、平顶山等地,其次是郑州以西和以北地区,包括洛阳、焦作、济源等地,郑州以东地区对其影响较小(见图 6-11)。

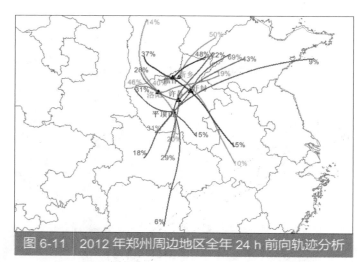

图 6-11 2012 年郑州周边地区全年 24 h 前向轨迹分析

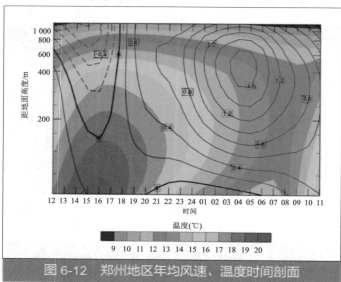

图 6-12 郑州地区年均风速、温度时间剖面

垂直扩散输送能力方面，运用 Grads 气象绘图软件分析了郑州、长治、亳州 2012 年 1 月、4 月、7 月、10 月及全年平均温度和垂直风速随时间变化情况。以下以郑州为例进行介绍，年均风速、温度时间剖面图见图 6-12。横坐标为时间（北京时），纵坐标为距地面高度（m），彩色填充为温度（℃），黑实线为垂直风速（cm/s）。

2012 年郑州全年平均混合层厚度在 500 m 左右，20—6 时距离地面 50 m 内有弱的下沉扰动。1 月和 10 月易形成辐射逆温和接地逆温，且强度、厚度较大，持续时间较长，接地逆温一般于 19 时形成，平均厚度最大达到 600 m，次日 9 时逐渐消散。夜间排放的污染物会停留于逆温层内，不易扩散，极易形成近地面污染。

二、大气复合污染态势严峻

1. 大气环境质量模拟预测方法

本次大气模拟采用 CAMx 模型，该模型是美国 ENVIRON 公司 20 世纪 90 年代后期开始开发的三维欧拉型区域空气质量模式，可应用于多尺度的、有关光化学烟雾和细颗粒物大气污染的综合模拟研究。CAMx 模式可以利用 MM5、WRF 等中尺度气象模式提供的气象场，在三维嵌套网格中模拟对流层污染物的排放、传输、化学反应以及去除等过程。CAMx 模拟过程中提供几项扩展功能，包括臭氧源识别技术、颗粒物源识别技术、敏感性分析、过程分析和反应示踪。

CAMx 模式建立的物理基础是污染物的连续性方程：

$$\frac{\partial c_l}{\partial t} = -\nabla_H \cdot V_H c_l + \left[\frac{\partial (c_l \eta)}{\partial z} - c_l \frac{\partial}{\partial z} \left(\frac{\partial h}{\partial t} \right) \right] + \nabla \cdot \rho K \nabla \left(\frac{c_l}{\rho} \right) + \frac{\partial c_l}{\partial t} \Big|_{\text{Chemistry}} + \frac{\partial c_l}{\partial t} \Big|_{\text{Emission}} + \frac{\partial c_l}{\partial t} \Big|_{\text{Removal}}$$

式中：c_l——物种 l 的平均浓度；

z——垂直方向的地形随动坐标；

V_H——水平风矢量；

η——垂直方向的夹卷速率；

ρ——空气密度；

K——湍流扩散系数；

▽——拉普拉斯算子；

∇_H——水平方向上的拉普拉斯算子。

CAMx 模型的基本系统框架见图 6-13，CAMx 模型对各主要物理过程的模拟及计算方法见表 6-8。

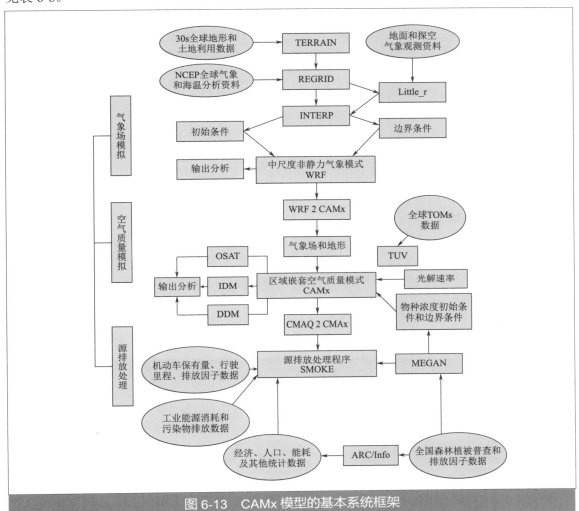

图 6-13　CAMx 模型的基本系统框架

表 6-8　CAMx 模型中对于主要物理过程的模拟与计算方法

过程	物理模型	计算方法
水平输送	欧拉连续方程	Boot/PPM
水平扩散	K 理论	二维方程
垂直输送	欧拉连续性方程	隐式向后欧拉中心逆流求解
垂直扩散	K 理论 / 非局地混合	隐式后向欧拉 / 非对称对流扩散
气相化学	CB05/CB06/SAPRC99	EBI/IEH/LSODE
气溶胶化学	水相无机化学 / 有机与无机热动力学 / 静态双模态或多模态	RADM-AQ/ISORROPIA/SOAP/CMU
干沉降	气体与气溶胶阻力模式	利用垂直扩散计算沉降速度
湿沉降	气体与气溶胶去除模式	以去除系数指数消除

模拟区域为东经 57°—161°，北纬 1°—59°，地图投影采用 Lambert 投影方法。模拟网格水平分辨率为 36 km，网格数为 200×160，垂直层次 20 层，模式顶高约为 15 km。

模拟区域采用三层嵌套网格，第一层涵盖整个中国东南亚地区，第二层包含中国的东部和中部地区，第三层包含了整个中原经济区。

CAMx 模拟中逐时的气象参数是由中尺度气象模式 WRF 模拟结果提供。WRF 模拟了 2012 年全年的气象场，其模拟范围和网格数据与 CAMx 模拟参数设置基本一致。土地利用、土壤类型、植被、陆地 - 水覆盖以及其他相关数据均从美国地质勘探局数据中心获得。土地利用数据有 13 种类型，分辨率为 30′。

污染源清单：根据 2012 年中原经济区的环境统计数据建立污染源排放清单，主要统计污染物为 SO_2、NO_x、PM_{10} 等。计算范围为整个模拟区域，为了计算出中原经济区各地区较为详细的输送关系，利用 CAMx 示踪功能，对中原经济区的 33 个地区进行污染源示踪。

2. 地区间相互输送影响显著

采用 CAMx 模型的源追踪技术，进行 SO_2、NO_2 等污染物的来源追踪，统计各受点上来自不同地区的污染物贡献率，结果表明：

SO_2、NO_2 的相互影响。SO_2、NO_2 以本地和区内其他污染源贡献为主，区内城市之间的污染传输较为显著。在区域特征气象条件下，除豫东皖北城市密集区的蚌埠、宿州、信阳受区外其他污染源贡献较大外，其余城市的 SO_2、NO_2 跨界传输以本地和区内其他污染源贡献为主，具体见表 6-9、表 6-10。

$PM_{2.5}$ 的传输影响。大部分地区 $PM_{2.5}$（一次排放和二次生成）以区内其他地市和区外输送贡献为主。二次生成 $PM_{2.5}$ 区外贡献率均在 30% 以上，近一半地市二次生成 $PM_{2.5}$ 的区外

表 6-9　中原经济区 SO_2 跨界传输影响

类别		城市
以本地贡献和区内其他为主	本地贡献＞50%	三门峡、运城、洛阳、焦作、淮北、安阳、邯郸
	本地贡献或区内其他贡献 40%～50%	潘集区、凤台县、邢台、长治、郑州、漯河、平顶山、晋城、菏泽、驻马店、阜阳、亳州、商丘、周口
	区内其他贡献＞50%	济源、鹤壁、新乡、开封、濮阳、许昌
以区外贡献为主	区外其他贡献＞50%	东平、宿州、蚌埠
	区外其他贡献 40%～50%	信阳
本地、区内其他和区外贡献相当		聊城、南阳

表 6-10　中原经济区 NO_2 跨界传输影响

类别		城市
以本地贡献和区内其他为主	本地贡献＞50%	潘集区、南阳、邢台、淮北、周口、安阳、邯郸、长治、焦作、郑州、洛阳、运城、济源
	本地贡献或区内其他贡献 40%～50%	聊城、濮阳、阜阳、新乡、鹤壁、晋城、漯河、平顶山、三门峡、信阳、菏泽、商丘、驻马店、亳州、东平县
	区内其他贡献＞50%	许昌、开封
以区外贡献为主	区外贡献＞50%	东平县、宿州
	区外贡献 40%～50%	蚌埠
本地、区内其他和区外贡献相当		凤台县

贡献超 50%。豫东皖北城市密集区二次生成 $PM_{2.5}$ 以区外其他城市贡献为主；中原城市群大部分地市二次生成 $PM_{2.5}$ 以区内其他城市贡献为主；北部城市密集区、西南部城市二次生成 $PM_{2.5}$ 来自区内其他地市和区外贡献相当，具体见表 6-11 和表 6-12。

中原经济区核心城市郑州、洛阳，二次生成 $PM_{2.5}$ 浓度的中原经济区外部贡献率分别为 38% 和 46%（见图 6-14），在北部城市密集区邯郸、安阳，二次生成 $PM_{2.5}$ 浓度的中原经济区外部贡献率分别为 61% 和 45%（见图 6-15）。

表 6-11　中原经济区一次排放 $PM_{2.5}$ 跨界传输影响

类别		城市
以本地贡献为主	本地贡献 > 50%	运城、长治、邯郸
	本地贡献 40% ~ 50%	平顶山、焦作、安阳、淮北
以区内其他和区外贡献为主	区内其他贡献 > 50%	濮阳、开封、新乡、鹤壁、郑州、许昌、济源
	区内贡献 40% ~ 50%	聊城、菏泽、商丘、周口、漯河、三门峡、晋城、洛阳
	区外贡献 > 50%	潘集区、东平县、宿州、蚌埠、阜阳、信阳
	区外贡献 40% ~ 50%	凤台、南阳、亳州、驻马店
本地、区内其他和区外贡献相当		邢台

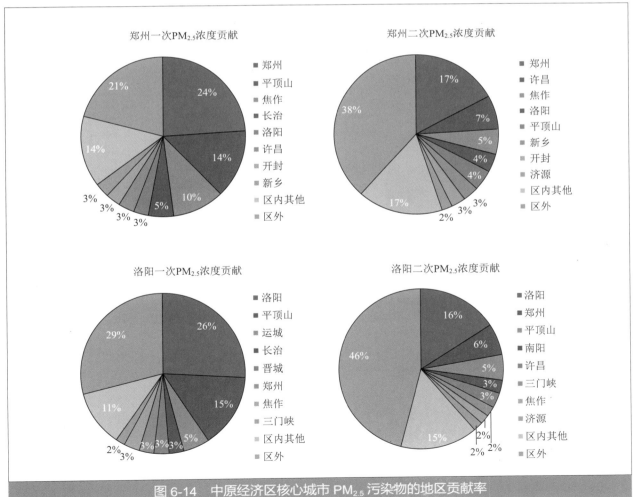

图 6-14　中原经济区核心城市 $PM_{2.5}$ 污染物的地区贡献率

类别		城市
各地市均以区内其他和区外贡献为主	区内其他贡献＞50%	济源、郑州、焦作、开封、鹤壁、许昌、新乡、晋城
	区外贡献＞50%	潘集区、凤台县、东平县、南阳、聊城、菏泽、商丘、亳州、宿州、淮北、蚌埠、阜阳、周口、漯河、驻马店、信阳
	区内其他与区外贡献相当（贡献率均＞40%）	洛阳、邯郸、安阳、邢台、濮阳、长治、平顶山、运城、三门峡

表 6-12　中原经济区二次生成 $PM_{2.5}$ 跨界传输影响

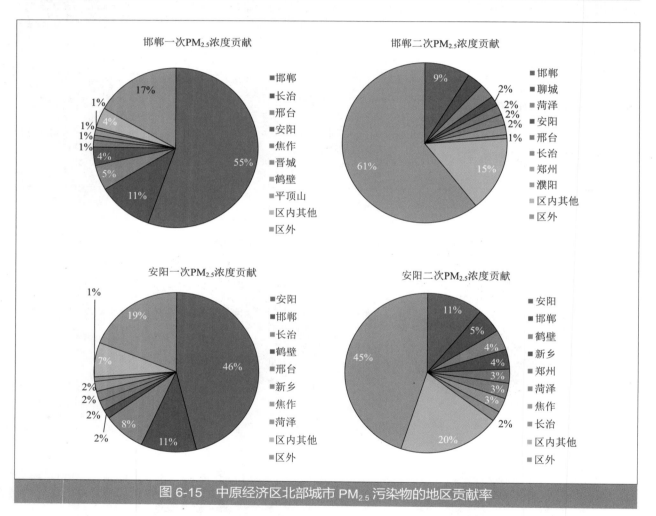

图 6-15　中原经济区北部城市 $PM_{2.5}$ 污染物的地区贡献率

3. 呈现传统污染和复合型污染交织的复杂局面

从中原经济区环境空气质量现状污染的整体分布来看，经济区内重污染区域自西南的南阳至东北的邢台、聊城呈一把撑开的"伞"状分布，其伞柄恰为现状主导产业相对集中的邢台、邯郸、聊城、濮阳、新乡、郑州、许昌、平顶山和南阳轴线。

从 SO_2 年均浓度大区域分布上看，中原经济区区外 SO_2 污染相对更重，浓度值较高，分布范围更大，高浓度区域明显呈不连续片状，主要集中在京津冀、鲁西、长三角、武汉城市群、成渝及陕西关中地区（见图6-16）。

中原经济区区域内 SO_2 浓度现状高污染区（70 μg/m³ 以上）呈点状分布，高浓度点主要位于冀豫鲁三省交界处（邢台、邯郸、安阳、聊城、东平、菏泽等市部分区域）、豫中的平顶山和豫南的南阳等地。现状 SO_2 浓度超标（60 μg/m³ 以上）区域范围有所扩大，除上述地区外，山西长治、运城及河南焦作、山东菏泽均出现不同程度超标现象。区域内 SO_2 浓度超标地区面积在经济区总面积中占比不足 1/5。

从 NO_x 年均浓度整体分布来看，高污染区分布在个别城市，全部位于中原经济区以外的京津及长三角地区（见图6-17）。

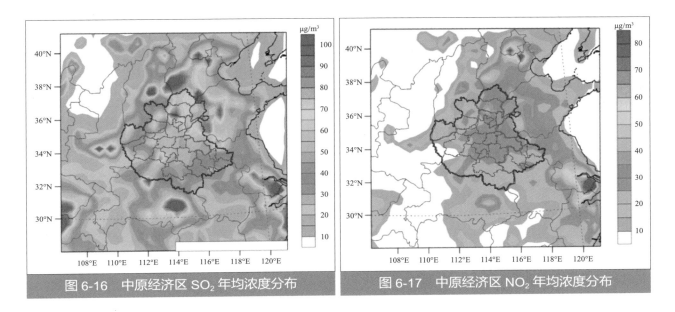

图6-16　中原经济区 SO_2 年均浓度分布　　　　图6-17　中原经济区 NO_2 年均浓度分布

中原经济区区域内 NO_2 浓度超标（40 μg/m³ 以上）的地区零星分布，仅局限在个别地区，分散于冀南豫北邯郸、安阳交界处及鲁西聊城、菏泽部分区域，平顶山及南阳地区也有零星超标点散布。区域内 NO_2 浓度超标地区面积在中原经济区总面积中所占比例不足 5%。

区域复合型大气污染显现，$PM_{2.5}$ 污染控制成为大气环境质量持续改善的关键性问题。

根据模拟结果，中原经济区 PM_{10} 高污染区（100 μg/m³ 以上）与京津冀、鲁西高污染区相连接，形成一个更大范围 PM_{10} 重污染区域。

中原经济区内 PM_{10} 浓度现状高污染区（100 μg/m³ 以上）呈大面积片状分布，几乎涵盖"北部城市密集区"和"中原城市群"，其中"北部城市密集区"PM_{10} 浓度污染最为严重。现状 PM_{10} 浓度超标（70 μg/m³ 以上）区域范围涵盖除三门峡外的中原经济区 95% 以上的面积（见图6-18）。

中原经济区现状模拟 $PM_{2.5}$ 年均浓度的区域分布与 PM_{10} 分布特征相似，$PM_{2.5}$ 高污染区（70 μg/m³ 以上）与京津冀、鲁西高值区相连接。大范围 $PM_{2.5}$ 超标与近年来我国中东部地区的区域性灰霾重污染天气出现频次日益增多的现象相吻合（见图6-19）。

现状 $PM_{2.5}$ 浓度超标 1 倍（70 μg/m³）以上的范围较大，南起河南的信阳中部，北至河北的邢台，西起南阳、平顶山、济源一线，东至安徽的凤台、亳州、淮北、宿州一线，涵盖高达 2/3 的中原经济区面积。$PM_{2.5}$ 浓度超标（35 μg/m³ 以上）区域几乎覆盖整个中原经济区。

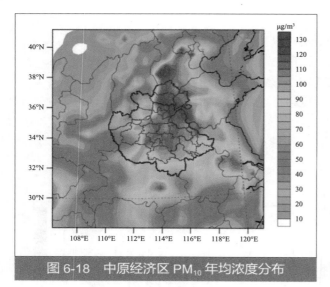

图 6-18　中原经济区 PM$_{10}$ 年均浓度分布

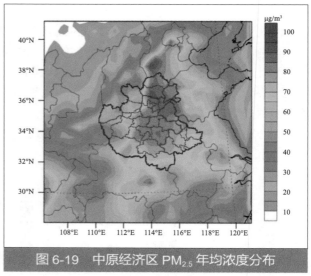

图 6-19　中原经济区 PM$_{2.5}$ 年均浓度分布

PM$_{10}$、PM$_{2.5}$ 成为区域环境空气质量继续改善的最主要障碍。

4. 不同经济发展情景下大气环境质量预测

按照"中原经济区发展战略环境评价重点区域和产业发展战略评价专题"设计的社会经济发展情景进行大气污染物排放总量测算结果，在适度发展情景下，未来 20 年中原经济区大气污染物排放压力可望得到缓解，大气污染物排放量为现状的 70%～80%。在快速发展情景下，大气污染物排放压力将继续增加。总体上，到 2030 年，以颗粒物为主要因子的大气环境超载状况将依然存在，难以实现根本性扭转。

根据不同经济发展情景下的大气环境质量预测。在适度发展情景下，2020 年、2030 年 SO$_2$ 年均浓度超标的地区仅有驻马店；在适度发展情景下，2020 年、2030 年郑州市 NO$_2$ 年均浓度超标，与现状 7 个地市（郑州、平顶山、安阳、新乡、三门峡、济源、菏泽）超标相比有较大变化。2020 年可望有 2 个地市 PM$_{10}$ 年均浓度达标，2030 年可望 PM$_{10}$ 年均浓度超标的地市（县）下降至 9 个，包括郑州、开封、平顶山、漯河、周口、潘集、凤台、东平、菏泽；与现状中原经济区 PM$_{10}$ 年均浓度全面超标相比，有一定程度的改善。

在快速发展情景下，2020 年 SO$_2$ 年均浓度超标的地市为 30%，2030 年上升到 58%，郑州、开封、洛阳、安阳、鹤壁、新乡、焦作、濮阳、许昌、漯河、信阳、周口、驻马店、潘集、晋城、邯郸、东平、聊城、菏泽等 19 个地市（县）SO$_2$ 年均浓度超标。2020 年 NO$_2$ 年均浓度超标的地市扩大到 12 个，占地市总数的 36%，2030 年上升到 48%，郑州、开封、洛阳、平顶山、安阳、鹤壁、新乡、濮阳、三门峡、南阳、驻马店、济源、宿州、东平、聊城、菏泽等 16 个地市（县）NO$_2$ 年均浓度超标。2020 年、2030 年中原经济区 PM$_{10}$ 年均浓度全面超标。

大气环境质量预测结果表明，经济发展速度的调控对于 SO$_2$、NO$_2$、PM$_{10}$ 环境质量变化具有显著影响。若适度减缓区域经济增长速度，可以遏制或扭转环境质量恶化的趋势。

中原经济区不同情景下各地市 SO$_2$、NO$_2$、PM$_{10}$、PM$_{2.5}$ 年均浓度预测结果见图 6-20 至图 6-23。

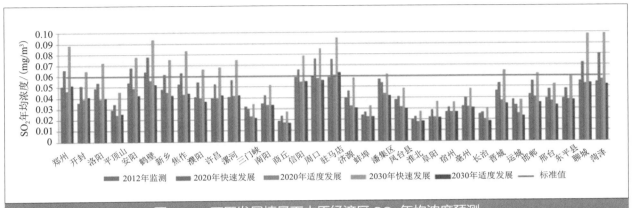

图 6-20　不同发展情景下中原经济区 SO_2 年均浓度预测

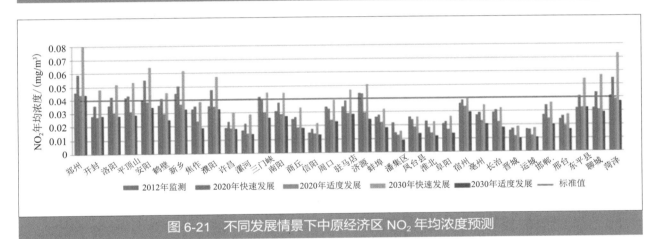

图 6-21　不同发展情景下中原经济区 NO_2 年均浓度预测

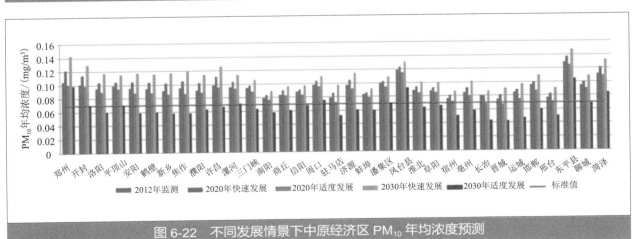

图 6-22　不同发展情景下中原经济区 PM_{10} 年均浓度预测

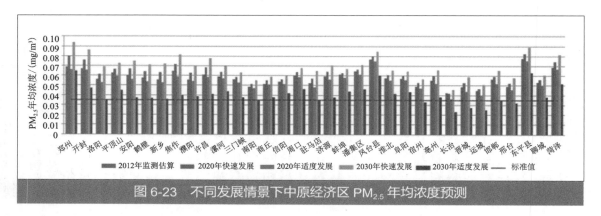

图 6-23　不同发展情景下中原经济区 $PM_{2.5}$ 年均浓度预测

$PM_{2.5}$ 环境质量预测结果表明，未来 20 年，区域性 $PM_{2.5}$ 污染将长期影响中原经济区大气环境质量改善。中原经济区现状 $PM_{2.5}$ 超标严重。在适度发展情景下，2020 年 $PM_{2.5}$ 年均浓度依然处于全面超标状态，2030 年可望在驻马店、宿州、长治、晋城、运城、邢台等 6 个地市实现 $PM_{2.5}$ 年均浓度达标，超标的地市依然占 80% 以上。在快速发展情景下，2020 年、2030 年中原经济区 $PM_{2.5}$ 年均浓度依然全面超标。

$PM_{2.5}$ 污染治理将是中原经济区一项长期、艰巨任务。按照 $PM_{2.5}$ 的区域间输送关系，$PM_{2.5}$ 环境质量改善依赖于对于本地和外部一次排放、二次生成 $PM_{2.5}$ 排放的控制。应当在更大范围实施大气污染区域联防联控和大气污染物特别排放标准。

三、未来产业发展与大气污染趋势分析

中原经济区 PM_{10}、$PM_{2.5}$ 污染十分严重，即使按照 2017 年 $PM_{2.5}$ 浓度减少 20% 的目标，大部分城市依然处于颗粒物浓度超标状态。在经济发展方面，未来 10 ～ 15 年，产业结构将得到调整，虽然重化产业的比重有所下降，重化产业总量依然处于增加态势，削减治理一次排放的 $PM_{2.5}$ 缺乏技术支撑，消化、解决好重化产业发展带来的环境问题十分艰巨；煤炭能源基地战略定位的强化、中原城市群规模快速扩张以及装备制造业将得到大力发展，将可能打破现有大气污染格局，加剧人口稠密区的大气污染；这一战略将带来区域性的 NO_x 和 VOCs 排放总量迅速增加，NO_x 和 VOCs 是灰霾污染的重要前体物，中原城市群将呈现复合污染迅速攀升的风险。

在现有的区域性大气污染格局下，城市间大气污染物输送十分明显，大量的一次污染物跨地市、跨省区传输，不仅加重受体城市的一次污染，也成为区域性二次污染加重的潜在条件。传统的单一城市的大气污染控制已经无法保障"独善其身"，需要站在中原经济区甚至更大范围尺度上，实施区域联防联控开展大气污染控制。

1. 发展路径依赖加剧高耗能产业集聚区环境压力

电力产业主要布局在郑州、洛阳、邯郸、平顶山、新乡、淮南等地；黑色金属冶炼及压延加工业集中在邯郸、安阳、邢台、聊城（主要为压延加工）、运城、洛阳等地；非金属制品业集中在郑州、洛阳、菏泽、焦作、许昌等地。

2020 年，中原经济区电力、黑色金属冶炼及压延加工业工业产值增长 0.6 倍左右，非金

属制品业增长 1.5 倍。黑色金属冶炼及压延加工业逐渐集聚，约 40% 的城市退出；非金属制品业主要表现在皖北、鲁西地区,产值增长基本在 2 ～ 3 倍（见图 6-24）。

（1）北部城市密集区成为重化产业发展的高地，存在加剧区域性 PM_{2.5} 污染的风险

鲁西地区依托资源优势，规划发展 1 000 万 kW 级煤电基地和煤化工产业，千万吨级石油炼化一体化基地，2 000 万 t 级钢铁，形成中原经济区重要的煤电化一体、石油炼化、钢铁等重化产业聚集区。

目前，鲁西地区（东平、聊城、菏泽）单位面积大气污染物排放强度处于中等偏上水平（居第 7—10 位），大约是冀南豫北地区（邢台、邯郸和安阳）排放强度的 2/3（SO_2 为 58%，NO_x 为 62%，PM_{10} 为 29%），大气污染水平仅次于冀南豫北地区，传统煤烟型污染与以 $PM_{2.5}$ 为代表的细颗粒复合污染问题共存。$PM_{2.5}$ 浓度为 70 ～ 85 μg/m³，处于超标状态。

大气污染物跨界传输影响较为突出，如菏泽市，一次污染物本地污染源贡献率约 30%，大气环境质量面临着内部污染物排放及跨界大气污染物输送累积的双重影响。

鲁西地区能源重化产业聚集发展，与冀南豫北重化产业相接，构成北部城市密集区的能源基础原材料重化产业高地，传统煤烟型污染与细颗粒复合污染叠加，存在加剧区域性 $PM_{2.5}$ 污染的风险。

（2）煤炭煤电基地发展面临能源安全与环境安全相冲突的两难抉择

两淮煤炭煤电基地、鲁西煤炭煤电基地是国家能源安全战略的组成部分，对于东部和中部地区发展战略格局具有重要意义。

两淮基地是皖电东送的重要电源点，大规模布局火电装机容量与区域大气环境保护存在较大冲突。

目前，两淮基地的火电装机总容量 1 000 万 kW，淮南、淮北的 $PM_{2.5}$ 浓度在 65 ～ 75 μg/m³，邻市商丘的 $PM_{2.5}$ 浓度为 80 μg/m³ 以上，处于超标状态。

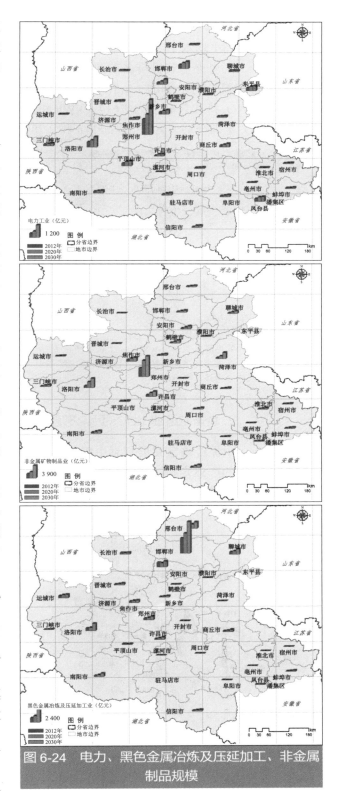

图 6-24　电力、黑色金属冶炼及压延加工、非金属制品规模

　　整体看来，中原经济区火电行业煤炭利用效率低、污染物排放强度较大。区域发电煤耗为全国平均水平（305 g 标煤 /kWh）1.1 倍。NO_x 排放强度高出全国平均水平的 2%。

　　区内火电装机排名前四位的城市，煤耗强度全部高于全国平均水平，以洛阳效率最低，为全国平均水平的 1.2 倍。污染物排放绩效方面，以聊城绩效水平最低，单位发电量 SO_2 和 NO_x 排放量分别为 2.617 g/kWh 和 3.451 g/kWh，分别较全国平均水平（单位发电量 SO_2、NO_x 全国平均值为 2.206 g/kWh 和 2.786 g/kWh）高 19% 和 24%（见表 6-13）。

项目	火电装机容量 /万 kW	中原经济区排位	发电煤耗 /（g 标煤 /kWh）	单位发电量 SO_2 排放量 /（g/kWh）	单位发电量 NO_x 排放量 /（g/kWh）	单位发电量烟粉尘排放量 /（g/kWh）
郑州市	1 027	1	313	1.281	2.826	0.148
淮南市	944	2	331	0.728	2.106	0.310
洛阳市	711	3	368	2.167	2.396	0.169
聊城市	661	4	319	2.617	3.451	0.437
中原经济区	9 615	—	334	1.763	2.837	0.367
2012 年全国平均	81 968	—	305	2.206	2.786	0.458

表 6-13　中原经济区 2012 年火电行业资源环境效率与全国平均水平比较

注：1. 全国火电厂发电煤耗数据为 6 MW 以上机组发电煤耗，数据来源为中国电力企业联合会；
2. 其余数据来源：各省市环境统计数据、国家统计局能源统计司《中国能源统计年鉴（2013）》及环境保护部《2012 年环境统计年报》；
3. 统计火电装机未含菏泽、邢台。

2. 装备制造业 VOCs 污染不容忽视

　　中原经济区发展规划中提出"大力发展先进制造业，建成全国重要的现代装备制造业基地"的产业定位，从中原经济区各市发展规划和产业情景设计可知，区内近 4/5 的城市中拟布局发展装备制造业。到 2020 年，经济区内近 1/2 城市装备制造业规模扩大 3 倍以上，其中，平顶山、焦作规模扩大最为显著，扩大 6 ～ 7 倍，现状 $PM_{2.5}$ 污染较为严重的邢台、聊城、邯郸装备制造业分别扩大 4.5 倍、2.1 倍和 1 倍（见图 6-25）。

　　中原经济区基础原材料工业较为发达，为发展装备制造业提供了良好的物质基础，相对于基础原材料工业（钢铁、有色、化工、电力、水泥等），装备制造业的产业附加值高污染较轻，成为中原经济区产业结构转型的重要替代产业。典型装备制造业 VOCs 排放环节及主要 VOCs 组分见表 6-14。

　　装备制造业的 $PM_{2.5}$ 及 VOCs 等前体物排放的控制，对区域大气环境质量影响十分突出，装备制造业发展存在大幅增加 VOCs 排放的风险，加剧区域的灰霾、光

图 6-25　中原经济区装备制造业发展规模

表 6-14　典型装备制造业 VOCs 排放环节及主要 VOCs 组分

典型行业	主要涂装工艺	VOCs 污染程度			VOCs 物质
		表面预处理	涂装	干燥	
汽车零部件	空气喷涂	有	严重	严重	甲苯、二甲苯、丁酮、甲乙酮
家电	静电、粉末	无	有	有	甲苯、二甲苯、乙醇、丁醇、丙酮、三氯乙烷、甲乙酮
金属制品	喷涂、辊涂、粉末	可能有	有	严重	甲苯、二甲苯、丙醇、丁醇、甲基异丁酮
机械制造	空气喷涂、静电	无	有	严重	甲苯、二甲苯、甲乙酮、丁醇、乙酸、乙酸乙酯、乙酸丁酯
手机外壳	空气喷涂	可能有	严重	严重	甲苯、二甲苯、异丙醇、丁醇、甲基异丁酮

化学污染，采用环保型涂料、先进涂装工艺、先进废气收集和处理，应当成为装备制造业发展的方向。

第三节　生态环境风险分析

一、区域不同发展情景下的生态系统演变趋势

1. 预测方法

CLUE-S 模型是一类基于土地利用 / 土地覆盖变化（LUCC）与政策、人口、社会、经济等约束条件下的 LUCC 模型，其假设条件是：一个地区的土地利用变化是受该地区的土地利用需求驱动的，并且一个地区的土地利用分布格局总是和土地需求以及该地区的自然环境和社会经济状况处在动态平衡之中。本书采用土地利用模型 CLUE-S 预测不同情景下生态系统空间格局变化，对区域发展对生态系统的影响开展定量或半定量评价。主要分为 3 个步骤：

（1）基于地理要素数据以及土地利用动态数据开展土地利用驱动力分析。土地利用变化驱动力是指导致土地利用方式和目的发生变化的因素。参考美国全球变化委员会土地利用变化的自然驱动因子体系，结合评价区现有数据，共选取了海拔因子、坡度因子、与省会城市的距离、与地级市的距离、与县级城市的距离、与开发区的距离、与一二级河流的距离、与三四级河流的距离、与高速公路的距离、与普通道路的距离等 10 个因子。将湿地、农田、城镇、林地、草地、其他等 6 个生态系统分别从现状图的栅格文件中提取出来，每类土地利用的空间分布与驱动因素的关系利用 Logistic 回归方程求得。所选取的驱动因子对土地利用变化的影响与土地利用本身结合非常密切，并且在短时间内保持相对稳定，即使是发生变化，也是呈跳跃式的，而非渐进式的，其对土地利用变化的影响也是保持一种相对持续稳定的状态。

（2）结合情景设置，对各情景下的生态系统的面积变化进行预测。依据区域社会经济数据，利用土地利用驱动力模型，对不同情景下的各评价单元内的主要生态系统面积进行预测，预测方法见表 6-15。

（3）利用 CLUE-S 模型模拟各情景下生态系统的空间格局。转换规则是根据实际情况，计

表 6-15　不同情景设置下生态系统类型面积预测方法

情景	参考规划	生态系统面积预测方法
情景一	能源、石化、钢铁等重点产业发展规划	主要依据土地利用总体规划，重点保障建设用地需求，湿地作为未利用地
情景二	综合现有重点规划，重点参考主体功能区划、土地利用总体规划等	根据"中原经济区发展战略环境评价重点区域和产业发展战略评价专题"预测的人口数据，同时依据《城市用地分类与规划建设用地标准》对建设用地需求进行预测，优先保障主体功能相对应的用地需求。确保粮食主产区耕地不减少，生态功能重要区生态用地不减少

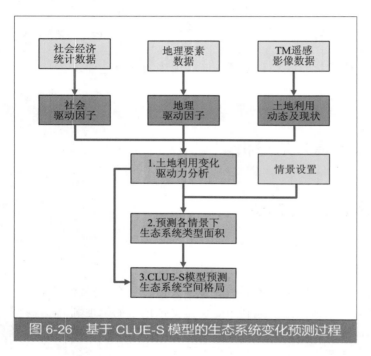

图 6-26　基于 CLUE-S 模型的生态系统变化预测过程

算并设置模拟期间各土地利用方式的转换参数（ELAS），对研究区域各土地利用类型的稳定性进行设置。ELAS 取值 0～1，ELAS 值越大，土地利用类型的稳定性越高。模型验证和确定时间尺度。模型的验证是模型参数设定合理性和在研究区是否适用的判断标准，应用 Kappa 指数对 CLUE-S 模型的模拟进行验证，Kappa 指数＞0.75 表示具有较好一致性。CLUE-S 模型根据历年各土地利用类型的面积需求，通过对土地利用变化进行空间分配迭代以实现模拟。

基于 CLUE-S 模型的生态系统变化预测过程见图 6-26。

2. 生态系统格局中长期演变趋势

基于中原经济区各地市的土地利用总体规划，设置两个不同的情景模式（情景一和情景二），对中原经济区未来生态系统格局进行模拟，不同情景下生态系统格局的演变趋势见图 6-27。

基于 CLUE-S 模型预测，中长期生态系统格局演的总趋势为：

➤ 农田生态系统持续减少，东部平原区变化较为剧烈，中原城市群区域变化相对较为稳定；

➤ 城镇生态系统持续扩张，西部山区增幅较快，东部平原区增幅相对较慢；

➤ 森林生态系统稳中有升，尤其是西部山区的森林得到保育和增加，而东部平原区面积增加缓慢；

➤ 湿地生态系统受人为干扰严重，将持续萎缩，尤其是中原城市群萎缩幅度最大。其中，草本沼泽湿地，变化幅度较大（见图 6-28）。

3. 生态系统服务功能中长期演变趋势

（1）水源涵养功能略有提升

依据 CLUE-S 模型的模拟结果，并结合不同生态系统类型的降水贮存量差异，对评价区

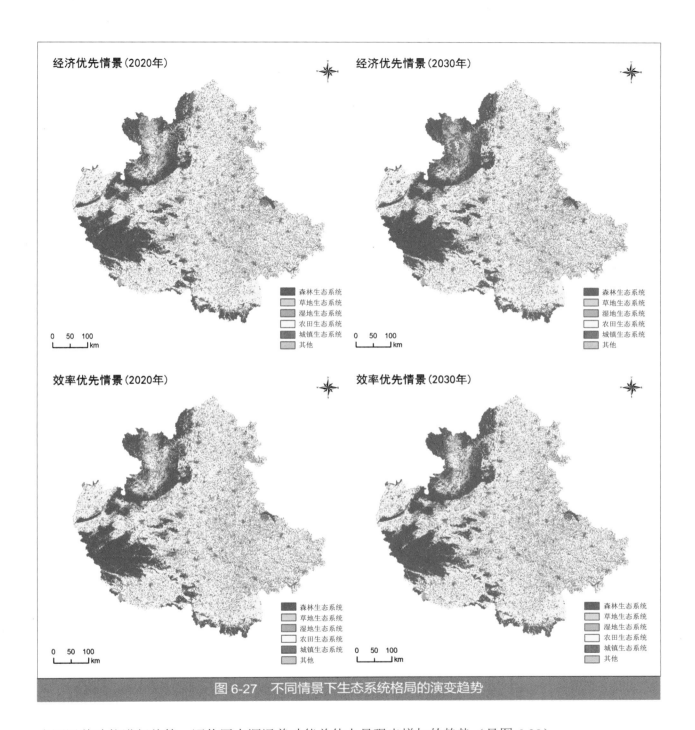

图 6-27 不同情景下生态系统格局的演变趋势

水源涵养功能进行估算，评价区水源涵养功能总体上呈现出增加的趋势（见图 6-29）。

从总量上看，2020 年中原经济区各生态系统的水源涵养功能在 2010 年基础上增加 1.01%；2030 年将再增加 1.14%。

从分布上看，西部山区的森林将得到明显的保育和恢复，森林质量也将有所提升，加之面积也将进一步的扩大。因此，西部山区，如三门峡、晋城、长治和洛阳等区域，水源涵养功能将得到显著的增加。

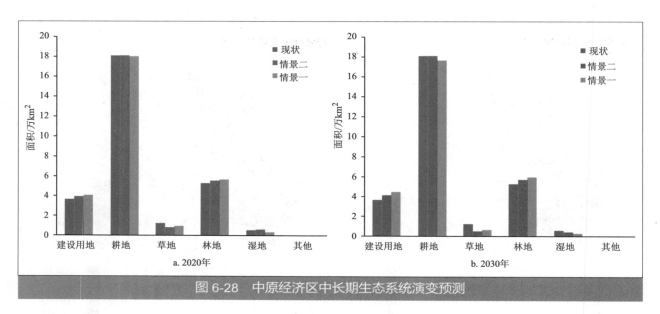

图 6-28　中原经济区中长期生态系统演变预测

图 6-29　中原经济区水源涵养功能及变化

东部平原区主要以农田生态系统为主，由于城市化的扩张，农田将会被侵占，导致平原区的大部分区域，如聊城、菏泽、安阳和新乡等，水源涵养功能将出现明显下降的趋势。

（2）土壤保持功能总体提升

依据 CLUE-S 模型的模拟结果，结合通用水土流失方程，对评价区水土保持功能进行了估算。评价区水土保持功能总体上呈现出增加的趋势（见图 6-30）。

从总量上看，2020 年中原经济区生态系统的土壤保持功能在 2010 年的基础上增加 10.14%；2020—2030 年将增加 13.9%。

从分布上看，与水源涵养功能类似，西部山区的森林将得到明显的保育和恢复，森林质量也将有所提升，加之面积也将进一步的扩大，因此，西部山区，如三门峡、晋城、长治和洛阳等区域，土壤保持功能将得到显著的增加。

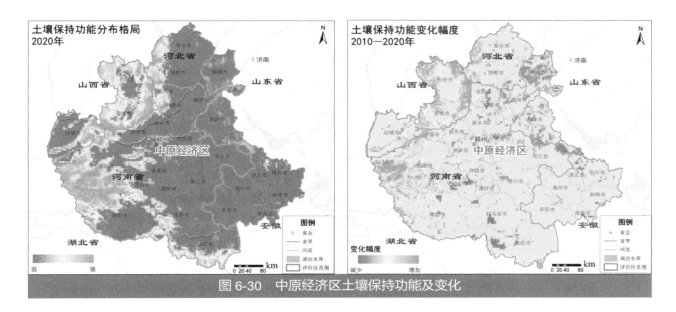

图 6-30　中原经济区土壤保持功能及变化

东部平原区主要以农田生态系统为主，由于城市化的扩张，农田将会被侵占，导致平原区的大部分区域，如聊城、菏泽、信阳和平顶山等，土壤保持功能将出现明显下降的趋势。

二、农业发展与粮食生产面临的环境风险

中原经济区农业生态系统面临城镇建设用地挤占耕地、农业生产废弃物累积、重金属及有机物污染和畜禽养殖面源污染等多重威胁，农业生态系统面临着稳定耕地面积和提升耕地质量双重任务。

1. 城镇化、工业化可能造成耕地红线进一步突破

国际上的经验说明，人口密集的国家在工业化过程中必然会遭受耕地严重损失。工业化进程越快，耕地损失也越多。日本 1955—1994 年耕地面积减少 52%，韩国 1965—1994 年耕地面积减少 46%，我国台湾地区 1962—1994 年耕地面积减少 42%。这些国家和地区 1956—1993 年的 37 年间减少耕地面积 48%，年平均减少 1.2%。

如果未来 20 年，我国耕地面积平均年减少 1.2%（平均每年减少 156 万 hm^2 耕地），到 2030 年我国耕地将减少 0.312 亿 hm^2。即使耕地减少控制得好，按每年约减少 0.6% 计，届时耕地减少面积也将达 0.16 亿 hm^2。将非农建设用地年增速控制在 0.6% 水平上，我国的工业化和城镇化速度就将受到制约。

中原经济区人均耕地面积仅为 0.08 hm^2，不及全国平均水平的 1/4，土地开发程度较高，适宜开垦的耕地后备资源日趋减少，整理复垦补充耕地的难度越来越大。

在土地节约集约利用方面，2010 年中原经济区主体河南省产业集聚区单位面积的产出约 1 117 万元 /hm^2，不足同期全国省级以上开发区工业用地产出强度的 90%。

2000—2010 年，中原经济区转化为非农建设的耕地面积 0.41 万 km^2，年均转化 4.1 万 hm^2，折合平均每增加 1 亿元 GDP，挤占耕地约 15 hm^2（226 亩），这一数据是长三角江、浙、沪地

区的 1 倍以上（"十一五"期间，上海市每增加 1 亿元 GDP，减少耕地 71 亩，江苏省每增加 1 亿元 GDP，减少耕地 113 亩）。

推进城镇化、工业化发展，非农建设用地是刚性需求。未来 20 年，按每增加 1 亿元 GDP 挤占耕地 15 hm² 计，在中原经济区 GDP 总量达到 10 万亿元时，被挤占的耕地面积累计将达到 95 万 hm²，即使按目前长三角的土地利用效率 7.5 hm² 计，挤占耕地面积累计将达到 47.5 万 hm²。

根据《中原经济区发展战略环境评价生态影响评价专题》预测，不论是按照现有的经济发展趋势惯性发展，还是提高经济技术水平下提高利用效率，中原经济区均将出现现有耕地被挤占，耕地面积将呈现下降趋势。其中，西部及北部区域工业发达地区耕地面积下降变化幅度较大。耕地面积减少的区域集中在城市和工业区周边，大多为生产力较高的耕地。

在后备耕地资源缺乏的背景下，目前广泛存在的"占优补劣"问题将转变为进入"无地可补"的困境。

在耕地总量的约束红线下，用地需求压力极有可能转向挤占生态用地，形成非农建设用地与生态用地之争。在现有土地利用方面，除各类生态环境保护区的用地受到严格保护外，其他生态用地没有法律的保障机制，生态用地保护总体上处于弱势，城镇化、工业化发展将付出区域生态用地减少的代价。

可能被挤占的生态用地（或者后备耕地）多处在水、热条件较差的地区，土地生产能力很低，生态环境脆弱，开垦这些后备耕地极有可能造成新的生态环境问题，结果还得进行新一轮退耕还林还草，重蹈"开荒造田"覆辙，付出难以弥补的生态代价，得不偿失。

2. 耕地土壤重金属污染风险呈加剧态势

农田土壤中的重金属主要来自肥料和农药、污水灌溉、固体废物以及大气沉降，土壤重金属污染主要包括 Cd、Pb、Cr 和类金属 As 等生物毒性显著的元素，以及有一定毒性的 Cu、Ni 等元素。

目前，中原经济区农田土壤污染的潜在风险不断增长或加剧，集中表现在以下几个方面：

（1）过量施用化肥导致的土壤重金属含量将持续增加

中原经济区农业生产的化肥施用量年均增长 6% 以上，远超出同期粮食产量的增速，化肥施用的粮食增产边际效应下降。化肥利用率较低的潜在问题是化肥中的无效或有害成分在土壤中的累积速率较高，化肥施用带入土壤的重金属污染潜在风险增加。

2012 年中原经济区农田化肥施用进入耕地土壤的重金属总量约为 1 592 t，耕地土壤的重金属年负荷量在 0.15 kg/hm² 左右。按照 2012 年的化肥施用强度，到 2030 年农田耕地土壤的重金属累积负荷量将达到 2.72 kg/hm²。不考虑农作物吸收富集效应，耕作层厚度按 20 cm、土壤密度按 2.7 g/cm³，因化肥施用引起的重金属污染指数增值（见表 6-16 和表 6-17）。在一

年份	表 6-16　中原经济区（河南省）化肥施用带入土壤的重金属含量					单位：t
	重金属含量					
	砷	汞	铅	镉	铬	合计
2012	229.70	46.86	532.18	45.93	343.36	1 198.03
2020	1 837.6	374.88	4 257.44	367.44	2 746.88	9 584.24
2030	4 134.6	843.48	9 579.24	826.74	6 180.48	2 1564.54

个相对较低的水平，但重金属镉、汞污染贡献率比较明显。在一些化肥施用强度大的地区，如邯郸、新乡等，若不控制化肥施用强度，土壤重金属的累积将比较突出。

年份	重金属指数（$P_i = C_i/S_i$）				
	砷	汞	铅	镉	铬
2012 年	0.000 215	0.001 095	$3.552\,39 \times 10^{-5}$	0.001 788	$3.208\,78 \times 10^{-5}$
2020 年	0.001 717	0.008 758	0.000 284 191	0.014 308	0.000 256 702
2030 年	0.003 864	0.019 706	0.000 639 43	0.032 192	0.000 577 58

表 6-17　中原经济区化肥带入土壤重金属综合污染指数

（2）大量施用以畜禽粪便、城市生活垃圾、污水处理厂污泥为主要原料的有机肥料，存在土壤重金属累积污染隐患

有机肥料施用对土壤安全的影响主要来自对原料重金属安全控制、肥料的安全用量和土地年承载量等的管控。

有机肥料来源十分广泛，包括畜禽粪便、农业废弃物（秸秆等）、工业有机废弃物（糠醛渣、味精下脚料等）、城市生活垃圾和污水处理厂污泥等。

我国对有机肥料中有害物质如重金属没有制定相应的标准，对有机 - 无机复混肥料中部分重金属进行了限量，但不全面。有机肥料、有机 - 无机复混肥料原料的重金属问题是有机肥施用中的土壤安全隐患。

在畜禽养殖业中，饲料添加剂中含有的重金属主要是 Cu、Zn 和 Cd。资料显示，随着饲料中 Cu 和 Zn 添加量的增加，其在粪便中的排泄量几乎呈直线上升，畜禽粪中 Cu、Zn 和 Cd 占重金属排泄量的 95% 以上，只有少量通过尿液排泄。对畜禽动物使用的抗生素等兽药有 60% ～ 90% 以母体药物的形式随粪便排出体外。长期施用畜禽有机肥或以畜禽粪便作为有机质直接长期还田，使耕地土壤存在严重的安全隐患。

在极度缺水的海河流域和淮河流域部分地区，污水灌溉依然继续存在，在缺乏重金属"零排放"或重点重金属污染产业"严准入"的环境管控政策下，污水灌溉导致的耕地土壤重金属污染继续加剧。

典型案例表明，与引黄灌区、井灌区相比，涉重污染行业相对密集的海河流域污水灌区农田重金属潜在风险已经十分突出，在河流水体未受到重金属严重污染的子流域或地区，污水灌溉导致的土壤风险处于缓慢增长的状态。如在海河流域的新乡市污水灌区，耕地土壤中 Cd、Ni、Zn、Cu 等的潜在生态危害达到重度生态危害状态；在聊城污水灌区，土壤重金属 Cd、Hg 等的生态危害达到中等以上生态危害状态。未来 10 年污水灌区的重金属污染态势还将继续恶化，带来难以估量的生态损失和农产品生产安全问题。

在工业园区、企业周围的重金属污染，呈现点状的、扩展的累积增长态势，部分企业周边的土壤重金属含量超标。中原经济区城市密集，工业发展实施"产城融合"战略，工业园区布局在城市边缘或郊区，村、镇包围工业园区的情况十分普遍，城郊土壤和农产品（尤其是蔬菜）重金属污染现实和潜在生态风险堪忧。

对于单一工业园区或企业而言，工业活动对土壤重金属的影响主要局限在工业园区或企业周边相对比较小的范围，工业行业门类和工业产品的多样化，存在对周围土壤产生重金属复合污染的风险。

在金属开采和冶炼制造业（黑色金属矿采选业、有色金属矿采选业、黑色金属冶炼及压延加工业、有色金属冶炼及压延加工业、金属制品业）相对集中的地区，矿区、工业园区及相关企业周边的耕地土壤重金属污染累积的态势仍然将持续。

中原经济区交通路网密集，受汽车尾气排放、轮胎添加剂中的重金属元素等影响，公路两侧土壤及植物的重金属污染将呈现快速累积的状态。

（3）需要合理有效地施用化肥和有机肥

进入土壤的重金属不易随水淋溶，不易被生物降解，停留在耕作层，其自然净化和人工治理过程都很困难，对农作物产量和质量造成长期影响。过量施用化肥和不合理的灌溉制度最终会发展到对地下水和地表水的潜在污染，使地下水失去饮用和灌溉价值，使地表水因富营养化而导致水体生态系统平衡失调。

国内外大量研究证明，合理的化肥施用量、施肥技术及灌溉可提高土壤肥力，增加农作物产量，同时可降低土壤里重金属的毒害作用。

有机肥是我国传统农业中主要的物质投入，保障了我国几千年来农业的发展、土壤肥力的维持和农村环境的安全。合理有序适度利用好有机肥料，可充分发挥其培肥地力、增强植物抗逆性、促进废弃物和城市垃圾的综合利用、保护环境和修复净化土壤污染以及提高农产品品质和食品安全等多方面的重要作用。

粮食生产安全必须要有高质量耕地保障，要构建耕地质量保障的有效防线。中原经济区承担着国家粮食生产重任，污染土壤不可能停止耕作而进行纯粹的土壤修复，依然需要进行粮食生产，因而，带来了重金属超标的粮食生产安全隐患。

高效农业必须制定耕地质量保障机制。需要制定保护耕地质量的相关法律法规，明晰耕地管理职责，完善粮食发展支持政策，增加投入；建立耕地质量信息管理与预警机制，综合治理农业生产环境污染。需要探索、制订生态上合理的绿色施肥制度，根据作物容肥规律，土壤供肥性能与肥料效应，合理施用有机肥和无机肥。

三、煤炭资源开发战略格局与粮食生产安全的冲突

中原经济区的煤炭资源主要分布在主体功能区规划的生态型限制开发区和农业型限制开发区，煤炭资源开发格局与粮食生产安全存在一定的冲突，集中表现在煤炭资源开发导致的矿区耕地物理受损和耕地土壤污染（见图6-31）。

在国家粮食主产区鲁西南、淮北平原，煤炭矿区分布与农业生态功能区大面积重叠，矿区范围的土地基本上为农业耕地。在豫西山前丘陵和长治盆地等地，煤炭矿区分布与农业生态功能区存在相当程度的重叠，在长治潞安矿区范围70%的土地为农业耕地。

煤炭矿区工业广场、矿点居民、交通道路等建设直接占地，煤矸石堆场占地，煤炭开采引发地表沉陷、沉陷区积水成"湖"等构成耕地数量损失和质量下降的风险（见图6-32）。

在两淮煤田，煤炭开采地表沉陷积水成湖导致的耕地损失相当突出。据资料统计，截至2008年年末，淮北市共40个矿山采空塌陷面积达166.81 km²，其中塌陷区积水成湖面积约40 km²；淮南矿区开采沉陷面积达112.16 km²，积水面积14.17 km²。

鲁西南地区菏泽、聊城、永城属黄淮海平原，未来大规模煤炭开发将面临与两淮煤田同类型的耕地损失风险。

豫西、晋东南煤矿位于山前地带，井工开采引起的地表移动变形，易造成塌陷地裂缝以及导水裂缝带，前者主要分布在山顶和山坡，造成丘陵坡地的保水能力下降，耕地质量下降；后者造成局部区域浅层地下水位下降。

煤炭矿区矸石山和粉煤灰堆场对周边耕地土壤重金属累积十分明显，大部分超出土壤重金属环境背景值。按重污染、中污染、轻污染、警戒线、安全五级划分，中原经济区煤炭矿区耕地土壤重金属横跨重污染、中污染、轻污染 3 个等级，耕地农作物生产安全保障严重下降。

未来 20 年，中原经济区大部分矿区煤炭开发总量仍将持续增长，依现有煤炭开采和矸石利用方式，矸石堆放导致的周边耕地土壤重金属污染呈加剧态势。部分煤炭矿区（如焦作、淮北等）步入资源枯竭之列，矸石山对周边耕地土壤重金属的累积效应将有所减缓。

中原经济区煤炭资源开发利用是国家中部崛起"三基地一中心"战略的重要组成部分，中原经济区、长三角地区经济发展对其有相当的依赖度。与此同时，中原经济区保耕地、保粮食生产安全是国家发展战略底线，维持现有煤炭开采和矸石利用方式，无疑将使战略定位的冲突进一步加剧。未来 20 年，煤炭矿区耕地损失和耕地质量下降将成为困扰中原经济区煤炭矿区持续发展的重要问题，基于保矿区耕地、控土壤污染，推动煤炭开采先进技术运用，将是缓解这一冲突的有效途径之一。

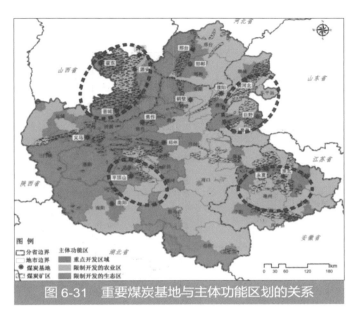

图 6-31　重要煤炭基地与主体功能区划的关系

图 6-32　煤炭资源开采与生态功能区的关系

四、矿产资源开发对区域重要生态服务功能的影响

矿产资源开采对水源涵养功能的影响主要表现在两个方面：一是对晋东南泉域水源涵养的影响，二是对淮河源区水源涵养的影响。2020 年矿产资源采选与生态功能区的关系见图 6-33。

太行山及其支脉中条山孕育形成了晋东南泉域，晋东南泉域发达，泉域水一方面通过地下补给下游平原区的地下水，另一方面出露地表后流入河流补充地表水。在晋东南地区，沁

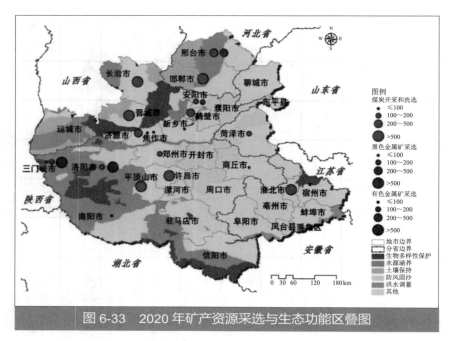

图 6-33　2020 年矿产资源采选与生态功能区叠图

河、蟒河、丹河、浊漳河等多条河流由泉域补给，下游进入河南境内，成为豫西北地区的重要地表水水源。

太行山山区分布有煤炭、铁资源、铜、铅、镁（镁盐、白云岩）、芒硝、石灰岩、大理石、硅石等资源。其中，部分矿产资源分布与太行山水源涵养区重叠，如沁水煤田潞安矿区部分位于太行山山前水源涵养区，运城市煤炭资源分布与中条山水源涵养带局部重叠。

矿产资源开采过程采矿占地、地表植被的剥离等造成山区地表植被破坏，甚至

出现地表裸露，造成局部的水土流失加剧；采矿形成的地表沉陷可能破坏地质构造，对矿区及周边地区浅层含水层流场产生影响，造成泉域保护区、饮用水水源地水源下降、地表径流减少，在采空沉陷形成地裂缝，严重可能导致地下泉域消失。

豫西南桐柏大别山和伏牛山地区是淮河干流及其重要支流沙颍河的重要发源地，是中原经济区重要水源涵养区。其中发源于伏牛山区流经豫西一带的沙颍河是淮河上游重要的支流，对淮河上游水量有突出的贡献。

豫西地区矿产资源分布较多，如平顶山煤炭、洛阳地区有色金属及三门峡有色金属、贵金属、煤炭等，位于伏牛山山地山前地带。采矿和冶炼加工业发展将导致伏牛山山地林草面积减少，豫西地区水源涵养功能下降。

第四节　环境质量与人群健康风险

一、高浓度 $PM_{2.5}$ 的长期或短期暴露构成人群健康威胁

1. $PM_{2.5}$ 与人群健康关系

大气污染作为我国的主要环境污染因素之一，其与健康的关系一直是公共卫生和环境科学研究的热点。大气污染包括一系列彼此密切相关的污染物，但大气颗粒物的人群不良健康效应最强，且粒径越小效应越强。

$PM_{2.5}$ 的粒径小、比表面积大，易于富集空气中的有毒有害物质，并可以随人的呼吸进入气管和支气管，甚至进入肺泡和血液中，导致各种疾病。$PM_{2.5}$ 并不是成分单一的物质，而是

一种化学成分极其复杂的混合物。$PM_{2.5}$ 的健康危害与其化学组成密切相关，其化学组分除一般无机元素外（水溶性无机盐、重金属等），还有元素碳、有机碳、有机化合物，尤其是多环芳烃、微生物（细菌、病毒、霉菌等）。

2012 年年底，WHO、美国华盛顿大学等 300 多家国际研究结构（历时 5 年完成）联合发布在著名医学杂志《柳叶刀》（*Lancet*）上的《全球疾病负担 2010》（GBD2010），结果显示 $PM_{2.5}$ 可导致全球 320 万人过早死亡，在我国 $PM_{2.5}$ 已跃升为排名第 4 的健康危险因素（前 3 位分别是高血压、吸烟和不良饮食习惯）。

陈仁杰等以 2013 年我国 74 个重点城市 $PM_{2.5}$ 污染的整体平均状况为基础，评估了基线年（2013 年）平均水平和不同 $PM_{2.5}$ 控制目标水平下，$PM_{2.5}$ 对 4 种主要疾病死亡率的相对风险和对居民期望寿命的影响（见表 6-18）。结果显示，$PM_{2.5}$ 对中风的影响较强，在所评估的 4 种死因中，中风死亡数在我国人群所占相对比例最大。随着 $PM_{2.5}$ 浓度的升高，各疾病死亡率的相对风险也增高，但增高的幅度趋于平缓，GBD2010 认为 $PM_{2.5}$ 对健康的风险不存在阈值，因此即便是达到 AQG 的要求，仍会产生一定的健康风险。

表 6-18　不同 $PM_{2.5}$ 浓度导致人群疾病死亡的相对风险					
控制目标	$PM_{2.5}$/（$\mu g/m^3$）	各疾病死亡的相对风险			
		冠心病	中风	慢性阻塞性肺疾病	肺癌
基线	72	1.42	1.84	1.28	1.4
降低 10%	65	1.4	1.81	1.26	1.36
降低 25%	54	1.37	1.73	1.23	1.31
二级标准	35	1.3	1.51	1.16	1.22
一级标准	15	1.17	1.12	1.07	1.09
AQG 标准	10	1.11	1.04	1.03	1.04

2. 中原经济区长期暴露于高浓度 $PM_{2.5}$ 下，对人群健康已构成严重威胁

由于中原经济区经济发展处于工业化初期向工业化中期过渡阶段，生产方式粗放、大气污染物排放负荷大，加之中部崛起战略的推进，快速发展经济将成为该区域中长期的重点，经济的持续高速发展使中原经济区区域 $PM_{2.5}$ 重污染局面短期内难以得到根本改变。同时，作为国内面积最大、覆盖人口最多的经济区，工业化、城镇化进程的加快，也增加了大气污染暴露人口的数量和密度，这些都使 $PM_{2.5}$ 污染对人群健康威胁的风险逐步增大，并且对健康的潜在影响将长期存在。

对于中原经济区大多数地区而言，大气中 $PM_{2.5}$ 浓度超标常态化趋势明显。从空间分布来看，区域 $PM_{2.5}$ 浓度普遍较高，全部高于世界卫生组织确定的准则值。按照我国新的环境空气质量标准，除三门峡南部及长治北部区域 $PM_{2.5}$ 浓度低于标准值（35 $\mu g/m^3$）外，其余绝大部分地区 $PM_{2.5}$ 浓度均超标。从时间序列来看，大多数地区每年出现灰霾天气的天数均在 100 天以上，个别地区甚至超过 200 天。

$PM_{2.5}$ 高浓度（重污染）区域性显著。南起河南的信阳中部，北至河北的邢台，西起南阳、平顶山、济源一线，东至安徽的凤台、亳州、淮北、宿州一线，涵盖高达 2/3 的中原经济区面积 $PM_{2.5}$ 浓度高于 70 $\mu g/m^3$（超标 1 倍以上），对高达 9 000 万人以上的人口形成了较显著的健康风险影响；中原经济区 $PM_{2.5}$ 浓度超过 80 $\mu g/m^3$ 的区域涵盖了"北部城市密集区"和"中

原城市群"两大人口最为稠密的城市群在内的 17 个地市，波及如郑州、商丘、新乡、邯郸这样拥有数百万以上人口的大城市。

长时间持续出现 $PM_{2.5}$ 浓度高值。监测结果表明，近年来，中原经济区一些城市不断出现 $PM_{2.5}$ 重污染（日均浓度 > 150 μg/m³）天气，如 2013 年 1 月邯郸、邢台市连续出现 28 天重污染和严重污染天气，$PM_{2.5}$ 日平均浓度达到 308 μg/m³ 和 357 μg/m³，污染过程的持续时间之长和大气中 $PM_{2.5}$ 浓度之高都创下了历史纪录。

综上所述，中原经济区 $PM_{2.5}$ 污染水平已达到较高水平，且已与京津冀高浓度连接，近年来屡次发生的笼罩整个华北地区高强度、长时间的大气灰霾污染，已严重威胁到中原经济区群众健康。

为确保实现空气质量改善目标，各省行动计划目标任务中均制定了 2017 年 $PM_{2.5}$ 浓度下降百分比，其中河南省大气污染防治重点区域的郑州、开封、洛阳、平顶山、安阳、新乡、焦作、许昌、三门峡 9 个省辖市 $PM_{2.5}$ 浓度要比 2012 年下降 15%；河北省邢台、邯郸比 2012 年下降 30%；山西、山东两省 $PM_{2.5}$ 浓度比 2012 年下降 20% 左右。

在现状 $PM_{2.5}$ 浓度不进一步恶化的情况下，参照大气行动计划中的下降比例，2017—2020 年按此速度进一步下降，测算出 2020 年 $PM_{2.5}$ 浓度。结果显示，按照各省提出的大气污染防治行动计划实施方案，在 2020 年中原经济区除三门峡外，其他城市仍不能满足 $PM_{2.5}$ 达标要求。

需要对中原经济区实施更大力度的 $PM_{2.5}$ 削减工程，才能实现 $PM_{2.5}$ 达到二级标准。根据 $PM_{2.5}$ 现状浓度测算，2/3 的城市年均浓度需削减 50% 以上，剩余城市除三门峡外均需削减 40% ～ 50%（见表 6-19）。

表 6-19　中原经济区 2020 年各地市 $PM_{2.5}$ 较 2012 年下降比率目标

空气质量改善		城市
2020 年 $PM_{2.5}$ 年均浓度较 2012 年下降比率	50% 以上	郑州、开封、平顶山、安阳、鹤壁、新乡、焦作、濮阳、许昌、漯河、南阳、商丘、周口、驻马店、阜阳、亳州、邯郸、邢台、聊城、菏泽、东平
	40% ～ 50%	洛阳、信阳、济源、宿州、淮北、蚌埠、淮南、运城、长治、晋城
	40% 以下	三门峡

二、重化工业园区与城镇空间冲突危及人群健康

中原经济区人口密集、城镇密集，在新型城镇化工业化发展中遵循"以产促城、以城兴产、产城融合"的原则，区内省级以上各类工业园区（或产业集聚区）共有 298 个，约 1 000 km² 布局一个工业园区（或产业集聚区）。在产城融合发展中，工业园区与城镇、村庄镶嵌、交错的状况普遍存在，基本上打破了工业用地与居住用地功能区有效分隔的格局。

在中原经济区 298 个工业园区（或产业集聚区）中，以钢铁、冶金、石化、煤化工等产业为主导的重化工业园区 63 个，占工业园区（或产业集聚区）总数的 22%，大多位于县、乡镇周边，与县镇建成区交错布局，或镶嵌在几个村庄之间，重化工业园区与最近居住区大多相距 500 m 以内。

重化工业园区与人居生活空间的冲突集中表现在以下几种类型：

（1）城市建成区与重化工业园区的布局冲突（如济源市）

济源市济钢重化工业区、虎岭产业集聚区（煤化工）与主城区铁路相隔，东部与密集村庄毗邻（见图6-34）。

驻马店市产业集聚区是发展以煤化工为主导的重化工业园区，园区内入驻有驻马店南方钢铁和平煤蓝天化工、昊华俊化等大型煤化工企业。该园区位于城市建成区东南侧，与主城区相接，且园区内部错落地分布着多个村庄等居民点（见图6-35）。

（2）县城与重化工业园区的布局冲突

河北武安市钢铁、焦化、建材等重污染企业以及园区沿武安市外围布局，呈现出钢铁、焦化围城态势（见图6-36）。开封县黄龙产业集聚区（煤化工）位于开封县城东南部，与县城相接，南部与几个村庄毗邻。未来将演变为城镇"包围"工业园区（见图6-37）。东明石油化工园区位于县城建成区东北角，石化园区建设已与城市建成区连接成片，北部、东南部与村庄毗邻（见图6-38）。

图6-34　济源工业园区与城市相对位置关系

图6-35　驻马店市产业集聚区与城市相对位置关系

（3）乡镇、村庄与重化工业园区的布局冲突

汝阳县产业集聚区（煤化工、钢铁）处于乡镇、村庄包围之中（见图6-39）。永城市煤化工园区与社会功能区学校、居住区等相接，呈现多个村庄"包围"煤化工园区（见图6-40）。

重化工业园区企业大多涉及重金属、有毒有害化学污染物排放，污染物种类繁杂、进入环境的途径多样、环境累积效应渐进或突变，对周围居民人群具有一定程度的健康风险。

依工业化发展阶段和技术水平，在产业集聚区、工业园区发展布局中，实现重化产业园区与城镇、村庄的有效空间隔离是降低人群健康风险的重要途径之一。

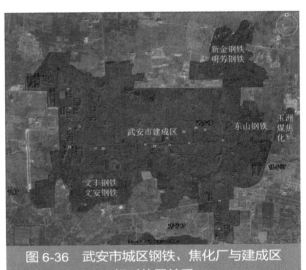

图6-36　武安市城区钢铁、焦化厂与建成区相对位置关系

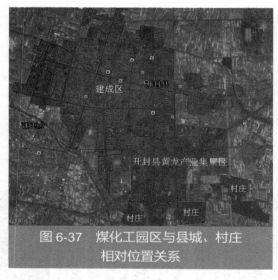

图 6-37 煤化工园区与县城、村庄
相对位置关系

图 6-38 东明石化园区与县城及村庄相对
位置关系

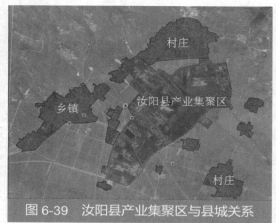

图 6-39 汝阳县产业集聚区与县城关系

图 6-40 永城煤化工园区与县城关系

第五节 "三大安全"面临的主要挑战

    总体上，中原经济区经济社会步入转型发展期，转变经济增长方式、建设生态文明成为中长期发展的主导方向。粗放的经济增长方式已经付出的环境代价巨大，环境治理的任务十分艰巨且将经历一个漫长时期。基于现状与预测，要使未来发展的农业生态风险在可控状态，必须实施耕地红线与土壤质量的全方位风险管控；流域水生态恢复将是一个缓慢的过程，现代农业和节水型社会建设将具有至关重要的作用；大气污染治理将是一项长期、艰巨的任务，需要能源发展战略性调整和能源消费模式的革命性转变。

一、经济社会步入转型发展期，发展与环境保护矛盾依然突出

党的十八大以来，在国家宏观调控政策引领下，中原经济区经济社会进入发展速度换挡期、资源产业消化期，转变经济增长方式、建设生态文明成为中原经济区中长期发展的主导方向。在围绕"两不牺牲"和"四化"同步战略，各地区在优化经济结构、推动高成长性产业发展、培育战略性新兴产业发展、深化传统资源型产业调整、加固农业基础、加强生态环境治理与保护方面不断取得新进展。

未来 5～15 年，中原经济区的经济社会发展与资源环境的矛盾将进一步深化。

在经济发展换挡期，生态环境压力总体上有所减缓，仍然处于全国高位状况。发展路径依赖决定了生态环境压力不会在短期内迅速下降。一大批成熟型资源城市不可能在短期内实现产业结构战略性调整，无法摆脱资源依赖，生态压力继续增大。

在国家重要的能源原材料、装备制造业和粮食基地定位中，粮食生产安全受到多重挑战，城镇化、工业化发展对土地资源需求呈增长态势，挤占耕地的风险进一步加剧。

能源原材料基地战略与资源环境约束的矛盾进一步深化突出。水、煤资源不匹配、煤矿开发与耕地保护不协调、发展煤炭能源基地与改善大气环境质量迫切期望不一致，折射出煤炭资源综合利用产业发展面临"鱼"与"熊掌"难以兼得的两难选择。

中原城市群发展和装备制造业发展、煤炭能源基地发展叠加，大气污染物排放格局将发生变化并加剧人口稠密区的大气污染。中原城市群 VOCs（$PM_{2.5}$ 的重要前体物）排放量迅速增加，区域存在二次生成的 $PM_{2.5}$ 迅速攀升的风险。

北部城市密集区将成为煤电化一体、石油炼化、钢铁等重化工业发展的新高地，传统煤烟型污染与细颗粒复合污染叠加，存在加剧区域性 $PM_{2.5}$ 污染的风险。

火电、钢铁、有色冶金、建材、基础化工等高耗能产业空间布局与区域大气污染严重超标区域重叠，不加节制地发展高耗能产业，将被迫承受长期大气环境污染带来的生态损害和人群健康损害后果。

未来 20 年，经济社会仍然将处于需水总量增长阶段，实现流域水环境全面改善的目标依然相当遥远。虽然南水北调中线工程等跨流域引水大幅改善了经济社会发展的供水压力，但不能改变当地水资源严重超载状态。节水型经济、节水型社会建设水平将决定性地影响流域水安全状态。

城镇化、工业化发展受土地资源约束更加突出。依照过去 10 年城镇化、工业化挤占耕地的趋势，农业生态安全受到挑战。新型城镇化、工业化发展需要一系列的改革和创新。

二、农业与城镇化、工业化矛盾加剧，农业生态风险加大

农业生态系统面临城镇建设用地挤占耕地、农业废弃物累积、重金属污染等多重威胁，面临稳定耕地面积和提升耕地质量双重任务。

城镇化、工业化发展用地的刚性需求处于增长阶段，耕地后备资源不足，整理复垦补充耕地的难度越来越大，耕地红线被突破的风险、非农建设用地需求转向挤占生态用地的风险将不断加剧。

城市污染、工业污染向农村农业转移将有所加剧。中原经济区的城镇主要分布在平原地区，镶嵌于农业生态系统。城市密度为 8 个 / 万 km^2，工业园区分布密度为 10 个 / 万 km^2，城镇化、工业化发展对农业生态系统扰动十分突出，加上"产业集聚区"尚未实现规范化布局，现实中城市污染、工业污染向农村转移的状况将持续一段时间。

农业生产格局和水资源空间分布不均的矛盾、农业用水需求保障与水质污染严重的矛盾，以及地下水超采导致出现地下水位大幅降低等，依然是农业生态安全的重大隐患。

区域性土壤重金属含量升高与局部土壤重金属污染加剧的状态将长期并存。城市郊区、污灌区、涉重产业园区和工矿企业周边的土壤重金属污染风险将加剧，蔬菜基地土壤重金属累积将普遍高于粮食生产基地。

土壤有机质提质将催生有机肥生产业发展，有机肥料有害物质含量标准缺失，大量施用以畜禽养殖废弃物、生活垃圾和污水处理厂污泥为主要原料的有机肥、有机 - 无机复混肥，存在土壤重金属污染隐患。

农业生态风险处于可管控状态。中原经济区不存在将大面积污染土壤停止耕作进行纯粹土壤修复的可能性，必须实施耕地红线，建立以源头控制为主的全方位耕地土壤重金属污染体系和机制，有效管控风险。

三、流域水环境难以实现"质"的提升

未来 15 ～ 20 年，城镇化、工业化发展依然处于用水量增长阶段，虽然南水北调工程配水能缓解中原经济区的供水压力，水资源严重超载、过度挤占生态用水的状况依然不会改变。需水压力由挤占生态用水向挤占农业系统用水转移，水环境危机进一步深化。河流水污染严重、河湖生态退化和地下水漏斗扩大等生态环境问题将依然十分突出。

河流生态缺水、断流与水污染物排放高压状态叠加，地表水环境超载的状况难以发生根本性转变，水环境质量改善呈现"量"的变化，没有"质"的提升，河床沉积物中持久性有机物和重金属污染物的累积效应将进一步凸显化，河流行洪期沉积物再悬浮导致的下游污染风险加剧。2020 年实现四大流域全面消除劣 V 类水质的目标十分困难，未来 15 ～ 20 年河流生态受损状况不会发生根本性变化，部分河流生态受损程度还将加深，河流水系统健康状况难以扭转。

农业主产区化肥、农药施用强度高，叠加河流地表水污染和污水灌溉影响，浅层地下水的氮素、农药残留累积效应将进一步增长，浅层地下水水质呈下降趋势。

流域水生态恢复将是一个缓慢的过程，农业现代化和节水型社会发展水平对黄淮海水生态恢复进程具有至关重要的作用。水污染治理依然需要纳入全国重点流域水污染防治规划，并需要制订务实的水环境治理和恢复目标，创新流域水污染管控机制。

四、区域长期处于 PM$_{2.5}$ 超标状态，人群健康风险加剧

大气环境将继续处于高压状态。在经济发展换挡期，实施产业结构调整，未来 5 ～ 15 年，传统 3 项污染物排放压力由全国平均水平的 2 倍下降至 1.5 倍左右，传统煤烟型污染不会出

现大幅改善，有 90% 地市大气环境承载处于红色、橙色预警水平。

在相当长一个时期，细颗粒物成为大气首要污染物。$PM_{2.5}$ 污染覆盖整个中原经济区，预计 2020 年各地市 $PM_{2.5}$ 年均浓度不能达标，2030 年 $PM_{2.5}$ 超标区域覆盖人口占总人口的 80%。人群长期暴露在 $PM_{2.5}$ 超标环境，人群健康风险加剧。

参照《大气污染防治行动计划》设定的 $PM_{2.5}$ 目标管理，2020 年中原经济区各地市的 $PM_{2.5}$ 依然处于超标状态，要实现 $PM_{2.5}$ 浓度达标，$PM_{2.5}$ 的治理难度不亚于毗邻的京津冀地区。

工业化发展实施"产城融合"，普遍存在工业园区与城镇、村庄镶嵌、交错的状况，打破了工业用地与居住用地功能有效分隔的格局，重化工业园区的突发性环境事件和长期累积性影响已经构成人群健康严重隐患。需要研究制订优化调整方案。

大气污染治理将是中原经济区一项长期、艰巨任务。需要有壮士断腕的决心、实施能源发展战略性调整和能源消费模式的革命性转变。需要创新环境管理机制，实施大气环境质量目标管理以及大气污染物特别排放限值政策，以"大气环境质量"和"特别排放限值"引导污染物排放总量控制、产业结构调整和生产力空间布局。

第七章

环境保护优化区域经济发展的
总体方略

第一节　生态文明建设与环境保护优先发展方向

生态文明是工业文明发展到一定阶段的产物，是实现人与自然和谐发展的新要求。

党的十八大将生态文明建设纳入中国特色社会主义事业总体布局，要求生态文明建设融入经济建设、政治建设、文化建设、社会建设各个方面和全过程，努力建设美丽中国，实现中华民族永续发展，走向社会主义生态文明新时代。

"坚持节约资源和保护环境的基本国策，坚持节约优先、保护优先、自然恢复为主的方针，着力推进绿色、循环、低碳发展，形成节约资源和保护环境的空间格局、生产结构、生产方式、生活方式，从源头上扭转生态环境恶化趋势，为人民创造良好生产生活环境、为全球生态安全做出贡献"，成为当前和未来一定时期环境保护工作的行动指南。实现"天蓝地绿水净"，是建设美丽中国、实现中国梦的重要内容和标志。

一、生态环境战略性保护总体思路

中原经济区生态环境战略性保护总体思路：以生态文明建设为统领，以建设美丽中原为目标指向，坚持在保护中发展，在发展中保护，着力解决影响科学发展和损害群众健康的突出环境问题，保障粮食生产安全、流域水安全、人居环境安全。不以牺牲农业和粮食、生态和环境为代价的工业化、城镇化和农业现代化协调发展。

建设绿色中原、生态中原。坚持绿色、循环、低碳发展，加强生态建设和环境保护，划定并严守生态红线，构建科学合理的城镇化推进格局、农业发展格局和生态安全格局，努力构建资源节约、环境友好的生产方式、消费方式和生活方式，环境污染治理"不欠新账""多还旧账"，逐步实现"天蓝地绿水净"，增强区域可持续发展能力。

二、基于"三大安全"的污染防治与生态建设总布局

坚持"环境保护优先"、经济社会发展与环境保护协调的国家战略，实施"耕地保障优先、农林水统筹"维护粮食生产安全，"饮用水水源保护优先、节水治污并重"改善流域水安全，"节能减排优先、三生空间协调"提升人居环境安全的区域环境保护总布局。

1. 粮食生产安全："耕地保障优先、农林水统筹"

粮食生产安全必须要耕地数量保障与质量提升并重。耕地保障优先，以平原区耕地与基本农田保护标准化建设、山区水土保持与水源涵养为主体，构建流域生态保护与修复体系。保障农产品主产区耕地土壤质量不下降，生态型限制开发区生态服务功能不下降。

以生态型农业发展为基础，围绕化肥农药合理施用、土壤有机质提质、废物资源化、工业持久性有机物和重金属污染源控制、灌溉水质保障、农村环境改善等，全方位监控耕地土壤累积污染风险。高标准农田及高标准农田建设区要优先实施耕地土壤重金属的全面管控。

➢ 2020 年全面实现测土配方施肥，基本实现畜禽养殖废弃物的无害化综合利用，农田灌溉用水全面达标。构建农药用量、氮素盈余的风险评估和土壤重金属风险评估机制，耕地土壤重金属污染风险等级不上升。

➢ 将国家和地方划定的重金属污染防控重点区域、大中城市郊区蔬菜基地、畜禽养殖业重点区县、污灌区以及有色冶金等重化工业集聚区周边耕地列入土壤重金属污染风险管控的重点对象。

➢ 大力改善农村环境，全面加强乡镇、行政村环境保护基础设施建设，着力解决农村生活污染与畜禽养殖污染问题，扭转城市污染、工业污染向农村蔓延、转移的趋势。

➢ 农业节水与地下水补源相结合，在井灌区、井渠灌区要制定地下水恢复战略规划，遏制地下水位持续下降、地下水降落漏斗扩大的趋势。淮河流域、海河流域应当建设雨洪回补地下水工程，利用黄淮海平原地区丰富的河网、古河道、湖泊洼淀滞蓄洪水和小型蓄水工程的拦蓄，增加洪水入渗回补地下水。

➢ 继续强化流域水土保持与水源涵养功能的保护与恢复，保护原有森林生态带。维护山区水源涵养林和水土保持林、平原地区防风固沙林，建设南水北调中线防护林生态走廊、大中小城市外围环城防护林带，加强沿黄滩地生态修复和湿地保护。实施豫西、桐柏山区、大别山区、伏牛山区和太行山区等地区小流域综合治理，加强长江、淮河流域防护林体系建设，建设黄河中下游、淮河中上游生态安全保障区。

实施生态补偿工程，以自然保护区、生态涵养区及矿区、地下水超采区等为重点，建立健全生态补偿机制，积极保护、修复生态环境。

2. 流域水安全："饮用水水源保障优先、节水治污并重"

以保障饮用水水源地安全和促进河湖生态健康为主体，构建山区、平原河系一体，节水治污并重，上下游水污染防治统筹，地表水治理与地下水保护统筹的水污染防治与水环境修复体系。

➢ 饮用水水源保障优先。制订实施洁净水源计划，保障各类（湖库和地下水）饮用水水源地安全。加强南水北调引水水源（丹江口水库、南水北调中线工程、南水北调东线工程）

环境保护，全面提升南水北调受水湖库水环境保护等级。2020年全面解决农村饮用水不安全问题，所有集中式饮用水水源地全面达到保护要求。

➢ 节水治污一体。通过地区用水总量、用水效率、排污总量控制，以及实施流域水污染物排放特别限值和高耗水高污染产业退出机制，促进节水型产业发展和结构调整，逐步实现水环境功能区达标；通过推动现代农业发展、地下水压采和回灌补源工程，以及主要河流滨岸带工程，控制农业面源污染；通过实施地下水水源地阻隔防护工程，切断地下水水源地的点源污染。

水资源实施"以供定需"、以产业结构调整实现高水平节水的策略，推进节水经济发展。2020年大中小城市基本实现节水型城市建设目标，各类工业园区基本建成"优水优用、梯级利用、循环利用"用水体系。

优先恢复城市河湖水系的基本生态功能（生态基流、自净、景观），逐步改善海河流域河流干涸、断流状况，扭转河流"有水皆污"状况。

在南水北调中线工程受水区实施强化节水和更严格水污染控制策略。南水北调工程的受水城市，优先安排城区地下水压采量，海河流域受水区，调水工程供水优先置换城市地下水超采量，实现地下水压采。2020年实现工业废水排放量"零增长"，制定水污染物特别排放限值或标准。

研究制定基于平原区水环境脆弱性评估的产业结构调整和强制节水计划，在地下水开采比0.7以上或年总入水量400 mm以下的区域，实施严格的高耗水产业限制和节水措施，强化高效节水灌溉工程建设。在地下水开采比0.9以上的区域，优先推进农业种植结构的调整，发展节水高效经济作物和雨养旱作农业。

3. 人居环境安全："节能减排优先、三生空间协调"

以降低大气污染人群健康风险为主体，构建节能减排与环境质量目标管理一体、多种污染物协同控制与区域联动、重化工业集聚区与城市和村镇生活空间有效隔离的人居环境安全保障体系。

➢ 节能减排，绩效提升与结构调整并举。推进重化产业进行清洁生产审核，采用先进的生产工艺和技术，实施清洁生产技术改造，提高能源利用效率，降低排污强度。发展循环经济园区，推进能源梯级利用。

综合运用产业政策、清洁生产标准、污染物排放特别限值、排放总量倍量替代、技术改造升级、产品结构优化等手段，全方位控制高能耗、高污染、高排放产业的发展。

➢ 实施大气环境质量目标管理。建立基于空气质量改善的区域总量指标，推行空气质量分级分类管理；将空气质量目标和总量控制目标纳入经济社会发展的预期指标、约束指标，构建以空气环境质量为核心的目标责任考核体系。

建设中原经济区大气环境信息共享平台，服务于区域空气质量预报、重污染天气预警及应急联动。

➢ 按照"创造良好生产生活环境"的国家战略要求和区域人居环境健康的战略目标，协调工业化与城镇化发展的合理空间布局。加快解决重化工业与城镇化发展过程中形成的布局性冲突，预防布局型大气污染导致的人群健康累积性影响和突发性环境风险，实现环境友好型的"产城互动"发展，创造新型城市化发展的基础条件。

第二节 保障粮食生产安全的优先方向

一、保障农业生态安全的优先行动

将中原经济区粮食主产区纳入国家重点生态功能区，划定耕地红线，在现有惠农扶农政策基础上，实行特殊的农业保护政策和财政转移支付政策，加大耕地保护、高标准粮田建设、耕地土壤污染防治、节水与用水保障等方面的投入。

加快农业防护林体系建设，构筑粮食生产安全的生态屏障。在中原经济区的"四区三带"生态屏障建设中，要将平原生态涵养区、南水北调中线生态走廊建设放在最优先位置。加快推进农田防护林改扩建，建立带、片、网相结合的多树种、多层次稳定的农田防护林体系；引水总干渠两侧营造高标准防护林带和农田林网。

在主体功能区规划的农产品主产区，应当在农业示范区建设、土壤污染防治、湿地保护与恢复、新农村环保建设等方面采取一系列保障农业生态安全的行动（见表7-1）。

保障农业生态安全，要"储水于平原"，通过农业节水、种植结构调整、地下水补源等途径，有效控制井灌区、井渠灌区的地下水水位下降。海河流域、淮河流域要优先发展现代节水灌溉农业，严格限制并压减地下水超采。

在平原区和低山丘陵煤矿开采区，优先解决煤矿塌陷区治理和耕地修复。

表 7-1 中原经济区农产品主产区生态安全保障的优先行动	
主题	优先行动
农业示范区建设	加快建设高标准农田，完善农田灌排体系，改造中低产田； 建设高产稳产示范田； 建设旱作节水农业示范基地
土壤污染防治	全面实施测土配方施肥； 完善农业面源污染监测体系，全面实施农业面源污染治理工程； 深入开展蔬菜基地、基本农田土壤质量监测与潜在生态风险评估，建立土壤污染预警机制； 建立完善灌溉水质、污灌农田土壤质量监控联动机制； 开展蔬菜基地、污灌农田重金属污染土壤的修复与综合治理工程试点、示范工作
湿地保护与恢复	淮河流域、海河流域农产品主产区逐步扩大自然湿地恢复和重要湿地的保护，形成自然湿地保护网络体系； 加强已建湿地保护区的湿地恢复、保护基础设施建设等工程，提高湿地保护区的保护能力和监测水平
新农村环保建设	全面实施村镇绿化工程，以乡镇、行政村建成区周围及道路两侧为重点，实现立体式绿化； 实施农村洁净水工程，2020 年农产品主产区乡镇自来水普及率 95% 以上，全面实现农村人口饮水安全； 建设乡镇生活污水处理和生活垃圾无害化处理设施，2020 年乡镇生活污水处理率达到 75%，生活垃圾无害化处理率达到 80%； 实现畜禽养殖业的规模化和畜禽废弃物规范化管理，2020 年规模化畜禽养殖场废弃物综合利用率 80%； 积极发展农作物秸秆直接还田，2020 年农作物秸秆综合利用率 95%； 实施农产品主产区清洁能源工程，2020 年 60% 村庄实现清洁能源全覆盖

二、实施农产品主产区耕地土壤质量的全方位监管

高质量耕地是保障粮食生产安全的基础，要全面实施农业化学品施用环境风险管理和土壤重金属污染源头控制，建立起保障耕地质量保护的有效防线。探索制定生态上合理的绿色施肥制度，根据作物的容肥规律、土壤供肥性能与肥料效应，合理施用有机肥和无机肥。

1. 全面实施化肥、农药施用环境风险管理

➤ 全面强化测土配方施肥和农药施用强度限制，加强农技指导，控制过量施用化肥带来的土壤养分失调、肥力下降和重金属（如砷、汞、铅、镉、铬等）累积。

➤ 深入开展蔬菜基地、基本农田土壤质量监测与重金属污染潜在生态风险评估，建立农产品主产区耕地土壤污染预警机制。

➤ 建立完善灌溉水质、化肥质量、有机肥质量、农药质量监控联动机制。

2. 土壤有机质提升与重金属污染管控联动

耕地土壤有机质提升与土壤重金属污染防控相结合，建立有机肥料重金属监管体系，对畜禽粪便、食品行业有机废渣、城市生活垃圾和污泥生产的有机肥、有机 - 无机复混肥重金属含量进行全面监管。将畜禽养殖粪便有机肥重金属污染风险管控放在优先位置。

➤ 大力推进种植业和养殖业一体化，构建养殖业综合利用农作物秸秆，种植业有效利用畜禽粪便有机肥的生态、环保型发展模式。

➤ 推进绿色环保饲料添加剂。严格限定饲料添加剂中各种重金属的含量，推进绿色环保饲料添加剂，以及饲料添加剂的安全使用，指导畜禽养殖业科学、合理使用饲料添加剂和抗生素类兽药。

➤ 制定畜禽粪便有机肥重金属限量标准，以及经济、实用的规模化养殖场粪便无害化处理技术研发和推广。

3. 实施耕地土壤质量管理与工业污染源控制联动机制

应当建立耕地土壤质量管理与工业污染源控制联动机制，有效控制工业废气、废水重金属排放进入耕地土壤累积。

➤ 按流域污染控制单元 - 灌区建立工业废水重金属排放源清单，全面实施工业废水重金属处理处置及最终去向监管。

➤ 大力推进工业废水、废气重金属治理技术装备的升级换代。海河流域、淮河流域应严格实行工业废水重金属"零排放"。

➤ 根据有色金属采冶企业、重化工业园区等周边 5 km 范围耕地土壤重金属污染状态和潜在风险等级，制定工业废气重金属排放特别限值。

➤ 实施蔬菜基地、耕地重金属污染土壤的修复与综合治理技术示范工程。

4. 加大农业投入和财政扶持力度

在土壤复垦整理、土壤肥力提高以及培育优良作物等方面应加强投入，提高耕地质量。

➤ 加大对土壤质量建设相关基础设施与仪器的扶持，进一步完善土壤检测体系，建立土

壤肥力和有机质提升项目补贴机制。

> ➤ 鼓励农民种植生草绿肥，加大秸秆还田和测土施肥项目资金补贴力度。
> ➤ 加大废旧农膜的收购力度，对农民购买可降解农膜进行补贴。
> ➤ 引导农民科学施肥、施药，科学进行畜禽养殖和水产养殖。

第三节　维护流域水安全的优先策略

一、促进高耗水产业退出，保障节水型经济用水

将节水型农业、节水型城市和节水型产业作为中原经济区发展的优先战略发展方向。遵循最严格的水资源管理制度，着力提升用水效率，优化用水结构，控制经济社会用水总量增长，构建不同主体功能区的用水优先保障策略和高耗水产业的退出机制，保障节水型经济发展的用水需求。

1. 实施不同主体功能区的用水优先策略

按照主体功能区规划的空间布局，实施不同的用水优先保障策略。

主体功能区的农业型和生态型限制开发区，优先保障城镇生活用水和农业生态系统用水需求；优先强化农业节水、提升农业灌溉用水效率，有效控制地下水超采。

主体功能区的重点开发区，以水定城市人口发展规模，以水定产业准入门槛，优先强化城市、工业节水和再生水利用，优先地下水补给，逐步补偿被挤占的河流生态系统用水。

2. 实施高耗水产业的调整与退出机制

实施高耗水产业逐步退出策略。在水资源严重超载的邢台、邯郸、安阳、鹤壁、聊城、漯河、商丘、平顶山、淮南等地市，严格限制或禁止引入高耗水低端制造业项目，现有的高耗水、高污染产业要加快节水建设和耗水工艺设备淘汰，2020年前节水效能达到全国先进水平，2030年前退出高耗水的低端制造业。

加大结构调整力度，在国家规定的水质改善型水污染控制单元，严格限制制浆造纸、印染、食品酿造、化工、皮革、医药等高耗水高污染产业，逐步提高准入门槛，加大淘汰力度，强化企业水污染治理。

优化农业产业结构和布局，合理安排农作物种植结构与灌溉规模。海河流域要优先发展旱作节水农业种植，推广旱作节水技术，逐步减少高耗水作物种植面积。

全面推进高效节水灌溉工程建设和先进节水技术运用，加大灌区节水改造投资力度、提高农业节水标准。

二、全面提升水污染源控制水平

按照"厂网配套、管网先行"的原则，积极推进城镇污水处理厂配套管网建设，提高城

镇污水收集能力。2020 年城镇污水处理系统全部实现"厂网配套"。城镇污水处理系统纳入地市、县级财政预算，保障城镇污水处理系统正常运行。

加快工业园区污染集中处理设施建设，2020 年前所有工业园区配套建设并稳定运行集中处理设施。实施城镇生活污水处理与工业园区废水处理适度分离，原则上所有工业园区应当建设独立的废水处理系统。2020 年以电镀、化工、皮革加工、造纸等为主导产业的工业园区要基本实现工业废水处理系统与城镇生活污水处理系统分离。

在河流常年断流或季节性断流的地区，实施尾水排放"非入河"。在城市污水处理、工业废水处理提级的基础上，因地制宜地建设湿地生态处理系统，构建"集中污水处理—湿地处理—受纳水体或用户"污水管理体系。

在国家划定的水污染优先控制单元，强化畜禽养殖业废弃物的肥料化和沼气化综合利用。规模在 1 000 头标准猪以上的养殖场区要采用生物发酵床等清洁环保的养殖技术或采用干清粪、沼气工程、沼液处理、粪渣和沼渣资源化利用的全过程综合治理技术。

开展农田面源污染控制工程示范。按照汛期单日暴雨降水量（100 mm 以上）、暴雨发生频率划定农田非点源优先控制区，以截留暴雨径流携带的氮磷元素为核心，建立因地制宜的农田暴雨径流控制与利用模式。

三、实施水源涵养生态补偿与水生态损害赔偿机制

维护流域水安全要上下游统筹，探索流域不同行政区的水源涵养功能保护的共同而有区别的责任义务，研究建立跨行政区的流域水源涵养生态补偿与生态损害赔偿机制，平原地区对山区丘陵地区的生态建设进行补偿，造成生态破坏和水环境污染要进行生态损害赔偿，促进上游地区的水源涵养重要区和流域水环境安全。

优先在海河流域开展水源涵养重要区生态补偿和跨界河流水质超标生态损害赔偿试点，探索太行山水源涵养重要区与水资源受益区的生态补偿机制、海河跨界河流（漳河、卫河、马颊河、共产主义渠等）水污染的生态损害赔偿机制。

第四节　改善人居环境安全的优先对策

一、实施区域大气环境质量目标管理

开展二氧化硫、氮氧化物、颗粒物、挥发性有机物的协同控制，有效控制灰霾和光化学烟雾等复合型大气污染。

2020 年二氧化硫、氮氧化物年均浓度达标，可吸入颗粒物（PM_{10}）达标地市达到 75% 以上，细颗粒物（$PM_{2.5}$）年均浓度比 2020 年下降 40% 左右，环境空气质量指数（AQI）优良率比 2013 年提高 50% 左右。

二、强化宏观调控手段的运用

宏观调控与工程减排措施相结合。加强运用宏观调控手段，推动能源消费结构调整、产业结构调整、优化产业布局，加快淘汰落后产能、压减过剩产能的速度。

1. 优化能源消费结构

实施煤炭消费总量和消费强度"双调控"，大幅增加清洁能源的使用，逐步降低煤炭在一次能源消费中的比重。2020 年，力争煤炭消费占能源消费总量比例下降至 66% 左右。

大力推进生物质能源利用。着力推进畜禽粪便、秸秆的沼气化利用；积极开展生物质成型燃料锅炉应用，发展秸秆热电联产，促进工业供热和城镇供暖清洁化、低碳化。

2. 区域大气污染防控协同，强化高耗能产业调整

要实施与京津冀地区大气污染防控协同的策略，中原经济区大气污染治理力度与京津冀地区相当，重点污染物包括二氧化硫、氮氧化物、颗粒物、挥发性有机物等，重点行业包括火电、钢铁、有色、化工、建材等。

中原城市群、北部城市密集区（邯郸、邢台、安阳、新乡、聊城、菏泽）等地区实施大气污染物排放特别限值和燃煤总量控制，划定城区内禁止煤炭散烧区域，严格机动车市场准入，提高燃油品质，加快淘汰黄标车。

通过淘汰落后产能、严格限制产业链前端和价值链低端产能扩张、提高能源环境绩效门槛、区域限批限产等手段，加大对火电、钢铁、有色、化工、建材等重点行业的调控，促进以技术升级改造、节能减排为前提的优化重组和产业集聚。

在中原经济区各地级市全面开展细颗粒物（$PM_{2.5}$）与臭氧等项目监测，建议中央财政资金支持中原城市群和北部城市密集区开展以细颗粒物和灰霾治理为主的大气污染防治。

3. 加强多行业多种污染物协同控制

大力推进煤改气、热电联产、集中供热、热网改造、黄标车淘汰、机动车尾气治理、城市扬尘治理，加快火电、钢铁、有色、化工、建材、焦化等行业二氧化硫、氮氧化物、颗粒物、特征污染物治理。

在加强燃煤火电、钢铁、有色、化工、焦化、建材等行业的常规大气污染物排放控制的同时，应针对石油化工、有机化工、表面涂装、包装印刷、医药化工、塑料制品等行业的可挥发性、半挥发性有机物排放进行综合治理。

三、重化产业集聚区与居民生活空间有效分隔

着力推进城市建成区钢铁、火电、有色、化工、建材等企业的搬迁入园和技术升级改造，着力控制重化工业园区与城镇、村庄毗邻相嵌布局。

历史发展形成的国有重化工企业与城市建成区融合状况，严重制约城市发展质量，构成人群健康风险。在城市周边相应工业园区划拨工业用地指标，并给予一定资金支持，引导化

工企业异地搬迁或升级改造。建议发改委、国资委、住建、环保等部门，联手推动城市建成区重化工企业搬迁。

第五节　环境保护政策机制转型建议

一、实施资源环境红线管理机制

以促进区域环境质量持续改善，维护流域水安全、粮食生产安全和人居环境安全为目标，实施资源环境红线管理机制，建议设立资源环境绩效、生态环境保护、水安全、耕地质量等4条红线。

1. 生态环境保护红线

"四区三带"生态功能不削弱，太行山、伏牛山、桐柏山、大别山山区水源涵养与水土保持功能不降低，公益林、水土保持林面积不减少，自然保护区面积不减少；平原区地下水位下降趋势得到遏制，沙化、盐渍化土地面积不增加。到2020年森林覆盖率达到25%以上。

丹江口水库、东平湖以及承担城市供水任务的大中水库不超出中营养状态。扭转海河流域水系退化趋势，逐步恢复淮河流域水系自净功能（主要河流溶解氧不低于3 mg/L）。

到2020年，农村生活污水处理率、生活垃圾无害化率达到90%，主要大牲畜养殖小区粪便、猪牛舍废水无害化处理率达到90%。

2. 水安全红线

实施最严格水资源管理制度"三条红线"约束。

到2020年，所有集中式饮用水水源地建立饮用水水源地保护区，并全部达到国家饮用水水源保护区保护要求；农村饮水不安全人口为"零"。城市地下水饮用水水源地水质监测覆盖率达到100%，乡镇、行政村地下水饮用水水源地水质监测覆盖率达到80%以上。

丹江口水库、东平湖以及承担城市供水任务的大中水库水质100%符合III类水质标准，不超出中营养状态，南水北调中线引水水质符合III类水质标准。

海河流域、淮河流域地下水开采量"零增长"，南水北调受水城市地下水开采量"负增长"，地下水降落漏斗不扩大。2020年城市污水资源化利用率（或再生水利用率）不低于50%。

流域水环境质量持续改善，到2020年，实现60%以上河流有水，河流劣V类水质河段为"零"，跨界河流断面100%达标；海河流域干涸、断流河流减少50%，淮河流域河流生态用水保障率不下降。海河流域、淮河流域工业废水重金属"零排放"。

3. 资源环境绩效基线与清洁生产门槛

2020年全社会主要资源环境绩效指标与全国水平的差距不扩大，力争优于2015年同等人均GDP地区的平均值；传统支柱产业（钢铁、有色冶金、化工、建材等）主要资源环境绩效指标不低于当年全国平均水平。矿产资源开采回收率和选矿回收率达到当年全国先进水平。农作物秸秆综合利用率达到 100%。

全社会主要污染物排放总量持续下降。2020 年万元工业增加值的主要污染物排放强度低于 2015 年同等人均 GDP 地区的平均值。

2020 年主导产业单位产品的能耗、物耗、水耗及污染物排放强度达到国内先进或国际先进水平；钢铁、有色、化工等均应采用现代化先进技术工艺，达到清洁生产一级水平或国际先进水平。

4. 耕地质量底线

全面实施最严格的耕地保护制度，耕地保有量（1 423 万 hm^2）不减少、耕地质量不下降（耕地地力不下降、土壤污染等级不上升）。

到 2020 年，全面实现中低产田改造、高标准农田建设目标。耕地水土流失强度不增加，沙化、盐渍化土地不增加，耕地土壤"重度污染"面积不增加，符合无公害、绿色、有机农产品种植的耕地面积比例达到 40%，矿山开发导致的耕地破坏面积"负增长"，耕地损失"零增长"；废弃物堆压耕地为"零"。

2020 年，测土配方施肥面积占农作物面积的比例达到 95% 以上、农药施用强度监控覆盖率达到 100%，灌溉水质达标率达到 100%，可降解农膜使用率达到 100%；耕地土壤污染监测监控覆盖率达到 70% 以上，蔬菜基地、污水（再生水）灌区耕地土壤重金属污染监控覆盖率达到 100%；流通市场的化肥、有机复混肥、有机肥、农药、农膜质量监控覆盖率达到 100%。

二、实施环境绩效综合评估考核机制

以改善环境质量为目标导向，在"环境质量评价""排放总量控制"基础上，建立环境质量、排放总量和资源效率与经济发展水平耦合的环境绩效综合评估考核体系。

环境污染防治由单一污染防治向多种污染物协同控制转变，由防治一次污染向二次污染转变，由行政区内防控向全区域、全流域联防联控制转变，由单一环境介质污染控制向多环境介质联动转变。

环境绩效综合评估体系要包含区域经济增长、产业结构调整、资源利用效率、污染物控制水平、废物综合利用等指标，以及反映农业生态质量状况的指标，如土壤修复率、土壤有机质含量提升率、农田灌溉水质达标率、测土施肥耕地面积占比、农药化肥产品合格率，土壤潜在生态风险和反映人群环境暴露风险的指标，如安全饮用水的人口比例、环境空气质量达标区域人口比例、毗邻重化工业园区的人口比例等指标。

以人均 GDP 水平衡量，2020 年中原经济区（以地市为单元）单位 GDP 能耗、单位 GDP 水耗、单位 GDP 污染物排放强度等资源环境绩效指标优于 2012 年全国平均水平、优于当前同等人均 GDP 的省市平均水平。

研究建立中原经济区及各地市资源环境资产负债表，核算区域资源环境资产的存量及其变化情况，全面记录当期（期末与期初的差值）自然资源和环境容量等资产的占有、使用、消耗、恢复和增值等情况，评估当期资源环境资产的实物量和价值量的变化。全面反映经济发展的资源消耗、环境代价和生态效益，作为环境与发展综合决策的重要基础，并将其纳入政府环境绩效评估考核。

三、建立差别化环境管理倒逼污染行业（企业）退出的机制

实施差别化的环境管理，综合运用各种措施，倒逼"两高一资"产业或企业逐步从资源环境严重超载地区退出。

目前，中原经济区环境质量与公众期待反差巨大，环境压力居高不下、流域水污染依然突出、大气污染位居全国前列、耕地土壤污染潜在风险上升。在环境产业政策方面，当前实施的"对不符合国家产业政策、污染严重、治理无望的企业予以限期关闭"政策，由于"关闭"门槛要求过低，已经不能满足中原经济区环境质量持续改善的战略目标要求。

因此，在水环境脆弱、复合型大气污染严重的流域和区域，建议实行更严格的环境准入门槛和淘汰、退出机制，严格限制高耗水、高耗能、高污染产业布局。

在中原经济区全面实行工业废水重金属"零排放"政策。在海河流域，实施流域工业废水排放量"零增长"环境政策；在海河流域和淮河流域，实行重点水污染行业的流域水污染物特别排放限值环境政策，全面推动造纸、印染等行业（生料造纸、印染）的退出；在海河流域、淮河流域和黄河流域，制定严格限制高耗水行业使用地下水的政策和相关区划；山区、山前地带水库全面退出网箱水产养殖业。

中原城市群和豫北城市密集区实施与京津冀地区同等力度的大气污染防治政策，实行火电、钢铁、有色、水泥、建材等行业大气污染物特别排放限值，严格控制工业废气重金属排放。

建立流域协调和区域统筹的承接产业转移的环境准入与环境风险管理机制。承接东部转移产业应达到清洁生产二级水平，根据资源环境状况，分流域、区域优化产业承接区和相应的清洁生产水平门槛。

推动环保政策改革，推进法制公平。率先淘汰"限期治理"政策，利用"一把尺"管理不同水平的企业，实现环保管理法制的公平化，促进现有重污染产业的技术改造、淘汰和产业结构调整；率先实施区域生态损害评估、生态损害补偿机制，推动生态保护投入与生态补偿，保障区域环境质量不降低。

第八章

促进经济发展与环境保护协调的
对策建议

第一节 "两不牺牲"，优化经济发展

中原经济区地处我国中心地带，人多地少、水资源短缺、经济发展滞后、城镇化水平低、经济增长与环境治理的矛盾突出，生态环境安全、粮食生产安全、人群健康环境质量保障形势十分严峻，是实现"三化"与环境保护协调发展、全面建成小康社会的攻坚区域。

要坚持不以牺牲农业和粮食、生态和环境为代价的经济增长，以维护粮食生产安全、流域水安全、人居环境安全为前提，优化经济发展。

一、生态文明建设与"四化同步"相促进

生态文明是建设中原经济区的重要标志。实现"两不牺牲"、维护"三大安全"，要以农业生态安全和人居环境安全优化布局，以绿色、循环、低碳引领调整产业结构，以资源环境承载定规模，建设节约型、环境友好型经济社会。

制定区域经济与产业重大发展战略时，优先水安全、耕地质量保障、城市大气污染治理和农村环境综合整治投入，建立健全维护水安全、耕地质量、人群健康的保障机制、引导机制和约束机制，优化产业发展方向和布局，全社会环保投资占 GDP 比例逐步提高，政府部门在环保基础设施建设投入年增速不低于 GDP 增速。实现生态文明建设与"四化同步"相促进。

二、农业生态安全与城镇化、工业化发展相同步

粮食生产安全、农业生态安全是建设中原经济区的基石，是中原经济区健康发展的最重要标志。着力化解城镇化、工业化发展所需建设用地来源的难题。全方位推动节约、集约利用土地，以耕地红线和生态红线约束城镇化、工业化发展用地扩张，以新农村建设、农业产业化集约化发展促进人口集中、城乡一体化发展。以农业生态化引领耕地土壤有机质提升，

实现中低产田改造和高标准粮田建设目标。以绿色、循环、低碳引领产业结构调整，强化环境治理和污染控制，全方位管控耕地土壤重金属和持久性有机物污染风险，保障耕地土壤质量不退化。

三、生产力发展与资源环境承载能力相匹配

强化生产力发展与资源环境承载能力相协调。着力化解区域经济发展规模与水环境和大气环境承载力之间的矛盾、区域生产力布局与保障农业生态安全矛盾、资源型产业发展与城市化发展的矛盾。推动工业结构战略性调整、资源型城市战略转型，培育新兴战略性产业快速发展。努力提高中原城市群绿色、低碳经济集聚能力，促进中原城市群率先实现经济结构转型，大力推动东南部城市低碳经济发展，扶持贫困地区发展。

四、资源型产业发展与"绿色、循环、低碳"战略相适应

加快绿色、循环、低碳经济发展。以国家级、省级产业园区为主要载体，以循环经济产业体系构建为核心，积极推动资源利用产业链之间的耦合发展，以技术升级改造、产业链延伸为基础，积极承接东部产业转移。

以"全方位污染控制"推进资源环境严重超载地区的转型发展。综合运用产业政策、污染物排放特别限值、总量倍量替代、清洁生产水平、技术改造升级、优化产品结构、规划布局等措施，全方位控制高能耗、高污染、高排放产业的发展。

五、资源环境效率与经济发展水平相协调

实施与经济发展水平相适应的区域资源能源利用效率和污染物排放等方面的准入制度，实施能源消费总量和能源消费强度"双调控"、污染物排放总量和排放强度"双调控"，促进资源环境利用绩效与经济发展水平同步提高。

以当前国内领先水平或清洁生产一级水平为标杆，加快传统产业的"绿色化"技术改造、升级换代，淘汰高能耗、高污染落后产能，提高存量产业的资源环境效率。

以当前国内先进水平或清洁生产二级水平为底线，积极承接具有技术优势、资源环境效率优势的东部低碳型产业转移。严格控制东部地区的生产工艺、技术装备水平低下的重污染产业转移。

第二节　促进农业现代化发展，保障粮食生产安全

保障粮食生产安全是建设中原经济区的基石。新型工业化、城镇化进程与新型农业现代

化同步推进。

新型农业现代化以耕地质量保障为基础，粮食优质高产为前提，绿色生态安全及集约化、标准化、组织化、产业化程度高为主要标志，基础设施、机械装备、服务体系、科学技术和农民素质支撑有力。2020年，耕地保有量不减少、粮食生产优势地位更加稳固。

一、加快高标准粮田建设

以高标准粮田建设和现代农业产业集群为抓手，集中力量建设粮食生产核心区，大力发展畜牧业和特色农产品生产，构建高产高效优质生态安全的现代农业发展格局。

实施高标准粮田"百千万"建设工程，结合国家粮食生产核心区规划建设要求，规划建设一批百亩方、千亩方和万亩方高标准粮田，达到良种覆盖、测土配方施肥、病虫害防治"三个100%"，实现粮食生产规模化、产业化。支持黄淮海平原、南阳盆地、豫北豫西山前平原优质小麦、玉米、大豆、水稻产业带建设。

二、促进农业结构战略性调整

1. 大力发展生态农业

推进农业标准化和安全农产品生产，加快无公害、绿色和有机农产品生产基地建设。到2020年，无公害、绿色和有机农产品的比例达到40%。大力发展全链条全循环高质量高效益的现代农业产业化集群。加强畜禽粪便、农作物秸秆和林业剩余物的资源化利用，着力推进畜禽粪便的沼气化利用、秸秆的"四化"（肥料化、饲料化、原料化、能源化）利用以及林业剩余物的材料化利用，逐步建立"植物生产—动物转化—微生物还原"的农业循环系统。加大"养殖—沼气—种植"、"秸秆—养殖—沼气—种植"和"秸秆—沼气—种植"等循环农业模式推广力度，建设驻马店、周口、漯河等农业废弃物综合利用示范区。

2. 加快节水农业发展

加大国家扶持农业节水工程力度，加强大中型灌区续建配套和节水改造工程建设，2020年大中型灌区灌溉水利用系数提高12个百分点。2020年海河流域、淮河中上游大型灌区灌溉需水"零增长"，2030年实现"负增长"。

优化种植结构。积极支持、推动建设高效节水综合示范区。优化种植结构，发展旱作节水农业和雨养农业，2020年在海河流域建成3～5个标准化、规范化高效节水综合示范区。

将高效节水农业和设施农业建设纳入中原经济区农业现代化发展战略，统筹规划，有序推进。

3. 加快现代畜牧业发展和特色产业带建设

加快现代畜牧业发展。重点提高生猪产业竞争力，扩大奶牛、肉牛、肉羊等优势产品的规模，大力发展禽类产品，提高畜禽产品质量，建设全国优质安全畜禽产品生产基地。推进畜禽标准化规模养殖场（小区）建设，完善动物疫病防控和良种繁育体系，发展壮大优势畜牧养殖带（区）。全面推进畜禽规模化养殖场（小区）采用先进技术装备收集、处置畜禽废弃物，实现畜禽废弃物的无害化综合利用。

加快优势特色产业带建设。大力发展油料、棉花产业，推进蔬菜、林果、中药材、花卉、茶叶、食用菌、柞桑蚕、木本粮油等特色高效农业发展，建设全国重要的油料、棉花、果蔬、花卉生产基地和一批优质特色农林产品生产基地。

实施现代农业产业化集群培育工程。大力发展"全链条、全循环，高质量、高效益"的现代农业产业化集群，突出发展现代肉牛产业化集群，打造豫东、豫西、豫西南现代肉牛产业基地，加快发展沿黄、豫东、豫西南等现代乳品产业化集群，大力推进豫西、豫南高标准林果种植基地，信阳、南阳茶产业基地。

第三节 "质量优先"推进新型城镇化发展

发挥城市群辐射带动作用，构建大中小城市、小城镇、新型农村社区协调发展、互促共进的发展格局，走城乡统筹、城乡一体、产城互动、节约集约、生态宜居、和谐发展的新型城镇化道路，引领"三化"协调发展。

一、城镇化向集约型、内涵式转变

城镇化发展质量优先。城镇化的速度和节奏，要与区域经济社会发展水平相适应，与城镇资源环境承载力、吸纳人口的能力、本土转化人口的能力相适应。强化资源节约环境保护和生态建设，促进城镇集约智能绿色低碳发展，优化城市功能布局结构。

调控"用地规模"：严格控制粮食核心主产区城市建设用地总量，划定耕地红线，城镇化发展禁止侵占耕地红线；严格控制区域大中小城市扩张边界，引导区域大中城市通过城市经营挖掘存量建设用地潜力，进一步规范新城规划与建设，遏止各地市土地财政驱动下的"造城运动"。

优化"产城融合"：推动绿色、低碳产业与城镇的融合发展。

重点协调城镇与工业发展的空间协调，大中城市要实现城市远景发展与重化工业园区的有效空间分隔，中小城市优先解决重化工业围城、重化工业园区阻碍城市发展空间的问题，乡镇发展要优先协调解决村镇包围工业园区的状况。

建议按照不同主导产业类型的园区和发展规模，制订最小生态隔离带限值要求，促进重化工业园区与居民生活空间的有效分隔、无污染和低污染的高端产业适度"产城融合"。不能达到最小生态隔离带限值要求的产业园区，应调整主导产业发展方向，人群健康危害大的企业，应予以搬迁。

提升"城镇品质"：完善城镇市政基础设施和公共服务建设，促进宜居宜业的城镇发展。

资源型城市发展要实施资源节约和环境综合整治优先，推动节地、节能、节水、节材和资源综合利用，推动水、大气、生态环境综合治理和固体废物无害化、资源化利用，积极发展循环型产业体系，优化煤炭、原材料加工产业的综合加工利用产业体系。

二、强化县域新型城镇化，形成城乡发展一体化格局

鼓励和引导人口向县城和中心城镇集中、居民向住宅小区集中、产业向工业园区集中、服务业（含文化、教育）向中心区集中，壮大县域经济，促进农民就地城镇化。

推动城区人口规模在 10 万人左右的县城，全面加强城区供水、供电供气等基础设施和教育、文化、医疗卫生等公共服务能力建设，适度拓展县城发展空间与人口规模。以产业集聚区、商务中心区和特色商业区建设为重点，做大做强特色主导产业，推动产城互动发展，建成服务城乡，带动区域宜居宜业的现代化小城市。

合理调控农村人口向城镇转移进程。按照优先解决一批已进城就业定居的农民工落户，成建制逐步解决城中村居民转户，推动农村富余劳动力有序转移的思路，推进农村转移人口分阶段向城镇集中。

第四节　促进重点产业发展与资源环境协调的行动

一、实施质量优先、适度发展的战略

坚持将"中原经济区建设成为全国重要的高新技术产业、先进制造业和现代服务业基地"的战略目标。

修正工业化发展"坚持做大总量和优化结构并重，发展壮大优势主导产业"的策略，实施质量优先、适度发展。强化产业结构调整优先，大力发展高成长型产业、培育战略性新兴产业，优化并有节制地发展传统主导产业。

注重协调污染治理与稳定增长之间的矛盾，优先全面提升资源环境绩效水平。2020 年，单位工业增加值原材料消耗、能耗、水耗、主要污染物排放强度均应优于 2015 年同等人均 GDP 地区的平均水平；单位地区生产总值能耗比 2012 年下降 30% 以上，能源消费结构中煤炭占比下降至 66% 左右。

坚持走新型工业化道路，着力发展壮大新兴的绿色、低碳、环保产业。到2020 年，电子信息、装备制造、汽车及零部件、食品、现代家居、服装服饰等高成长性制造业的发展速度明显高于传统支柱产业的发展速度，生物医药、节能环保、新能源、新材料等战略性新兴产业增加值占地区生产总值比重达到 20% 以上。制造业高端化水平大幅提升，战略性新兴产业和现代服务业成为支柱产业。

加快发展低碳经济，培育新的经济增长点。大力推进传统支柱产业的碳减排。通过加大传统支柱产业技术改造、升级以及淘汰力度，实现能源消耗强度和碳排放强度的双下降。积极发展新能源、新能源汽车、资源回收以及节能建材等低碳产业，加强新型可再生能源的研发与推广，高效率的能源传输和转换技术的开发，提升能源使用效率技术的研发。2020 年，

传统支柱产业总体达到当前国内先进水平（或清洁生产二级水平），不低于当年国内平均水平。

按照循环经济理念和生态工业模式，以信息化带动工业化，加快工业结构调整，全面推动工业由初级原材料产业向高端、高附加值产业转变，由主要依赖资源消耗型向科技创新驱动型转变，由粗放型向集约集聚型转变，形成结构合理、特色鲜明、节能环保、竞争力强的循环高效型工业产业体系。

制定实施不同地区差别化的资源能源利用效率和污染物排放等方面的准入制度，严格限制资源能源利用效率低、污染物排放强度高的产业发展，坚决淘汰技术落后、浪费资源、污染严重的产业。

二、弱化能源原材料基地定位，强化生态优先管控

1. 弱化能源原材料基地定位

能源原材料基地的战略定位与区域治理 $PM_{2.5}$ 为特征的大气污染的矛盾突出。基于以 $PM_{2.5}$ 为特征的复合型大气污染现状与发展趋势，建议弱化能源原材料基地的发展战略，调整能源基地战略，调整"建设豫北、豫南、皖北、晋东南、鲁西五个火电集群"和"建设沿陇海、蒙西等铁路的火电带"布局。在河南煤电基地主体的中原城市群，转向严格限制燃煤火电的布局发展，不再新增燃煤电源点；鲁西煤电煤化基地，转向煤电定向供需、适度发展；调整晋东南"煤、电、气、化"综合能源产业基地的发展战略，重点转向煤炭综合加工、清洁利用为主。

对钢铁、水泥、电解铝、平板玻璃等产能严重过剩行业，实施严禁行业新增产能、产能减量置换，化解产能严重过剩行业（钢铁、水泥、电解铝、平板玻璃等）与环境保护的矛盾。以国家投资管理规定和产业政策为底线，加快实施过剩行业落后产能淘汰任务，推进企业兼并重组，压缩过剩产能，提高产业集中度。

2. 实施矿产资源开发生态优先管控

坚持环境保护优先，有序开发矿产资源。全面推进矿山生态恢复和生态补偿，矿山开发要实行"先还旧账，不欠新账"管理策略，替代"以新带老"。生态修复要从以往单纯注重废弃矿山土地复垦逐步转向以生态系统服务功能修复为主导的生态恢复模式。

➤ 严格环境标准，结合现有技术水平、科技进步和生态环境约束，制订实现矿山生态恢复治理率达到 100% 和增产不增"三废"排放量的时间表。

➤ 生态修复先行。按照典型示范、分类指导、分级治理、逐步推进的原则，根据矿山生态环境危害等级现状和生态保护与建设要求，进行生态破坏矿区的生态环境恢复治理工作。

➤ 对历史遗留矿山的治理，按责任人不同，对责任主体明确和无法落实责任主体的两类历史遗留矿山，分别采取措施进行生态治理与恢复。由于历史原因无法落实责任主体的遗留矿山，其生态治理需由政府实施落实（政府财政安排矿区生态治理经费，或采取引进社会资金的方式）。

➤ 煤炭资源开发实施稳定河南大型煤炭基地产能，有序推进两淮基地、鲁西基地煤炭产能建设，"保护性"开发山西南部焦炭资源的空间管控策略。

➤ 严格限制基本农田集中区的煤炭开采，平原区煤矿优先采用先进的充填开采技术，减轻煤炭开采对土地的损毁和生态破坏；严格限制水源涵养功能重要区和地下水源功能区的煤炭开采，山区丘陵煤矿必须采取保水采煤技术，有效预防和治理采动条件下顶板导水裂隙和通道的形成，防止矿区浅部水资源破坏。

三、优化工业结构战略性调整

1. 鼓励高成长型制造业和战略性新兴产业发展

➤ 中原经济区在转变经济增长方式中，将主要围绕高成长性产业发展、战略性新兴产业培育、传统支柱产业转型，推动工业结构战略性调整，形成高质、高效、开放、创新、具有竞争活力的现代工业发展格局。

➤ 应当鼓励中原经济区大力发展电子信息、装备制造、汽车及零部件、食品、现代家居、服装服饰等技术含量高、市场潜力大的高成长性制造业，建成电子信息产业基地、全国重要的先进装备制造业基地、汽车产业集群、食品全产业链集群和特色食品产业集群、环保和绿色新型家居产业集群等。

➤ 坚持"积极培育战略性新兴产业"战略，加快培育新一代信息技术产业、生物产业、新能源、新材料、节能环保产业、高端装备制造业等战略性新兴产业。打造中部地区重要的新一代信息技术产业基地、全国重要的生物产业基地、国内重要的新能源汽车基地、全国重要的新材料产业基地，国内有较大影响力的节能环保产业基地、中西部地区重要的高端装备制造业基地。

2. 优化限制传统支柱产业发展

➤ 中原经济区是全国重要的能源原材料基地，传统产业所占比重大，高资源依赖、高耗能、高污染产业导致结构性污染突出，环境严重超载，必须加大调整力度。

➤ 传统支柱产业宜"以退为进"和"改造提升"优先，严格限制过剩产能产业，以高新技术和信息化带动传统产业的升级改造，促进产业链延伸，抑制高耗能、高排放行业增长。

➤ 在钢铁、有色金属、电解铝、石油化工、盐化工等产业，围绕产品结构调整、节能减排和提高要素生产率，运用信息高新技术进行改造和提升。

➤ 加快钢铁、有色冶金、电解铝、平板玻璃等产业淘汰落后产能。2020 年全面完成邯郸、安阳等地市钢铁等严重过剩产业的综合整治，全面解决小钢铁企业"围城"等问题。

➤ 有节制地发展高耗能产业。严格限制高耗能产业低水平重复建设，以及在中原城市群地区集聚。郑州、洛阳现有铝加工产业集群转向下游铝制品深加工发展，不再扩大氧化铝、电解铝产能，着力提高低品味铝土矿利用水平。加快邯郸、邢台、安阳、济源、平顶山等地钢铁产品结构升级，向优特钢产业基地发展，钢铁产业发展要以淘汰、压减粗钢产能为前提，实现大气污染物排放总量 1.5 ~ 2.0 倍替代。大力推动济源铅锌、洛阳钼钨、三门峡黄金产业绿色化发展。

➤ 严格限制现代煤化工产业布局，"以水定产业链规模"。地下水严重超采、地下水位持续下降的地区，以及南水北调中线工程受水地市，不再布局煤化工产业。传统煤化工（煤焦化、电石、煤制化肥等）必须以技术升级改造、延伸产业链为基础，严格环境准入门槛，全面达到清洁生产二级水平或国内先进水平以上。中原城市群应在 2020 年前逐步退出传统煤化工产业。

➤ 推进洛阳炼油扩能改造、濮阳石化基地建设，推动石油化工与煤化工、盐化工融合，建设循环经济产业体系。

➤ 全面实施"煤电一体化"，优化火电布局，全部燃煤机组配套建设高效脱硫、脱硝和除尘设施。两淮基地、鲁西基地火电定向供需、适度发展，中原城市群火电"以大代小""以热定电"，大气污染物排放总量 1.5～2.0 倍替代，重点建设热电联产，60 万 kW 及以上超超临界机组。

➤ 加快实施"气化河南"工程，促进区域能源结构调整。

3. 加快节能环保产业发展

节能环保产业应当享受政府补贴和贷款优惠等扶持政策，引进、吸收国际先进技术、工艺和生产装备，着力培育骨干企业，建设高起点的产业集群。

加快发展高效锅炉、节能电机、余热余压利用、高效除尘、脱硫脱硝、污水垃圾处理等重大技术装备。

建设郑州、洛阳、蚌埠等节能环保装备产业基地，提升阜阳资源综合利用产业基地。

实施节能减排科技工程，积极研发重金属污染治理、污泥处置和资源循环利用等关键技术，加快信息技术与节能环保产业融合发展。

推动资源综合利用示范基地、城市矿产示范基地建设。

积极开发秸秆深加工产品，推进秸秆资源利用产业发展。

4. 大力发展现代物流业

强化郑州国际物流中心功能，大力发展航空物流配套的公路、"米"字型铁路运输网及仓储、物流配送业，推动航空、保税、快递、冷链等特色物流加快发展，打造全国重要的现代物流枢纽和基地，成为中原城市群现代服务业发展的主引擎和核心增长极。

加快推进郑州航空港经济综合实验区建设，支持建设郑州国际航空物流中心，完善航空网络，显著提升郑州机场货运中转和集输能力，支持郑州航空港实验区成为国家全面深化改革开放的先行区。

四、促进循环、生态型产业集聚区发展

实现工业经济向低碳、生态化转型，关键是要依托循环经济引导、清洁生产技术推动，促进产业集聚区向循环工业园区、生态工业园区发展。

1. 大力推进产业园区循环经济发展

在产业集聚区发展的四个阶段（要素集中阶段、企业关联阶段、区域创新阶段和快速发展阶段）中，中原经济区的产业集聚区大部分处于第一、第二阶段，引导产业园区发展企业

关联、延长产业链是现阶段实现产业园区健康发展的重要途径。

统筹产业园区的发展定位。加强园区规范建设的顶层设计，编制中原经济区工业园区主导产业目录，按照循环经济型工业园区和专业化工业园区发展需求，界定各园区的发展定位和产业发展方向，科学制订园区发展规划，杜绝园区产业杂乱、分工混乱的局面。重点扶持一批初步具备建设循环经济型、专业化工业园区的发展。

积极支持国家级经济技术园区、高新技术产业开发区等发展，激励省级产业园区升格为国家级产业园区。应结合循环经济试点省、市建设，培育发展一批循环经济重点园区，创建一批低碳、循环、资源节约和环境友好等产业集聚区示范工程。着力构建企业间、园区间和行业间循环经济产业链。实现企业间、园区间和行业间废弃资源、能源和伴生副产品的梯级和重复利用。

优先在有色、煤炭、非金属矿、农业和再生资源等领域，以产业集聚区为平台载体开展循环经济试点工作，培育循环经济产业园区。

积极推进装备制造、有色、化工、钢铁等产业集聚区向产业链高端延伸，促进上下游一体化发展，以信息化和高新技术带动产业的技术改造和升级换代，积极发展下游精深加工。

完善工业园区环保基础设施建设，以及工业园区突发环境事件预防、快速响应处置能力。排放废水涉及重金属产业的工业园区，应当配套建设废水重金属"零排放"的基础设施。

2. 严格产业集聚区资源环境效率

规范工业园区布局与建设用地，实现土地集约利用。通过市（县、区）工业园区整合、城市建成区污染型企业异地搬迁改造，挖掘存量工业用地潜力。

严格执行工业用地投资、产出强度标准。供地标准要严于国家工业建用地投资强度和容积率指导标准；建立落后产能用地退出机制，回收空闲和低效使用的土地。

提升产业园区的整体环境绩效水平。2020年，中原经济区钢铁、有色冶金、石油化工、纺织、电力等产业污染物排放绩效要达到清洁生产二级水平或国内先进水平。

3. 进一步完善促进循环经济发展的支撑体系

建立健全地方促进循环经济发展的法规体系。制定和完善促进循环经济发展财政预算和补贴政策、税收优惠政策、资源和产品价格政策、投融资政策、产业政策及水权交易政策等。

五、建设以郑州为核心的新型工业化经济高地

建设以郑州为核心的新型工业化经济高地。强化科技创新和文化引领，促进高端要素集聚，完善综合服务功能，增强辐射带动中原经济区和服务中西部发展的能力，提升区域性中心城市地位。

加快"郑州航空港经济综合实验区"建设，促进航空依赖性较强的高端制造业、现代服务业的加速聚集，把郑州市建设成国际化陆港城市、国际性的综合物流区、高端制造业基地和服务业基地。

推动多层次高效便捷快速通道建设，促进郑州、开封、洛阳、平顶山、新乡、焦作、许昌、漯河、济源9市经济社会融合发展，形成高效率、高品质的组合型城市地区和中原经济区发

展的核心区域，引领辐射带动整个区域发展。

加快整合综合保税区、出口加工区、保税物流中心、铁路集装箱中心站、干线公路物流港等功能，建设以高端制造业和进口消费品贸易中转集散为支撑的"陆路＋空运"内陆型自由贸易试验区。

建设郑州国际航空物流中心，完善航空网络，显著提升郑州机场货运中转和集输能力。建设以郑州航空港经济试验区为核心的电子信息产业基地，形成辐射周边的"一区多点"电子信息产业发展格局；加快建设郑州汽车制造基地，形成以乘用车和客车两大优势产品为主导的发展格局。加快建设郑州国家生物高技术产业基地、节能环保装备产业基地。

推进郑东新区金融集聚核心功能区建设，促进境内外金融机构区域总部入驻，建设金融后台与外包服务产业园区。

积极推进郑州国家级互联网骨干直联点建设，开展下一代互联网示范城市、智慧城市试点示范。加快中原数据基地和郑州中国移动安全基地建设，推进郑州跨境贸易电子商务服务试点规模化运行。

参考文献

[1] 汪雯.海河流域平原河流生态修复模式研究 [D].天津：南开大学，2009.

[2] 程绪水,万一.构建生态用水调度体系 推进淮河流域水生态文明建设 [J].中国水利,2013(13)：42-44.

[3] 皮运清,王学锋,陈勇华,等.新乡市污灌土壤中重金属含量及植物质量评价 [J].安徽农业科学，2007，35（12）：3634-3635.

[4] 韩双成,周天健.许昌县农田土壤重金属污染质量评价 [J].河南科学,2011，29（2）：240-242.

[5] 叶必雄,刘圆,虞江萍,等.施用不同畜禽粪便土壤剖面中重金属分布特征 [J].地理科学进展，2012，31（12）：1708-1714.

[6] 全球疾病负担 2010（GBD2010）.Lancet，2012.

[7] 陈仁杰,陈秉衡,阚海东.大气细颗粒物控制对我国城市居民期望寿命的影响 [J].中国环境科学，2014，34（10）：2701-2705.

[8] 曹颖,曹东.战略实施中的中国环境绩效评估 [J].生态经济（中文版），2010（2）：166-168.

[9] 朱永红.中原城市群可持续发展研究 [D].昆明：昆明理工大学，2010.

[10] Dahl A L. Achievements and gaps in indicators for sustainability[J]. Ecological Indicators，2012，17（3）：14-19.

[11] 魏后凯,王业强,苏红键,等.中国城镇化质量综合评价报告 [J].经济研究参考,2013(31)：3-32.

[12] 封朝晖,刘红芳,王旭.我国主要肥料产品中有害元素的含量与评价 [J].中国土壤与肥料，2009（4）：44-47.

[13] 魏复盛,滕恩江,吴国平,等.我国 4 个大城市空气 $PM_{2.5}$、PM_{10} 污染及其化学组成 [J].中国环境监测,2001(s1)：4-9.

[14] 郭涛,马永亮,贺克斌.区域大气环境中 $PM_{2.5}/PM_{10}$ 空间分布研究 [J].环境工程学报，2009，3（1）：147-150.

[15] 郝吉明,程真,王书肖.我国大气环境污染现状及防治措施研究 [J].环境保护，2012（9）：16-20.

[16] 刘志光,龚华俊,余黎明.我国煤制天然气发展的探讨 [J].煤化工，2009，37（2）：1-5.

[17] 王秀军.煤化工过程的主要污染物及其控制 [J].煤化工，2012，40（5）：38-42.

[18] 孙伟善，王孝峰．我国煤化工发展存在的主要问题及对策建议 [J]. 中国石油和化工经济分析，2011（11）：22-26.

[19] 杨庆，栾茂田．地下水易污性评价方法——DRASTIC 指标体系 [J]. 水文地质工程地质，1999（2）：4-9.

[20] Wen X H，Wu J，Si J H. A GIS-based DRASTIC model for assessing shallow groundwater vulnerability in the Zhangye Basin, northwestern China[J]. Environmental Geology, 2009, 57（6）：1435-1442.

[21] 张岩，董维红，李满洲，等．河南平原浅层地下水水化学分布特征及其污染成因分析 [J]. 干旱区资源与环境，2011，25（5）：148-153.

[22] 杨荣金，李铁松．中国农村生活垃圾管理模式探讨——三级分化有效治理农村生活垃圾 [J]. 环境科学与管理，2006，31（7）：82-86.

[23] 郑好，梁成华．我国农村生活垃圾现状及管理对策研究 [J]. 北方园艺，2010（19）：223-226.

[24] 张英民，尚晓博，李开明，等．城市生活垃圾处理技术现状与管理对策 [J]. 生态环境学报，2011，20（2）：389-396.

[25] 杜吴鹏，高庆先，张恩琛，等．中国城市生活垃圾处理及趋势分析 [J]. 环境科学研究，2006，19（6）：115-120.

[26] 宋德勇，卢忠宝．中国碳排放影响因素分解及其周期性波动研究 [J]. 中国人口·资源与环境，2009，19（3）：18-24.

[27] 林伯强，姚昕，刘希颖．节能和碳排放约束下的中国能源结构战略调整 [J]. 中国社会科学，2010（1）：58-71.

[28] 林伯强，刘希颖．中国城市化阶段的碳排放：影响因素和减排策略 [J]. 经济研究，2010（8）：66-78.

[29] 张友国．经济发展方式变化对中国碳排放强度的影响 [J]. 经济研究，2010（4）：120-133.

[30] 张堂林，李钟杰．鄱阳湖鱼类资源及渔业利用 [J]. 湖泊科学，2007，19（4）：434-444.

[31] 朱松泉．中国淡水鱼类检索 [M]. 南京：江苏科学技术出版社，1995.

[32] 徐争启，倪师军，庹先国，等．潜在生态危害指数法评价中重金属毒性系数计算 [J]. 环境科学与技术，2008，31（2）：112-115.

[33] 杨潇瀛，张力文，张凤君，等．土壤重金属污染潜在风险评价 [J]. 世界地质，2011，30（1）：103-109.

[34] 包丹丹，李恋卿，潘根兴，等．苏南某冶炼厂周边农田土壤重金属分布及风险评价 [J]. 农业环境科学学报，2011，30（8）：1546-1552.

[35] Hakanson L. An ecology risk index for aquatic pollution control：A sedimentologicalapproach[J]. Water Research，1980，14（8）：975-1001.

[36] 陈江，张海燕，何小峰，等．湖州市土壤重金属元素分布及潜在生态风险评价 [J]. 土壤，2010，42（4）：595-599.

[37] 雷静，张思聪．唐山市平原区地下水脆弱性评价研究 [J]. 环境科学学报，2003，23（1）：94-99.

[38] 高红莉，李洪涛，赵凤兰．沙颍河（河南段）水污染的时空分布规律 [J]. 水资源保护，2010，26（3）：23-26.

[39] 王国栋．加快水资源四大体系建设 为中原经济区建设提供坚实支撑和保障 [J]. 治淮，2012

（10）：10-12.

[40] 王毅. 改革流域管理体制 促进流域综合管理 [J]. 中国科学院院刊，2008，23（2）：134-139.

[41] 崔保山，杨志锋. 湿地生态系统健康研究进展 [J]. 生态学杂志，2001，20（3）：31-36.

[42] 龙笛. 浅谈流域生态环境健康评价 [J]. 北京水利，2005（5）：6-7.

[43] 李春晖，崔嵬，庞爱萍，等. 流域生态健康评价理论与方法研究进展 [J]. 地理科学进展，2008，27（1）：9-17.

[44] 李靖，周孝德，吴文娟. 层次分析法在水环境承载力评价中的应用 [J]. 水利科技与经济，2008，14（11）：866-869.